计算机

科学与技术丛书·新形态教材

HTML5 App

应用开发教程

第2版·微课视频版

黄 波 仲宝才 于倩倩 ◎ 编著

清华大学出版社

北京

内 容 简 介

越来越多的公司采用 HTML5 以快速开发跨平台的移动 App,现在广为流行的小程序也大量应用了 HTML5 相关技术。HTML5 技术让移动开发更简单,更适合开发当今流行的移动应用。

本书主要介绍了 HTML5 在 App 和小程序开发中应用的技术点、CSS3 样式和布局、JavaScript 的编程知识,并结合 uni-app 框架,使用大量实例和微课视频帮助读者快速学习,能够利用 HTML5 和 uni-app 平台开发兼容多端的移动 App 和小程序。

本书适合作为高等院校计算机及相关专业的教材,也可作为相关培训机构的教材,还可作为对 HTML5 App 和 uni-app 开发技术感兴趣人员的自学用书。

图书在版编目(CIP)数据

HTML5 App 应用开发教程:微课视频版/黄波,仲宝才,于倩倩编著.—2 版.—北京:清华大学出版社,2022.7(2025.2重印)

(计算机科学与技术丛书)

新形态教材

ISBN 978-7-302-60636-9

Ⅰ. ①H… Ⅱ. ①黄… ②仲… ③于… Ⅲ. ①超文本标记语言-程序设计-教材 Ⅳ. ①TP312.8

中国版本图书馆 CIP 数据核字(2022)第 064552 号

责任编辑:曾　册
封面设计:李召霞
责任校对:李建庄
责任印制:曹婉颖

出版发行:清华大学出版社
　　　　网　　　址:https://www.tup.com.cn,https://www.wqxuetang.com
　　　　地　　　址:北京清华大学学研大厦 A 座　　邮　　编:100084
　　　　社 总 机:010-83470000　　　　　　　　邮　　购:010-62786544
　　　　投稿与读者服务:010-62776969,c-service@tup.tsinghua.edu.cn
　　　　质量反馈:010-62772015,zhiliang@tup.tsinghua.edu.cn
　　　　课件下载:https://www.tup.com.cn,010-83470236

印 装 者:三河市君旺印务有限公司
经　　销:全国新华书店
开　　本:185mm×260mm　　印　　张:25　　　　字　　数:604 千字
版　　次:2018 年 1 月第 1 版　　2022 年 8 月第 2 版　　印　　次:2025 年 2 月第 4 次印刷
印　　数:3001~4000
定　　价:79.00 元

产品编号:096039-01

前言

PREFACE

为什么要写这本书

近年移动互联网的发展十分迅猛,而 HTML5 开发也受到了世界各顶级软件公司的极力推崇,并获得大量投资,苹果公司、谷歌公司、微软公司、W3C 的一次次联盟正说明了这点。目前主流移动操作系统(iOS、Android、HarmonyOS)以及主流的浏览器对于 HTML5 的高支持度,也更加突显了 HTML5 技术在移动设备端的地位。

HTML5 技术从诞生以来,就具备跨平台开发的特性,目前国内外已经有很多基于 HTML5 的跨平台开发工具,你并不需要任何原生应用编程经验,只需要一些 HTML 的相关知识,懂一些 CSS 和 JavaScript,运用工具中所提供的各种丰富的功能模块,便可在短时间内完成具备完美原生体验的 App 开发。现在广为流行的小程序也大量应用了 HTML5 开发的相关技术。HTML5 技术让移动开发更简单,更适合开发当今流行的移动应用。

目前已经有大量 App 是全部或部分基于 HTML5 技术的,这个比重还在不断上升。移动互联网行业的快速发展催生了开发热潮,各大企业对于 HTML5 开发类人才的需求也在不断增加。但 HTML5 App 开发人员的缺口巨大,也大大激发了广大编程人员学习 HTML5 App 开发课程的热情。国内众多高校也有针对性地设置了相应的课程。

对于异军突起的众多小程序开发,我们也面临新的选择。DCloud 数字天堂(北京)网络技术有限公司的 uni-app,这个富有中国特色的跨端解决方案,为我们提供了一个新的思路。它基于 HTML5 中的前端优秀框架 Vue.js,可以一次开发、多端发布,使用它开发小程序,也更有决定性优势。uni-app 将 HTML5 和小程序无缝地连接在了一起。使用 DCloud 公司产品的开发者已多达 900 万人,HBuilder 也成了中国最主流的 HTML5 开发工具。

作者很荣幸地见证了中国这个优秀平台的成长,也成了坚定的 IT 国产化推动者。本书从第 1 版开始,就不遗余力地推动 MUI 和 HBuilder 在高校中的教学,本书出版 3 年来已印刷了 7 次,受到了广大高校、科研单位及读者们的热烈欢迎。目前国内多所相关高校及单位都选用本书作为教材,并对本教材作出了较高的评价,这也让我们备受鼓舞。

现在 uni-app 已经成熟,我们自然迫切地需要将教学内容进行升级,以便更好地适应高校教学需要。

本书特点

1. 内容丰富,由浅入深

本书本着"看得懂、学得会、做得出"的原则,所讲解的知识基础、实用,能让读者在认真学习本课程后基本具备 HTML5 App 的开发能力,并成功进入 App 开发的世界中。

2. 结构清晰,讲解到位

本书配合每个需要讲解的知识点都给出了丰富的插图与完整的实例,使初学者易于上手。书中还给出了较多实用技巧与心得,具有较高的参考价值。在最后一章,更是给出了一个综合的 uni-app 开发实例——"美食汇"的开发讲解。

3. 提供相应的服务端

为了便于学习,对于书中所有需要访问的服务端 API,我们已经部署在 Internet 上,有利于读者集中精力掌握前端相关开发技术,便于练习。

4. 配套课件和题库

为了降低教师备课的难度和时间成本,本书所有课件和习题(包括答案)都可以很方便地从清华大学出版社网站(http://www.tup.com.cn/)本书页面获取。同时,为了便于学习中的复习和测验,我们也为每章建立了相应题库,读者可以使用 https://www.qingline.net/进行练习。

5. 精心制作的项目和微课视频

本书中的项目都是 HTML5 开发中的常见场景,包括注册表单、仿美团首页设计、评论 JSON 数据解析、表格 DOM 操作、购物车、收货地址管理、聊天室、搜索历史保存、幸运大转盘,还有一个综合的 uni-app 案例。除了配套的练习资源,还精心制作了配套微课视频,总计时长约 20 小时,全程语音讲解,真实操作演示,让读者一学就会,相信能帮助读者迅速掌握相应的开发技能。

教学内容

HTML5 的语言优势很明显,但要成为一个优秀的前端工程师也并不容易,因为 HTML5 所涉及的知识点非常多。本书不想成为 HTML5 App 开发的"大百科"或手册,而是从实际工作出发,讲解了目前从事 HTML5 App 开发中亟须掌握的一些重点知识,如 Vue.js 框架和新的 ECMAScript 语法等。本书分为 14 章,具体内容可以参考下面的思维导图。相信读者认真掌握这些知识后,在开发一般的 App 或小程序时都可以做到游刃有余。

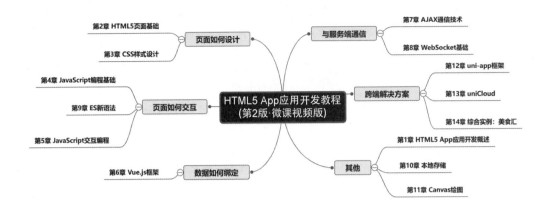

本书配套资源包使用说明

本书的最新配套资源包可以从清华大学出版社官网中下载,解压后打开其中的 index .html 文件。如下图所示,单击左边树形菜单各章节的序号,右边会显示相应的配套的代码、运行效果以及相应的练习资源。

致谢

最后,感谢清华大学出版社曾珊编辑以及相关工作人员,非常荣幸能与卓越的你们再度合作,也感谢家人和朋友给予的关心和鼓励。HTML5 App 开发技术发展迅速,很多方面还在不断完善和变化。由于编者能力和水平所限,作者虽然竭尽全力,但书中仍然难免存在错误和疏漏之处,希望各位专家、老师和同学能毫无保留地提出宝贵意见。

作 者

2022 年 4 月

学习建议
LEARNING SUGGESTIONS

1. 本书定位

本书适合作为高等院校计算机及相关专业的教材,也可以作为相关培训机构的教材,还可供对 HTML5 App 和 uni-app 开发技术感兴趣的人员参考。

2. 建议授课学时

如果将本书作为教材使用,建议将课程的教学分为课堂讲授和学生自主学习两个层次。课堂讲授建议安排 64 学时,学生自主学习安排 32 学时(建议采用观看实战视频、题库练习和项目实践的形式)。教师可以根据不同教学对象或教学大纲要求安排学时数量和教学内容。

3. 教学内容、重点和难点提示、课时分配

序号	教学内容	教学重点	教学难点	课时分配/学时
第 1 章	概述	HTML5 和 uni-app 的相关介绍、开发环境的搭建、uni-app 项目的创建和发布	uni-app 项目的创建和发布	2
第 2 章	HTML5 页面基础	HTML 文档基本格式、App 开发中的常用标签、表格标签、表单及各种 input 标签和 select 标签	表单及各种 input 标签和 select 标签	4
第 3 章	CSS 样式设计	CSS 样式规则和各种选择器、常用的一些 CSS 属性、CSS 层叠性和优先级、Chrome 调试 CSS、CSS 动画效果、CSS 盒子模型、浮动和定位、响应式布局设计	CSS 层叠性和优先级、响应式布局设计	8
第 4 章	JavaScript 编程基础	JavaScript 的基础语法、函数、JavaScript 的调试、JavaScript 的各种内置对象、JavaScript 面向对象编程、JavaScript 处理 JSON 数据	函数、JavaScript 自定义类	6
第 5 章	JavaScript 交互编程	DOM 查找、各种 DOM 操作、DOM 样式编程、事件	各种 DOM 操作、样式编程	5
第 6 章	Vue.js 框架	MVVM 模式、数据绑定、事件处理、列表和条件渲染、CSS 样式动态绑定、计算属性和侦听器、单文件组件、生命周期钩子	列表渲染、单文件组件、生命周期钩子	6

续表

序号	教学内容	教学重点	教学难点	课时分配/学时
第7章	AJAX通信技术	HTTP协议、XMLHttpRequest对象、Fetch API	XMLHttpRequest对象的使用	4
第8章	WebSocket基础	WebSocket协议的API、HBuilderX运行Node.js程序	WebSocket协议的API	2
第9章	ES新语法	字符串模板、箭头函数、Module模块化、Promise期约、async和await	箭头函数和Promise期约	6
第10章	本地存储	localStorage使用、sessionStorage使用	localStorage和sessionStorage的API	2
第11章	Canvas绘图	Canvas绘制图形、Canvas绘制图片、Canvas坐标变换	Canvas绘制图片和坐标变换	4
第12章	uni-app框架	uni-app项目结构、页面和组件创建、pages.json配置、各种内置组件的使用、生命周期、一些典型的API使用、实现全局变量	跨端兼容的实现、Vuex实现状态管理	6
第13章	uniCloud	创建和绑定云服务空间、云数据库、JQL语法和云函数使用unicloud-db组件	JQL语法和云函数使用	5
第14章	综合实例：美食汇	uni-app开发技能综合应用		4

微课视频清单

微课视频名称	时长/min	位 置
实战演练：注册表单	14	2.14 节
实战演练：仿美团首页设计	28	3.14.2 节
实战演练：评论 JSON 数据解析	17	4.9 节
实战演练：表格 DOM 操作	22	5.5 节
实战演练：购物车	20	6.10 节
实战演练：收货地址管理	26	7.8 节
实战演练：聊天室	38	8.6 节
实战演练：搜索历史保存	13	10.5 节
实战演练：幸运大转盘	23	11.8 节
"美食汇"项目系列配套视频教程	940	14.1 节

"美食汇"项目系列配套视频教程清单

单 元 名 称	视 频 名 称	时 长
项目演示	项目视频演示	13min7s
Unit01-项目准备	Unit01-项目准备——开发环境	4min21s
	Unit01-项目准备——创建页面	6min34s
	Unit01-项目准备——tabBar制作	8min11s
	Unit01-项目准备——api地址配置	20min20s
	Unit01-项目准备——实体类配置	7min
Unit02-guide(向导页)制作	Unit02-guide(向导页)制作——向导滑动效果	9min38s
	Unit02-guide(向导页)制作——两个按钮的制作	9min10s
	Unit02-guide(向导页)制作——已浏览标记的处理	7min8s
	Unit02-guide(向导页)制作——文字及动画特效	18min20s
	Unit02-guide(向导页)制作——一个临时页	4min15s
Unit03-index(首页)制作	Unit03-index(首页)制作——导航栏(H5&App)	14min3s
	Unit03-index(首页)制作——导航栏(微信小程序)	13min14s
	Unit03-index(首页)制作——广告轮播	14min52s
	Unit03-index(首页)制作——筛选条	19min31s
	Unit03-index(首页)制作——美食列表布局和样式	25min31s
	Unit03-index(首页)制作——美食列表数据读取和绑定	14min48s
	Unit03-index(首页)制作——美食列表上滑和下拉刷新	16min18s
	Unit03-index(首页)制作——美食筛选	9min31s
	Unit03-index(首页)制作——扫码功能	2min34s
	Unit03-城市选择(cityLocate)制作	36min12s
	Unit03-广告页(adv)制作	5min8s
Unit04-基于Promise方式的请求	Unit04-基于Promise方式的Http请求	9min17s
Unit05-search(搜索页)制作	Unit05-search(搜索页)制作——导航条	10min15s
	Unit05-search(搜索页)制作——历史搜索	9min48s
	Unit05-search(搜索页)制作——搜索列表	25min22s
Unit06-detail(详情页)制作	Unit06-detail(详情页)制作——页面配置	6min41s
	Unit06-detail(详情页)制作——页面设计	35min30s
	Unit06-detail(详情页)制作——数据绑定	13min56s
	Unit06-detail(详情页)制作——评论列表组件	23min8s
	Unit06-detail(详情页)制作——评论列表组件的图片预览	19min16s
	Unit06-detail(详情页)制作——查看全部评价	30min13s
	Unit06-detail(详情页)制作——商家地址定位	15min58s

续表

单 元 名 称	视 频 名 称	时 长
Unit07-login（登录或绑定）制作	Unit07-login（登录或绑定）制作——流程分析	2min30s
	Unit07-login（登录或绑定）制作——自带清除功能输入框组件	9min31s
	Unit07-login（登录或绑定）制作——倒计时组件	9min17s
	Unit07-login（登录或绑定）制作——页面制作	16min2s
	Unit07-login（登录或绑定）制作——验证码云函数	31min36s
	Unit07-login（登录或绑定）制作——使用 Vuex	6min1s
	Unit07-login（登录或绑定）制作——微信授权组件开发	21min2s
	Unit07-login（登录或绑定）制作——Vuex 改进	19min7s
Unit08-detail（详情页）分享和收藏	Unit08-detail（详情页）——分享功能	18min50s
	Unit08-detail（详情页）——收藏功能	15min19s
Unit09-pay（付款页）制作	Unit09-pay（付款页）制作——页面设计	19min50s
	Unit09-pay（付款页）制作——支付	23min25s
Unit10-orders（我的订单）制作	Unit10-orders（我的订单）	19min32s
Unit11-comment（订单评价）制作	Unit11-comment（订单评价）——页面设计	8min56s
	Unit11-comment（订单评价）——代码实现	31min37s
Unity12-lotterydraw（抽奖页）制作	Unity12-lotterydraw（抽奖页）制作——页面设计	29min8s
	Unity12-lotterydraw（抽奖页）制作——抽奖功能	24min43s
Unit13-myfavour（我的收藏）制作	Unit13-myfavour（我的收藏）	12min6s
Unit14-mine（我的）制作	Unit14-mine（我的）	28min8s
Unit15-changeinfo（修改头像和昵称）制作	Unit15-changeinfo（修改头像和昵称）	24min51s
Unit16-settings（设置）制作	Unit16-settings（设置）——设置	12min4s
Unit17-App 升级	Unit17-App 升级	18min37s
Unit18-实现无痛刷新	Unit18-无痛刷新 token	31min16s
Unit19-lotterylist（我的红包）制作	Unit19-我的红包	36min20s

注：本清单配套于第 14 章，详见第 14.1 节图 14-4；共计 57 个视频。

目 录
CONTENTS

HTML5 App 应用

开发概述

学习目标

- 了解 HTML5 标准以及它的新特性。
- 了解 HTML5 App 的发展及其与原生 App 的比较。
- 搭建开发环境。
- 了解 HBuilderX 移动 App 项目的开发,并动手实现第一个 uni-app 项目和打包。

HTML5 标准的制定、硬件的提升、浏览器引擎的不断升级,为 HTML5 App 的发展带来了契机。HTML5 自问世以来,良好的跨平台兼容性让它受到前所未有的关注,并成为移动平台开发技术最重要的一员,微信平台也为 HTML5 技术在中国的推广"推波助澜"。本章将针对 HTML5 App 开发作简单介绍,并对国产优秀开发平台 uni-app 作初步介绍。

1.1 HTML5 介绍

HTML(Hyper Text Markup Language,超文本标记语言)是互联网发展的基石,目前几乎所有的网站都是基于 HTML 进行开发的。HTML5 是 HTML 的最新标准,于 2014 年 10 月由 W3C(万维网联盟)发布为正式推荐标准,接下来,这门互联网编程语言走上了更加规范化的道路。2017 年 12 月 14 日,W3C 的 Web 平台工作组(Web Platform Working Group)发布了 HTML 5.2 正式推荐标准,同时还发布了 HTML 5.3 的首个公开工作草案。

现在 Web 则成为应用程序的一个运行平台。互联网的不断发展对网站的功能提出了很多更高的要求,但由于 HTML 没有及时地跟进这些需求,很多厂商或组织在 HTML 上各自建立了自己的标准,如 Flash、Silverlight、JavaFX 等。因为商业上的原因,这些标准往往很难被广泛接受,于是造成了各种解决方案互相竞争的局面。

当前,移动互联网时代 Web 开发主要面临两种困境:

(1)有些功能必须借助合适的插件才能实现,例如以前流行的页面上音频和视频的播放大多借助于 Flash 插件。

(2)PC 端和移动端应用的多次开发,必须为苹果、安卓,还有国内各平台的小程序等系统设计不同的方案,这意味着一个创业团队或公司必须招纳不同的技术人才,因此大大提高了运营成本。

HTML5 标准的制定过程正值移动互联网崛起,标准组织成员中的苹果公司、谷歌公司、Opera 公司本身便有着对移动互联网的独立思考和见解,并最终影响 HTML5 的实际成果。设计之初,HTML5 便拥有桌面互联网、移动互联网兼容并蓄的想法,不仅统一了开发方式、网络内容,还做到了访问方式的体验统一化。

1.1.1　终将失败的 Flash

2011 年 11 月,Adobe 正式宣布停止为移动设备的浏览器开发 Flash Player,转而全面发展 HTML5 技术,并表示"HTML5 是各种移动平台浏览器中最佳的内容制作和发布解决方案",正式宣告了 Flash 退出移动端开发的舞台。所以,目前大多数视频网站采用的是双重技术,如果在 iOS 上欣赏网站视频,都会自动切换到 HTML5 播放模式上,PC 上则采用 Flash 插件。

Flash 插件是指安装于浏览器的插件(Adobe Flash Player Plugin),使浏览器得以播放 swf 格式的文件,目前常见的网页广告、一些特效、音视频的播放都是借助 Flash 插件实现的。在过去的 Web 时代,Flash 确实如日中天,成为桌面浏览器的霸主;但是到了移动互联网时代,苹果公司推出的 iPhone、iPad 却拒绝使用 Flash,其原因有以下几点。

1. Flash 的不开放

Flash 是一个完全封闭的系统,Adobe 公司拥有 100% 的技术专利,Adobe 想通过 Flash Player 授权来收费,每台移动设备嵌入 Flash Player,预收 1 美元,Adobe 还希望开发者用 Flash 来编写 iOS 移动设备上的软件。苹果的 iPhone、iPad 和 iOS 生态体系也是封闭的,内容的营收体系均建立在 iOS 的 App Store 模式之下。两者都想完全控制内容生态,这无疑会产生巨大的利益冲突。

苹果公司选择了 HTML5、CSS 和 JavaScript,它们全都是开放标准。苹果公司的所有移动设备都与生俱来地对这些开放标准有着良好的支持,网页开发者利用 HTML5 就能做出高级的图像、字体、动画以及过渡效果,而不必依赖 Flash 插件。HTML5 完全开放,并受 W3C 标准委员会控制,苹果公司是该委员会的成员之一。

2. 安全性和性能

Flash 的安全性漏洞较多,黑客经常利用这些漏洞。2009 年,赛门铁克公司曾经指出,Flash 是最不安全的系统之一。有资料表明,苹果电脑死机的罪魁祸首就是 Flash,这对于看重安全性的 iOS 系统是完全不能容忍的,2014 年苹果公司就曾在 Mac OS X 系统上远程屏蔽 Adobe Flash Player 的所有版本文件。几年过去了,Flash 的安全性漏洞问题依然很多。

为了在播放视频时保持良好的电池续航能力,移动设备必须用硬件来对视频进行解码,苹果公司的工程团队当时没有向 Flash 工程团队开放 Flash 调用苹果显卡 GPU 加速的能力,结果可想而知,Flash 在苹果设备上全部都通过 CPU 方式来计算和渲染,造成了 Flash 的性能低下,电池续航能力也大幅下降。

3. 触屏支持

Flash 是为个人电脑和鼠标设计的,并不适合触屏。许多 Flash 网站都用到了光标悬停:当用户把光标移动到某个点时,弹出菜单或其他元素。苹果公司革命性的多点触控界面不用鼠标,也没有光标悬停的概念。如果要支持触屏设备,大部分 Flash 网站都要重写。而如果开发者要重写 Flash 网站,为什么不用更新的 HTML5 技术呢? 就算 iPhone、iPod

和 iPad 支持 Flash,还是不能解决大多数 Flash 网页需要重写以便支持触屏设备的问题。

1.1.2　Web 移动应用的未来

移动设备的广泛使用,使许多传统开发者很无奈。一个企业真的既需要一个 Web 站点,又需要针对每个主流的移动平台都有一个移动应用程序? HTML5 的可移植性以及在所有的移动平台上的良好表现,让开发者看到了希望:有许多开发工具可以让他们利用现有的技能,不管是 Web 移动应用三剑客——HTML5、CSS 和 JavaScript,还是像 Java 或 Object-C 那样的流行编程语言,都可以用来为 iOS、Android、Windows Phone 创建应用,HTML5 将不只是下一代 Web 开发标准,基于 HTML5、CSS 和 JavaScript 的移动应用程序才是未来的趋势。HTML5 移动应用开发并不是单指 HTML5 标准,而是指 HTML5＋CSS3＋JavaScript 三项技术(如图 1-1 所示)的集合——HTML5 负责内容,CSS3 负责外观,JavaScript 负责行为。

图 1-1　Web 移动应用三剑客

1.2　HTML5 新特性

HTML5 是 Web 开发标准的巨大飞跃,它引入很多新的特性,带来了不一样的全新体验,如图 1-2 所示。

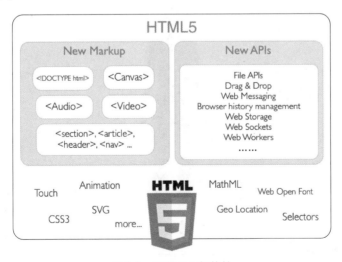

图 1-2　HTML5 新特性

1. 各种语义化标签

根据内容的结构化(内容语义化),选择合适的标签(代码语义化)便于开发者阅读和写出更优雅的代码,同时让浏览器的爬虫机器人很好地解析页面,便于实现更好的 SEO(Search Engine Optimization,搜索引擎优化)。

2. 不需要插件的音视频支持

旧的 Web 标准中没有对音视频的支持,基本都是借助于其他插件(如 Flash)来实现的。HTML5 标准的出现解决了这个令人头疼的问题,目前无论是在桌面,还是移动平台上的浏览器,都可以良好地支持音视频的播放。

3. Canvas

Canvas 是 HTML5 标准中的一个在底层提供绘制图形以及操作位图功能的元素,相当于浏览器上的画布,基于 JavaScript 用它来绘制图形、图标,以及其他任何视觉性图像,也可以创建图片特效和动画,它在 HTML5 游戏中也扮演了一个很重要的角色。另外,依靠 Canvas,还可以在浏览器中完成直观、生动、可交互的图表(例如折线图和饼形图等)。

4. Geo Location

Geo Location(地理位置定位)接口让 Web 应用可以直接获取到用户设备的经纬度。越来越多的用户都在使用功能强大的智能手机来连接网络,借助这个特性能够开发出很多基于位置信息的应用。

5. WebGL

WebGL 扩展了 Canvas 元素,为 Web 浏览器提供了一套 3D 图形 API,这套 API 基于 OpenGL ES 2.0 标准。基于 WebGL,可利用底层的图形硬件实现加速渲染,在浏览器中展现各种 3D 模型,实现各种超炫的效果。

图 1-3 是 zygote body(https://zygotebody.com/zb)在 Chrome 浏览器中的截图,它演示了如何使用 WebGL 处理一个 3D 的人体模型,人体模型可以旋转、缩放、加上或去掉肌肉。

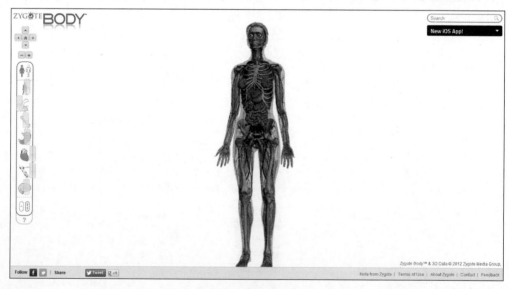

图 1-3　3D 人体模型

图 1-4 是一款基于 WebGL 实现的很逼真的水波动画，画面上是一个大水池，水池底部是一颗大石头，单击水面时即可泛起水波，加上模拟光的照射，也可以拖动石头让其在池底滚动，也可以拖动画面实现多视角观看（http://madebyevan.com/webgl-water/）。

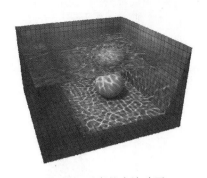

图 1-4　逼真的水波动画

6. WebSocket

WebSocket 是 HTML5 标准的一部分，Web 页面可使用它来实现持久连接到 Socket 服务器上，该接口提供了浏览器与服务器之间的事件驱动型连接，实现浏览器与服务器之间的双向通信。当服务端有数据更新时，服务器就可以直接将数据推送到客户端。

7. 本地存储

HTML5 标准中实现数据持久存储的解决方案，能让客户端存储相关信息，并在需要的时候进行读取。例如，在游戏中，本地存储让我们可以很容易地在客户端保存游戏进度和最佳成绩等游戏状态。

8. 离线应用

HTML5 标准中可以声明缓存清单，用于列出在断开 Internet 连接时依然能访问页面所需要的文件列表，就可以在本地存储所有的游戏图像、游戏控制 JavaScript 文件、CSS 样式和 HTML5 文件，从而实现将 HTML5 游戏打包成离线游戏发布到桌面或移动设备上的功能。

9. Web Worker

Web Worker 是 HTML5 提供的一个 JavaScript 多线程解决方案，可以将一些大计算量的代码交由 Web Worker 运行而不阻塞用户界面。

10. File API

在早期的浏览器技术中，处理少量字符串是 JavaScript 最擅长的，但文件处理，尤其是二进制文件处理，一直是空白。HTML5 的 File API 允许浏览器访问本地文件系统，借助 File API，浏览器将具备更强大的文件处理能力。

11. Drag&Drop

早期，各前端工程师为了实现浏览器中元素的拖放功能可以说是煞费苦心，在 HTML5 中，拖放是标准的一部分，任何元素都能够拖放。

12. Web Messaging

Web 开发过程中常常会碰到一个问题：跨域通信（Cross-Domain communication）。HTML5 Web 消息机制就是 JavaScript 开放给浏览器的 API，能够让 HTML5 页面之间传递消息，甚至这些页面可以在不同的域名下。

13. CSS3 新功能

CSS 是表现层，它定义了如何展现 HTML5 页面。在 HTML5 时代，CSS3 的一些新特性让页面得以使用简单的方式实现一些更复杂的特效。

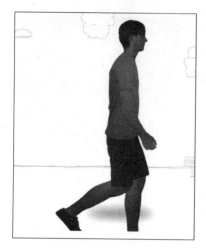

图 1-5　行走动画

1) Web Font

在以前的 Web 开发中,为了保证页面效果,往往需要实现一些特殊的字体效果,但没有办法确定用户客户端是否支持,只能采用图片实现。遇到需要修改时,必须重作图片,采用这种方式也降低了页面的效率。Web Font 可以帮助开发人员将定义的 Web 字体嵌入到页面中,使用它来修饰文本。在用户进行访问时,会自动将相应的字体下载到客户端上。

2) 动画

图 1-5 展示了一个使用 CSS3 控制的行走动画效果,这种效果在以前必须借助于 Flash 插件实现,实现过程也较为复杂,而 CSS3 简单高效地实现了这个动画效果。

1.3　拥抱 HTML5

当前的浏览器能多大程度支持 HTML5 新标准呢? 在线网站 HTML5test 可以根据浏览器支持 HTML5 规范的程度来对浏览器打出相应的分数(网址为 http://html5test.com/),满分为 555 分,你的浏览器也可以和其他浏览器进行对比,如图 1-6 所示。

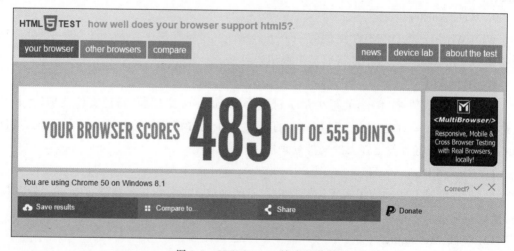

图 1-6　HTML5test 给出的分数

从图 1-7 和图 1-8 可以看出,目前无论是 PC 端还是移动端的浏览器,得分越来越高,这意味着它们对 HTML5 的支持程度也越来越高,这项得分将成为未来衡量浏览器优劣的一个重要指标。特别是微软公司的 IE,在这上面一直得分不高,微软果断抛弃了 IE,重新设计了 Edge 引擎,基于 Chromium 的新版 Microsoft Edge 已于 2020 年 1 月 15 日发布,极大地提高了浏览器性能和 HTML5 兼容性。

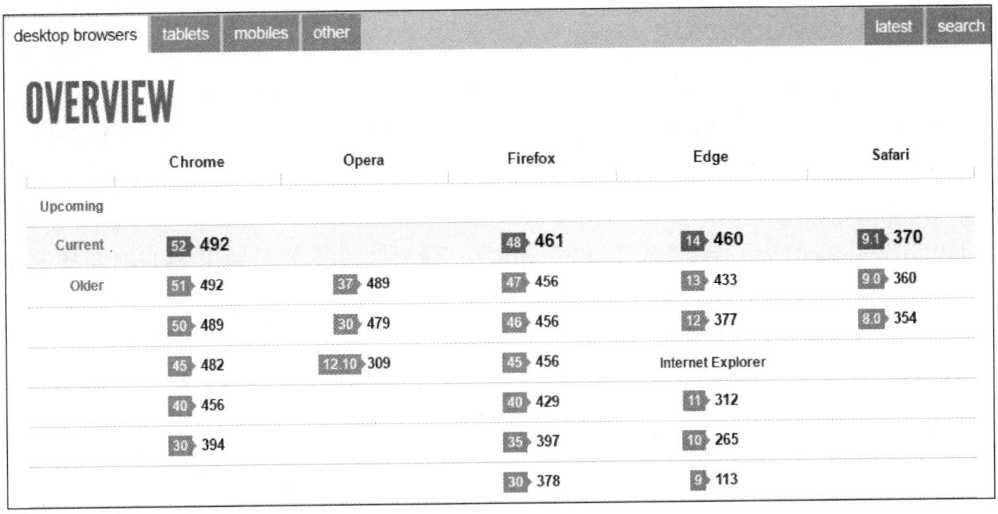

图 1-7　PC 端各大浏览器的得分

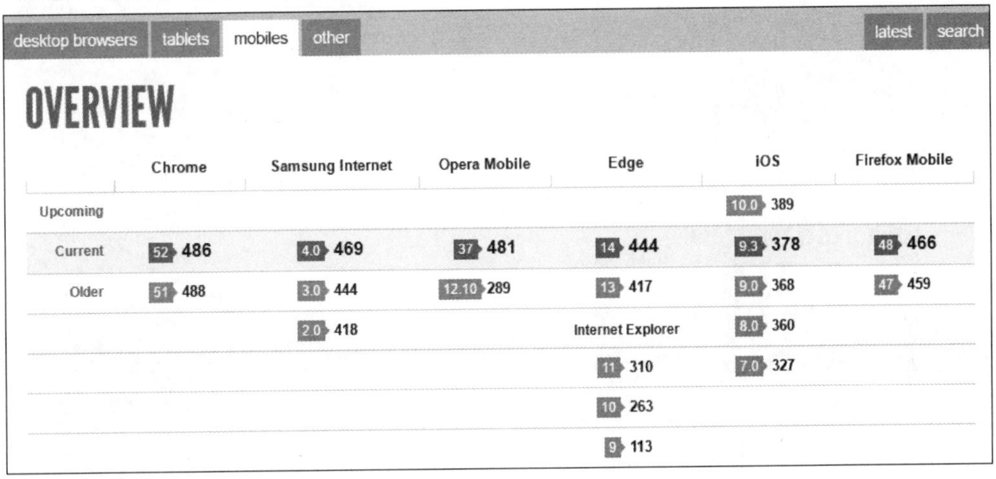

图 1-8　移动端各大浏览器的得分

1.4　HTML5 App 的发展现状

经过近几年的发展,HTML5 开发技术已日趋成熟。在 51job 网站上搜索可以发现,越来越多和 HTML5 相关的岗位虚位以待,HTML5 开发的普及度也越来越高,随之 HTML5 应用也更加广泛。无论是从实用性、市场需求还是薪资待遇来看,HTML5 都是广受从业人员青睐的发展方向。

很多热点的事件都是厚积薄发,HTML5 就是如此。此前 iOS 和 Android 系统已经放弃了 Flash,这让 HTML5 有了一个天然的成长基础。现在手机硬件的提升和 HTML5 本身的完善,使得基于 HTML5 的应用表现更好。现在 iPhone 面向开发人员开放了 Safari 浏览器独家的 JavaScript 加速引擎 Nitro,而谷歌公司也完成了 Android 平台上 Chromium 浏览器内核的切换,大幅提升了对 HTML5 的支持。最值得一提的是万众瞩目的华为鸿蒙系统(HarmonyOS),它的.hpa应用开发的技术路线也可以使用HTML＋CSS＋JavaScript。这些手机操作系统霸主和浏览器巨头的态度,使得HTML5在手机端的发展不再受限,而且这个变化是不可逆的,只能继续向前,这种变化势必会产生深远的影响。

在国内市场,BAT都在努力推动HTML5技术,如百度公司的直达号、阿里巴巴Yun OS都围绕着HTML5应用为核心来打造,但最终令HTML5展现在普通用户面前的最大推手还是微信,它为HTML5在中国的发展和应用推波助澜。利用朋友圈的私密社交性,以及HTML5本身的跨平台、低成本开发、速度快等特性,不少公司利用HTML5技术在朋友圈做了一次又一次的营销传播。从PC到移动端,从网页到App,再到微信的公众号和小程序,以及微信小游戏,到处都有HTML5的身影。微信目前内置的浏览器已全部采用自己开发的X5内核,具有更好的HTML5/CSS3支持,渲染能力也获得增强,如图1-9所示,这是微信在跑分网站上的得分。图1-10是微信公众号中常见的抽奖功能,这也是典型的HTML5应用。

图1-9 微信内置浏览器跑分

图1-10 微信公众号抽奖功能

如图1-11所示,"飞机大战"和"围住神经猫"是微信上曾经非常火爆的两款小游戏,这两款游戏也都是基于HTML5技术实现的。前者由一个程序员只花了7天时间完成,后者由1名美术和1名程序员仅用1.5天开发完成。

腾讯在2017年1月9日推出了微信小程序,这是一种不用下载就能使用的App。这是一项创新,它实现了应用"触手可及"的梦想,用户扫一扫或者搜一下即可打开应用,完美体现了"用完即走"的理念,用户不再担心应用是否安装太多的问题。借助微信平台的强大用户群,到2021年,微信小程序数量已超过430万个,日活超过4.1亿,月活超过12.5亿。从2017年开始,中国的IT开发企业在学习和继承HTML5标准的基础上,又不断地学习和发

图 1-11　两款经典的微信小游戏

扬光大,经过 4 年发展,各大平台推出了各自小程序生态,小程序成为真正意义上的由中国人定义的"互联网新技术标准"。

微信小程序的开发采用 WXML＋WXSS＋JavaScript,并不是传统的 HTML5 中的开发组合 HTML＋CSS＋JavaScript,这种方式的弊端也很明显,相对于传统的 HTML5 编程,学习成本较高。虽然认真研究下来会发现:WXML 的使用和 HTML 基本类似,只是封装了更多的组件;WXSS 具有 CSS 的大部分特性,特别是布局推荐采用的正是 CSS Flex 布局,当然也做了一些其他扩充和修改;JavaScript 中也大量使用或封装了原有的语法。但毕竟和传统的 Web 应用开发在语法上还是有不少区别的,难道为了小程序就把 HTML5 开发的优势放弃?

自从跨平台兴起以来,各种各样的框架层出不穷,从一开始的 Hybrid App(PhoneGap/Cordova/Ionic),到前两年开始热门的编译转换框架 React-Native 和 Weex,以及目前大火的 Flutter,另外诸如快应用、Instant App、Xamarin、NativeScript 等也都在国内外占有一部分市场。微信官方目前也进行了战略调整,推出了一个统一 Web 前端和小程序的框架 Kbone,它实现了一个适配器,在适配层里模拟出浏览器环境,让 Web 端的代码可以不做改动便可运行在小程序里。京东也开源了一套遵循 React 语法规范的多端开发解决方案 Taro。而目前国内做得最好的还是 DCloud 公司的 uni-app 框架。

1.5　uni-app 介绍

DCloud 是 HTML5 中国产业联盟(http://www.html5plus.org)的发起单位和秘书单位,该联盟隶属于中国工信部信通院标准所。DCloud 公司从 2013 年开始研发 HBuilder,目前有 900 万前端开发者在使用 DCloud 的开发工具。HBuilder 百度指数也超过了 Sublime、WebStorm 等全球知名工具,它是中国唯一一家成功的开发工具厂商。

DCloud 产品中使用了 HTML5＋规范,这是一套 HTML5 能力的扩展规范,隶属于 HTML5 中国产业联盟,它并不做厂商私有 API,而是定义了 HTML5 中没有,但开发各种移动应用需要的扩展规范,包括二维码、摇一摇、语音输入、地图、支付、分享、文件系统、通讯录等常用 API,可以方便简单地编写和实现跨平台移动应用开发。

　　DCloud 公司更是在长期的 HTML5 技术积累下,推出了更具中国特色的 uni-app 开发平台,它基于 HTML5 中的前端优秀框架 Vue.js,可以一次开发、多端发布,如图 1-12 所示,开发者只需编写一套代码,就可发布到 iOS、Android、Web(响应式),以及各种小程序(微信/支付宝/百度/头条/QQ/快手/钉钉/淘宝)、快应用等多个平台。

图 1-12　跨平台的框架 uni-app

　　从早期 HyBrid(混合式)应用到 HTML5＋规范,从厂家小程序到 uni-app,DCloud 在很大程度上推进了国内移动互联网的发展。在 HTML5 和大前端领域探索的道路上,DCloud 做出了极具特色的创新和贡献,值得开发者和厂商学习与肯定。目前已经有数百万应用使用 DCloud 的工具进行开发,手机端月活用户高达 12 亿。

　　DCloud 承诺不会对 uni-app、HBuilderX 等工具收费。DCloud 公司也非常重视生态的建设,建立了插件市场(https://ext.dcloud.net.cn/),里面已有数千款插件和一些项目模板,可以直接用于移动应用的快速开发,图 1-13 简要地概括了 uni-app 框架的一些优势。

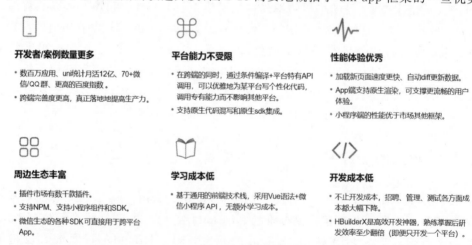

图 1-13　uni-app 框架的优势

　　uni-app 实现了一套代码,同时运行到多个平台:iOS 模拟器、Android 模拟器、H5、微信开发者工具、支付宝小程序 Studio、百度开发者工具、字节跳动开发者工具、QQ 开发者工具等。从图 1-14 中的功能框架图可以看出,uni-app 在跨平台的过程中,不牺牲平台特色,可优雅地调用平台专有能力,真正做到海纳百川、各取所长。

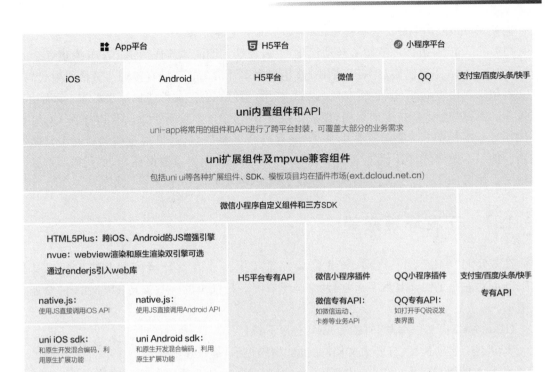

图 1-14　uni-app 功能框架图

注：本图来自官网。

1.6　uni-app 开发微信小程序的优势

很多人以为小程序是由微信先推出的，其实 DCloud 才是这个行业的开创者。2015 年，DCloud 正式商用了自己的小程序，产品名为"流应用"，它不是 B/S 模式的轻应用，而是能接近原生功能、性能的 App，并且即点即用，第一次使用时可以做到边下载边使用。为将该技术发扬光大，DCloud 将技术标准捐献给工信部旗下的 HTML5 中国产业联盟，并推进各家流量巨头接入该标准，开展小程序业务，部分公司接入了联盟标准，但更多公司因利益纷争严重，标准难以统一。微信团队在学习和借鉴了"流应用"的一些经验后，推出了微信小程序——它目前已成为继 Web、iOS、Android 之后的第 4 大主流开发技术。

但微信小程序的原生开发有诸多缺点：

（1）原生开发对 Node、预编译器、webpack 支持不好，影响开发效率和工程构建流程。

（2）微信定义了一种"不伦不类"的语法（如果读者学了 Vue、React，就可以全端通用），而不是只为小程序。小程序的 setData 和类似 template 模式像是 React 和 Vue 的混合体，却缺失了 React 的灵活性和 Vue 的响应式。

（3）Vue/React 生态里有太多周边工具，可以提高开发效率，例如 IDE、校验器、三方库。

（4）微信的 IDE 和专业编辑器相比并不好用。

（5）没有"正儿八经"的状态管理。

而使用 uni-app 开发微信小程序,却有如下的决定性优势:

(1) uni-app 对很多环节做了自动优化,很多场景下性能体验比微信原生开发更好。

(2) uni-app 不限制底层 API 调用;在小程序端,uni-app 支持直接编写微信原生代码。

类似于使用 Vue.js 开发 HTML5 Web 应用,不但不会造成性能比原生 js 差,反而由于虚拟 DOM 和差量更新技术的运用,在大多数场景下,它比开发者手动写代码操作 DOM 的性能还好。小程序中需要频繁地写 setData 代码来更新数据,这里很重要的就是差量数据更新。如果不做差量,代码性能不好;如果每处逻辑都判断差量数据更新,那代码写起来太麻烦了。使用 uni-app 后,底层自动差量数据更新,简单而高性能。

1.7　开发环境搭建

在开发 HTML5 App 之前,首先需要在系统中搭建开发环境。本书使用的工具是 HBuilderX,它是 DCloud(数字天堂)网络技术有限公司推出的一款支持 HTML5 的全能开发 IDE。

HBuilderX 由 C++编写,这款 IDE 具有以下特色:

- 极速:启动速度、打开大文档的速度、编码提示,都极速响应;
- 强大的语法提示(它来自中国唯一一家拥有自主 IDE 语法分析引擎的公司);
- 最全的语法库和浏览器兼容库;
- 对优秀框架 Vue.js 做了大量优化,开发体验远超其他开发工具;
- 支持手机 App 开发、真机或模拟器调试,可以边改边看和 Run in device;
- 支持云打包或本地打包,一套程序可以打包成 Android 或 iOS 安装包;
- 小程序支持,包括微信、支付宝、百度、头条等多家平台;
- markdown 利器:对 markdown 支持最强的编辑器;
- 更强的 JSON 支持:提供了比其他工具更高效的操作。

1. IDE 的安装

首先到 https://www.dcloud.io/hbuilderx.html 网址下载开发工具 HBuilderX(目前版本是 3.2.9),网站分别提供了 Windows 版本和 MacOS 版本,请下载并安装"App 开发版"(开发版已集成相关插件、开箱即用)。这个 IDE 是绿色软件,不需要安装,下载解压后,可以进入相应的目录,将 HBuilderX.exe 发送到桌面快捷方式。软件启动后如图 1-15 所示,单击左下角"未登录"按钮可以打开登录对话框进行登录,建议没有账号的读者进行注册(后面发布项目、安装插件或使用 uniCloud 都必须登录)。

2. Chrome 的安装

在百度中输入"Chrome 浏览器",下载谷歌浏览器最新官方版,采用默认安装。Chrome 浏览器的界面如图 1-16 所示。对于 HTML5 的开发,Chrome 浏览器的 DevTools 工具有强大的功能和友好的用户体验,不仅能快速方便地调试 JavaScript、检查 HTML 页面 DOM 结构、实时同步更新元素 CSS 样式,还能跟踪分析页面资源加载性能等问题。对于移动平台的开发者来说,从 Android4.4 开始,也可以通过 Chrome 的 DevTools 工具连接设备对应用进行调试。

图 1-15　HBuilderX 界面

图 1-16　Chrome 浏览器界面

3. 微信开发者工具的安装

uni-app 支持的平台较多,本书只选用了微信小程序作为讲解示范,关于其他小程序对应的开发工具,请读者自行参考官方文档说明。微信开发者工具的下载地址如下:

https://developers.weixin.qq.com/miniprogram/dev/devtools/download.html

从微信小程序的官方网址下载相应的安装包后进行安装,完成后使用微信“扫一扫”功能,登录进入微信开发者工具,效果如图 1-17 所示,单击右上角的"齿轮"按钮,打开相应的设置界面,切换到"安全",并打开服务端口。

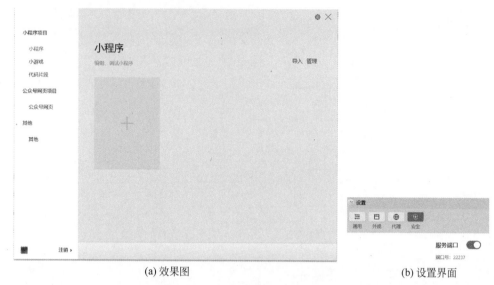

(a) 效果图   (b) 设置界面

图 1-17　微信开发者工具设置

1.8　创建第一个 uni-app 应用

让我们先来直观感受一下 uni-app 开发平台的强大,请打开 HBuilderX,单击菜单"文件"中的"新建"按钮,选择"1.项目"以后,弹出对话框,如图 1-18 所示,选择项目类型"uni-app",输入项目名"FirstProject",模板采用"默认模板",再单击"创建"按钮,就成功地创建了第一个 uni-app 应用。

图 1-18　创建 uni-app 应用

项目创建成功以后，我们可以打开 pages 目录下的 index 目录中的 index. vue 文件，这就是 uni-app 项目的其中一个页面文件，它和传统的 HTML5 开发类似，在一个页面同时包括了 3 部分——内容（uni-app 组件，类似于 HTML）、外观（CSS 部分）、行为（JavaScript 部分）。第 12 章将详细介绍 uni-app。

1.8.1　项目运行

下面我们尝试运行项目，看看它在多端运行的表现。图 1-19 是 FirstProject 项目运行的结果，可以看到，一套代码在各端运行后都能得到同样的结果。

1. HTML5 运行

如图 1-20 所示，在"运行"菜单中，选择"运行到浏览器"中的 Chrome，系统会自动编译成 HTML5 页面，并启动 Chrome 浏览器，显示运行效果。

图 1-19　项目运行效果

图 1-20　运行到浏览器

2. Android 和 iOS 运行

在手机平台运行时，可以选择真机或模拟器测试。Windows 系统下的 Android 平台的模拟器较多，推荐"雷电模拟器"，而对于 iOS 系统，模拟器推荐在 Xcode 下创建，但它只能运行在 MacOS 上，Windows 系统中的"黑雷 iOS 模拟器"是收费的。

在电脑上插入真机或启动模拟器后，如图 1-21 所示，在"运行"菜单中，选择"运行到手机或模拟器"中的某手机设备，系统会自动开始编译。

图 1-21　运行到手机或模拟器

使用 Android 设备时要提前打开"USB 调试模式"，编译完成时，会弹出一个安装提示，如图 1-22 所示，请选择"继续安装"，安装完成后自动启动查看效果。

使用 iOS 设备时，需要先安装 iTunes 后授权手机连接，编译时，会在控制台显示提示信

图 1-22　Android 平台上的 USB 安装提示

息,需要在"设置"-"通用"-"设备管理(或描述文件)"中信任 DCloud 企业证书,才能安装程序进行测试。

3. 微信小程序运行

如图 1-23 所示,在"运行"菜单中,选择"运行到小程序模拟器"中的"微信开发者工具",系统会弹出如图 1-24 所示的"设置"对话框,要求配置微信小程序开发者工具所在目录,配置完成后,单击"确定"按钮,会将项目编译成微信小程序,并自动启动微信开发者工具,显示运行效果。uni-app 并不要求读者学习掌握 WXML 等知识,而是使用了类似传统的 Web 开发技术,就实现了代码到小程序的编译。

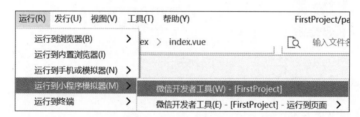

图 1-23　微信小程序运行

图 1-24　微信开发者工具目录设置

1.8.2　项目发布

App 项目开发完成后,只是在手机上或开发工具中测试通过了,如果需要发布到 App Store、Android 各大应用市场以及微信平台,还需要将程序打包。

对于 Android 和 iOS 两个平台,DCloud 提供了云打包和本地打包两种方式,云打包并不会向开发者收取任何有关的打包费用,开发者也可以使用本地打包。云打包的特点是 DCloud 官方配置好了原生的打包环境,可以把 uni-app 应用编译为原生安装包。对于不熟悉原生开发的前端工程师,云打包大幅降低了他们的使用门槛;对于没有 Mac 电脑的开发者,他们也可以通过云打包直接打出 iOS 的 ipa 包。本地打包环境配置较复杂,不在本书介绍范围内。

1. 原生 App

依次单击"发行"-"原生 App-云打包",打开对话框,如图 1-25 所示。

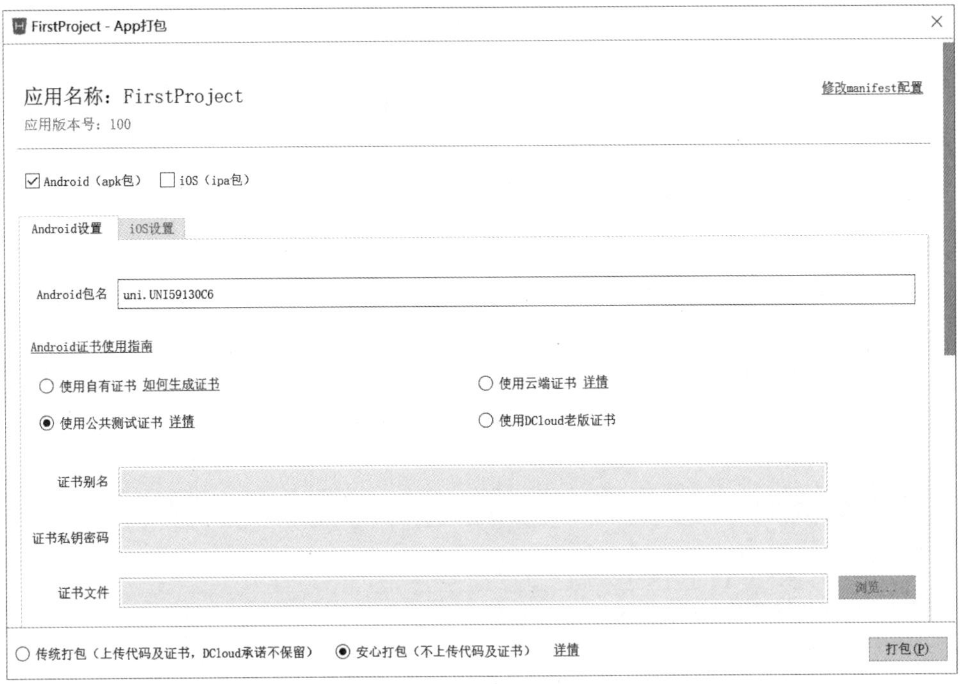

图 1-25　云打包对话框

1) Android 打包

切换到 Android 设置,选择"使用公共测试证书"(也可以使用自己生成的证书,两者不影响安装包的发布,唯一的差别就是证书中开发者和企业信息不同),再选择"安心打包"后,单击"打包"按钮,HBuilderX 会提示是测试证书后,将资源编译通过后上传到服务器进行云打包。可以单击菜单栏中的"发行"中的"原生 App-查看打包状态",了解当前打包进度。打包成功后,控制台会显示打包成功提示,以及生成的.apk 包所在路径。

2) iOS 打包

切换到 iOS 设置,如图 1-26 所示,输入证书私钥密码、选择证书 Profile 文件、私钥证书(需要事先申请),再单击"打包"按钮,打包成功后会自动生成.ipa 包。

2. 微信小程序

先上微信小程序官网申请一个 AppId 值,单击"发行"→"小程序-微信(仅适用于 uni-app)",打开对话框,如图 1-27 所示,填好相应的小程序名称和 AppId 后,单击"发行"按钮,HBuilderX 会将其编译成一个微信小程序项目,并在控制台提示相应的项目目录。

在微信小程序开发者工具中,导入生成的微信小程序项目,填写好 AppId,测试项目代码运行正常后,单击"上传"按钮,之后按照"提交审核"→"发布"小程序标准流程,逐步操作即可。(具体流程请参考官方文档。)

3. HTML5

如图 1-28 所示,先打开项目中的 manifest.json,切换到"h5"配置,在"运行的基础路径"中设置"./"。

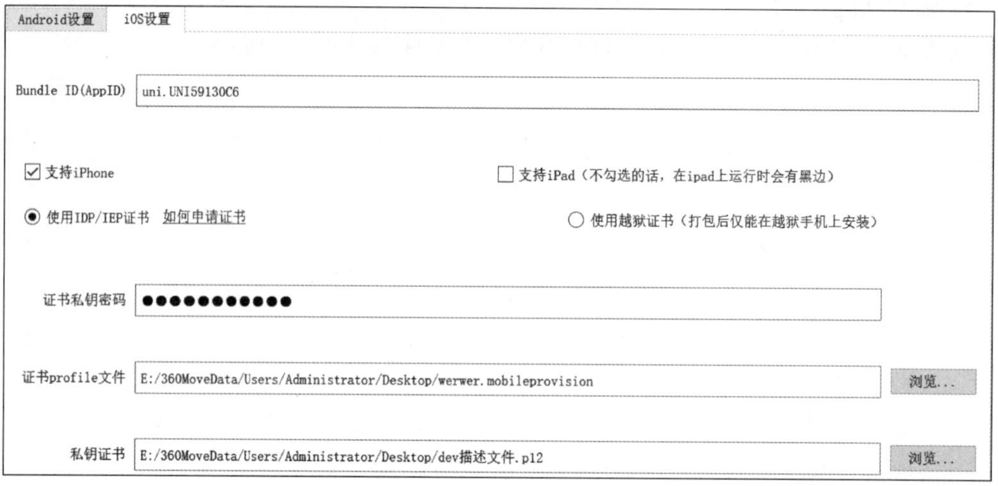

图 1-26 云打包 iOS 设置

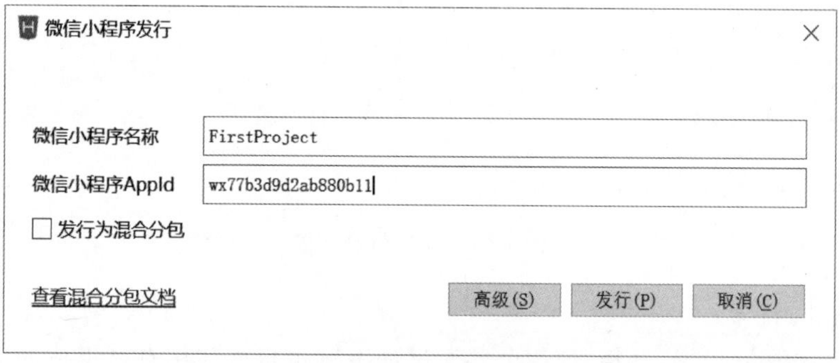

图 1-27 微信小程序发行窗口

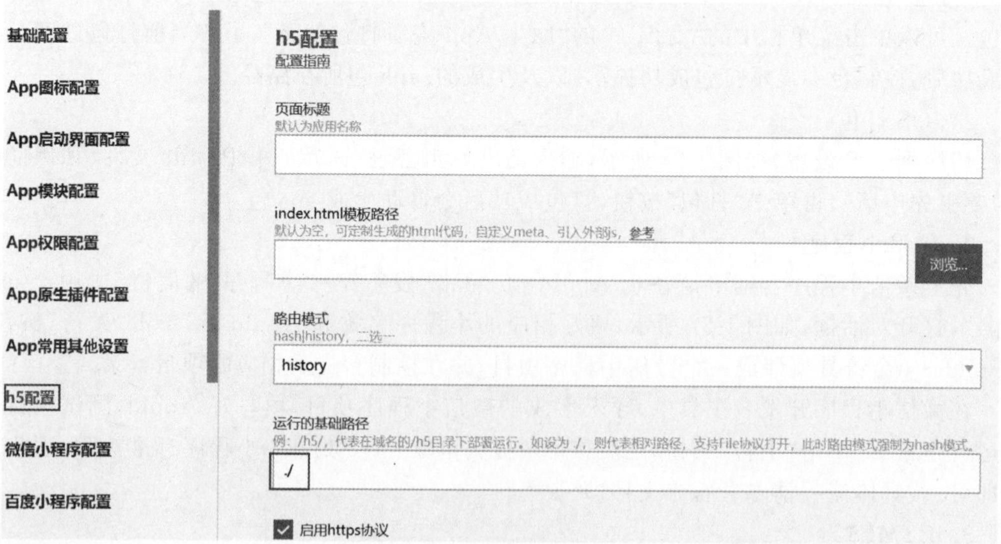

图 1-28 manifest.json 配置 h5

单击"发行"-"网站-PC Web 或手机 H5（仅适用于 uni-app）"，打开对话框，如图 1-29 所示，这里域名可以暂时不填，单击"发行"按钮，uni-app 会被编译成常见的 .html 网页形式，控制台会显示编译成功相应的目录。在目录中单击 index.html 按钮，就可以看到项目运行效果，未来也可以部署到 Web 服务器使用。

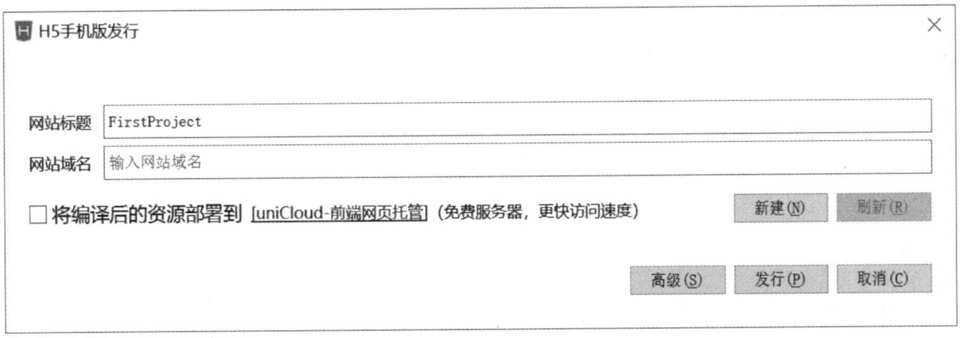

图 1-29　发布成 H5 对话框

小结

本章主要介绍了 HTML5 App 开发的基础知识，首先介绍了 HTML5 标准，解释了 Flash 必然失败的原因，然后介绍了 HTML5 的一些新特性，并介绍了 HTML5 App 当前的发展现状，最后通过 HBuilderX 创建了第一个 uni-app 应用，运行在各个平台上并进行发布。

HTML5 在开发 App 或小程序过程中，从成本、难度、迭代速度、市场推广上，和原生 App 相比都具有一定优势。HTML5 技术正在席卷整个移动应用开发行业，如何高效率地开发出轻架构、高性能 HTML5 App 或者小程序已是抢占潮流红利的关键，让我们积极投入到 HTML5 的开发世界中吧！

第 2 章

HTML5 页面基础

学习目标

- 了解 HTML 语言特性。
- 掌握 HTML5 文档的基本格式。
- 熟练掌握 HTML 语言中的布局(div)标签、各种文本控制标签、图像(img)标签、超链接(a)标签、列表标签、音视频标签、表格(table)标签、表单(form)标签、各种输入(input)标签、select 标签等的使用。
- 掌握 meta 标签的应用。

学习 uni-app 必须掌握前端的一些基础知识,特别是 HTML 的使用。本章针对 HTML5 的文档基本格式、各种 HTML 标签进行详细的讲解,以帮助读者迅速掌握 HTML,完成页面内容的构建。

2.1 HTML 简介

HTML5 页面的扩展名是.html 或.htm,页面上所展示的内容就是由 HTML(Hyper Text Markup Language,超文本标记语言)所构建的。

HTML 语言诞生于 1993 年,是一种设计网页的标准语言。所谓超文本,是指页面内可以包含图片、链接,甚至音乐、程序等非文字元素。正是有了它,计算机世界才显得更丰富多彩,而我们也才能畅游在 Internet 世界。HTML 通过标签符号来标记要显示的网页中的各部分。网页文件本身是一种文本文件,通过在文本文件中添加各种标签符号,可以告诉浏览器如何显示其中的内容(如文字如何处理、画面如何安排、图片如何显示等)。浏览器按顺序阅读网页文件,然后根据标签符号解释和显示其标记的内容,对书写出错的标签并不指出其错误,也不停止其解释执行过程,我们只能通过显示效果来分析出错原因和出错部位。但需要注意的是,不同的浏览器对于同一标签可能会有不完全相同的解释,因而可能会有不同的显示效果,特别是 PC 上和移动设备上的不同显示最为明显。

HTML 语言是标签标记式语言(uni-app 的组件也采用了这种设计方式),所以非常简单,易于掌握,最重要的是它与平台无关,无论是在 PC、Mac、Android,还是 iOS 平台上,只要使用浏览器或浏览器内核都可以浏览和运行,在 HTML5 时代,它甚至在智能电视上也有了一席之地。

2.1.1　标签

标签是由一对尖括号包裹的单词构成的,它们可以被浏览器解释,从而决定页面的结构和显示的效果。标签中的单词书写是不分大小写的,但推荐使用小写字母。标签通常是成对出现的,分为开始标签和结束标签,在它们中间的是**标签体**,其语法格式如下:

```
<标签名>标签体</标签名>
```

有些标签功能是比较简单的,只使用一个标签即可,这种标签叫**自结束标签**,语法格式稍有区别:

```
<标签名/>
```

标签是可以嵌套的,但是注意一定不要出现交叉嵌套,例如下面这种情况:

如果标签的拼写错误,浏览器不会报错,所以对于标签名的记忆还是必要的。

2.1.2　标签的属性

标签的属性通常出现在标签名的开始标签中,或者是自结束标签中,通常是以键值对的形式存在,属性名字母都是小写,属性值必须以双引号或单引号包裹后,用等号赋值给属性名,语法格式如下:

```
<标签名 属性名 = "属性值">标签体</标签名>
```

或

```
<标签名 属性名 = "属性值"/>
```

属性的使用比较特殊,可以使用自定义的属性"data-属性名"存储值,对界面不会造成任何影响。

另外,如果标签的属性名和属性值完全一样,可以直接书写属性名,属性值可以省略,以下面的标签属性写法为例:

```
< input type = "text" readonly = "readonly"/>
//属性名和属性值完全相同,简化为
< input type = "text" readonly/>
```

　　HBuilderX 的编辑器中提供了完善的自动输入功能,只需要输入相应标签的首字母、选择相应的标签、输入回车后,HBuilderX 会自动补全相应的开始标签和结束标签,以及相应的属性。

2.1.3　注释标签

　　在 HTML 中还有一种特殊的标签——注释标签。如果需要对 HTML 代码添加一些便于阅读和理解但又不需要在页面中显示的注释文字,就需要使用注释标签。语法格式为:

```
<! -- 注释语句 -->
```

　　需要注意的是,注释内容不会显示在浏览器窗口中,但是作为 HTML 页面源代码的一部分,它会自动下载到客户端,在查看源代码时可以看到。

　　🤖 HTML 源代码是可以直接查看的: 用 Chrome 浏览网页时,单击鼠标右键,选择"查看网页源代码"。

2.2　HTML5 文档基本格式

　　学习任何一门语言,都需要首先掌握它的基本格式,就像写信需要符合书信格式要求一样。HTML5 的页面也不例外,同样需要遵从一定的规范。下面讨论 HTML5 文档的基本格式的特点。

　　打开 HBuilderX,单击"文件"菜单中的"新建",选择"1.项目"以后,弹出对话框,如图 2-1 所示,将项目类型切换到"普通项目",模板类型选择"基本 HTML 项目",输入项目名后,创建出一个 HTML 项目:

　　• index.html:页面文件,可以根据需要自行添加其他页面或修改名称,它的代码如下:

```
<! DOCTYPE html >
< html >
    < head >
        < meta charset = "UTF - 8">
        < title ></title >
    </head >
    < body >
    </body >
</html >
```

　　• css 目录:.css 文件存放目录,这只是建议名,目录名可修改。
　　• img 目录:图片文件存放目录,这只是建议名,目录名可修改。

- js 目录：.js 文件存放目录，这只是建议名，目录名可修改。

图 2-1　对话框效果

index.html 中自带的 HTML 源代码构成了 HTML5 页面文档的基本格式，下面对它们作具体的介绍。

1. DTD 声明

代码的第一行<! DOCTYPE html >是 HTML 文档的 DTD（Document Type Definition，文档类型定义），它必须位于 HTML5 文档中的第一行，也就是位于< html >标签之前。在所有 HTML 文档中规定 DTD 是非常重要的，它告知浏览器当前文档所使用的 HTML 规范，这样浏览器才能了解预期的文档类型。DOCTYPE 不属于标签，它是一条指令。实际移除第一行的 DTD 声明，页面也能浏览，不会报任何错误，但是 HTML 本身就有很多版本，如果希望浏览器能正确无误地支持 HTML5 各种特性，一定要保留这一行。

2. 根标签

< html >标签位于<! DOCTYPE html >声明之后，也作为根标签，用于告知浏览器其自身是一个 HTML 文档。< html >标签标志着 HTML 文档的开始，</html >标签则标志着文档的结束，在它们之间是文档的头部和主体。

3. 头部标签

< head >标签用于定义 HTML 文档的头部信息，它是所有头部元素的容器。< head >中的元素可以引用脚本、指示浏览器在哪里找到样式表、提供元信息等。绝大多数文档头部包含的数据都不会真正作为内容显示出来。

在< head >标签体中，有这样一行 HTML 代码：

```
< meta charset = "UTF - 8">
```

它的作用是告诉浏览器当前页面采用的编码格式是"UTF-8"。UTF-8 是一种字符编码,除此之外,在国内网站常用的还有 GB 2312 和 GBK。GB 2312 和 GBK 主要用于汉字编码,UTF-8 是国际编码,实用性比较强。

< title >标签可以用于定义文档的标题。浏览器会以特殊的方式来使用标题,并且通常把它放置在浏览器窗口的标题栏或状态栏上。同样地,当把文档加入用户的链接列表或者收藏夹或书签列表时,标题将成为该文档链接的默认名称。

4. 主体标签

< body >标签用于定义 HTML 文档所要显示的内容,也称为**主体标签**。页面中显示的所有文本、图像、音视频等信息都必须位于< body >标签中,< body >标签中的信息才是最终展示给用户看的。

在< body >和</body >之间输入文字"Hello World"后,选择"运行"菜单下的"运行到浏览器",再选择 Chrome 后,就可以看到 body 中定义的内容显示在 Chrome 的页面中,另外 HBuilderX 支持修改页面完成保存后,Chrome 自动刷新页面。

还可以在"视图"菜单中选择"显示工具栏",再单击工具栏上的运行按钮 ⊙ ,再选择 Chrome 浏览器。

2.3 布局 div 标签

div 标签作为 HTML 页面中常用的标签,其默认样式是独占一行,它在页面显示时并无任何特殊的显示,它的样式,例如宽度、高度等样式设置、内部字体大小、字体颜色,都需要通过 CSS 来实现。

这个标签的作用就是一个容器,在这个容器中可以放置各种标签内容,主要是通过< div >标签来实现各种各样的布局效果。

< div >标签的宽度在没有使用 CSS 控制时,会自动设置为父容器的宽度,而高度会随着内容进行自适应。这个特性有时在 App 开发中是可以利用的。

【例 2-1】 < div >标签使用示范,代码如下:

```
< body >
    < div style = "background - color: greenyellow;">
    div 作为 html 网页中常用的标签,其默认样式是独占一行,其 CSS 样式需要重新赋予. 比如对
div 宽度、高度等样式设置、内部字体大小、字体颜色都需要通过 CSS 来实现.
    </div >
</body >
```

为了显示< div >标签的宽度和高度变化,这里特意给它加了灰底,CSS 的使用将在第 3 章进行详细讲解,使用 Chrome 浏览这张页面后,试着改变浏览器的宽度,你会发现该< div >标签的宽度会随着浏览器窗口的宽度进行改变,而高度是随着内容的变化进行自动适应的,如图 2-2 所示。

图 2-2 ＜div＞标签的宽度高度自适应性

2.4 文本控制标签

在一个页面中的文字往往占用了较大的篇幅，为了让文字排版整齐、结构清晰，HTML 中提供了一系列的文本控制标签。下面进行详细讲解。

2.4.1 标题 h 标签

为了使页面更有语义化，在页面中会常用到标题标签，HTML 提供了 6 个等级的标题，有＜h1＞、＜h2＞、＜h3＞、＜h4＞、＜h5＞、＜h6＞，其重要性从＜h1＞～＜h6＞依次降低，标题中的文字会自动设置为粗体。这个标签的使用见例 2-2，在Chrome 中运行后的效果如图 2-3 所示。

图 2-3 标题标签的使用

【例 2-2】 标题标签使用示范，代码如下：

```
< body >
    < h1 > 1 级标题</h1>
    < h2 > 2 级标题</h2>
    < h3 > 3 级标题</h3>
    < h4 > 4 级标题</h4>
    < h5 > 5 级标题</h5>
    < h6 > 6 级标题</h6>
</body >
```

2.4.2 段落 p 标签

像写文章一样，在页面中要把文字有条理地显示出来，离不开段落标签，它可以把内容分为若干段落。段落标签使用＜p＞，默认情况下，它会根据浏览器窗口的大小自动换行。＜p＞标签的语法格式为：

```
<p>段落文本</p>
```

和＜div＞标签一样，＜p＞标签也会单独占一行，但不同的是，它会自动在段落前后各加一个空行,见例 2-3。

【例 2-3】 段落标签使用示范,代码如下:

```
< body >
    < p style = "background - color: aquamarine;">HTML5 手机应用的最大优势就是可以在网页上
直接调试和修改.原先应用的开发人员可能需要花费非常大的力气才能达到 HTML5 的效果,不断地
重复编码、调试和运行,这是首先得解决的一个问题.因此也有许多手机杂志客户端是基于 HTML5 标
准,开发人员可以轻松调试修改.</p>
    < p style = "background - color: greenyellow;">从性能角度来说,HTML5 首先缩减了 HTML 文
档,使这件事情变得更简单.从用户可读性上说,原先一大堆东西对初学者来说,第一次看到这些东
西是看不懂的,而 HTML5 的声明方式对用户来说显然更友好一些.</p>
</body >
```

为了显示更清晰,在这个例子中使用了 2 个< p >标签,页面启动后的效果如图 2-4 所示。你会发现,段落标签在文字前后都各自添加了一个空行。

和中文的段落不一样,首行不会自动空两格,要实现这个效果,必须借助于 CSS。

2.4.3　水平线 hr 标签

在页面中经常可以使用一些水平线将段落之间隔开,使得文档结构清晰,层次分明。这些水平线可以通过插入图片实现,也可以简单通过水平线标签< hr/>来完成。在页面中输入一个< hr/>,就自动添加了一条默认样式的水平线。例如,在例 2-3 中的源代码的 2 个< p >标签之间加入一个< hr/>标签,会得到如图 2-5 所示的效果。

图 2-4　< p >标签的使用

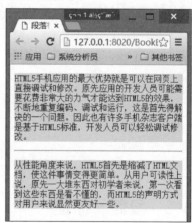

图 2-5　< hr >标签自动加水平线

2.4.4　换行 br 标签

在 HTML 中,一个段落的文字会自动从左到右排列,直到浏览器窗口右端,然后自动换行。如果希望某段文本或标签内容强制换行显示,就需要使用换行标签< br/>,如果只是像在 Word 中编辑时直接按 Enter 键是毫无作用的。

2.4.5　特殊字符标记

在页面中常常会用到一些包含特殊字符的文本,如数学公式、版权信息等,在 HTML 中为这些字符准备了特殊字符标记,如表 2-1 所示。

表 2-1　常用特殊字符标记

特 殊 字 符	描　　述	相应的标记
	空格	
<	小于	&lt;
>	大于	&gt;
&	和	&amp;
©	版权	&copy;
®	注册商标	&reg;
"	双引号	&quot;
2	平方	&sup2
°	度	&deg;

2.4.6　修饰 span 标签

在页面中有时需要为一行文字的某部分使用不同的效果,例如单独设置为红色、粗体、斜体或下画线等,HTML 中有个特殊的< span >标签,可以专门用来定义页面中某些特殊显示的文本,它本身没有任何固定的格式体现,只有应用 CSS 样式时,才会产生视觉上的变化,例如图 2-6 中的效果,这行文字中的"span 标签"是单独的红色,要实现这样的效果,就可以借助于< span >标签。

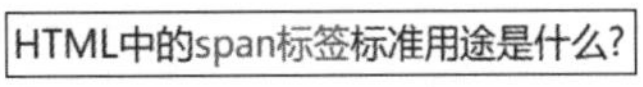

HTML中的span标签标准用途是什么?

图 2-6　文字中的红色文本

用< span >标签加 CSS 就可以轻松实现,文字的 HTML 代码为:

```
HTML 中的< span style = "color:red"> span 标签</span>标准用途是什么?
```

2.5　图像 img 标签

在 HTML 页面中,任何元素的实现都要依靠 HTML 标签,要想在页面中显示图像,就需要使用图像标签< img/>,图像标签的基本语法格式为:

```
< img src = "图像 URL" alt = "文字提示"/>
```

其中,src 属性用来指向图像的 URL 路径,可以使用相对路径,也可以使用网络路径,alt 属性主要用于图像看不到或丢失时显示的文字,另外使用了 alt 属性,也便于谷歌和百度等搜索引擎的 SEO(Search Engine Optimization,搜索引擎优化),它对于网页有重要作用,便于收录。下面演示了< img/>标签的使用。

【例 2-4】 图片标签使用示范,代码如下:

```
<body>
    <!-- 这里图片的 URL 使用的是网络路径 -->
    <img src="https://www.meishihui.xyz/imgs/bd-logo.png"
        alt="百度的 Logo"/>
    <br />
    <!-- 这里图片的 URL 使用的是相对路径 -->
    <img src="../img/baidu.png" alt="百度的 Logo"/>
</body>
```

在 Chrome 中浏览后的效果如图 2-7 所示,如果图像路径错误或未设置,则会显示如图 2-8 所示的效果,会显示在 alt 属性中设置的替代文字。

图 2-7　图片标签显示图片

图 2-8　图片不能显示时的效果

在 Chrome 中,页面上的图片如果是使用<img/>标签显示的,可以把鼠标放在相应图片上,单击鼠标右键,可以得到如图 2-9 所示的菜单,可以通过不同选项对图片作不同的处理。

图 2-9　Chrome 菜单处理图片

img 标签还可以显示 base64 方式编码的图片(base64 是一种基于 64 个可打印字符来表示二进制数据的表示方法),这样没有了单独的图片文件,就不用再请求服务器调用图片资源,减少了服务器访问次数,但页面尺寸未变大,图片也不能缓存。网上有很多在线转换工具,上传图片后,可以得到图片的 base64 编码方式(语法如下),其中 image/png 是 png 图

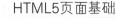

片的 MIME（Multipurpose Internet Mail Extensions，多用途互联网邮件扩展类型）。

```
< img src = "data:image/png;base64,图片的 base64 编码/>
```

2.6　超链接 a 标签

在浏览网页时，经常在单击某标题后，会打开另一张网页，这就是使用超链接标签的功劳。超链接标签在网页中占有不可替代的地位，但是它的使用又非常简单，只需要使用 <a> 标签就行了，基本的语法格式为：

```
< a href = "跳转的 URL 地址" target = "新页面弹出方式">文本或图像</a>
```

其中，href 属性用于指定的链接的目标 URL 地址，可以使用当前网站内的相对地址，也可以使用外网地址（但必须加上 http://），target 属性用于指定链接页面的打开方式，有 _self 和 _blank 两种。默认值为 _self，表示在原窗口中打开；_blank 表示在新窗口中打开。

除了常规的超链接用法，在移动设备上使用 <a> 标签，还可以用它来实现单击电话号码后，打开发送短信或拨打电话界面，也可以用于发邮件。例 2-5 展示了 <a> 标签的不同用法。

【例 2-5】　超链接标签的不同用法，代码如下：

```
< body >
    <! -- 普通的文字超链接 -->
    < a href = "http://www.163.com" target = "_blank">打开网易</a>
    < a href = "example - 2.4.html">打开上个例子</a>
    < br />
    <! -- 图片超链接 -->
    < a href = "http://www.163.com">< img src = "../img/163.png"/></a>
    < br /><br />
    <! -- 拨打电话 -->
    < a href = "tel:10086">拨打电话</a>
    <! -- 发送短信 -->
    < a href = "sms:10086">发送短信</a>
    <! -- 发送 Email -->
    < a href = "mailto:mail@qq.com">发送邮件</a>
</body>
```

在 Chrome 中浏览这张页面，效果如图 2-10 所示，页面上展示了普通的文字超链接和图片超链接，把这张页面复制到手机上运行，单击对应的超链接也可以打开电话、短信和邮件发送的 App。

图 2-10　超链接标签的使用

2.7　列表标签

为了使页面更易读,经常需要将信息以列表的形式呈现,例如新闻 App 中新闻的呈现的列表,排列有序,内容清晰。为了满足页面排版的需求,这里主要讲解 HTML 语言提供的无序列表和有序列表。

2.7.1　无序列表 ul 标签

无序列表是网页中最常用的列表,之所以称为"无序列表",是因为其各个列表之间没有顺序级别之分,通常都是并列的,例如淘宝首页中各商品的分类排序不分先后,这就可以看作是一个无序列表。无序列表的基本语法格式为:

```
<ul>
    <li>列表项 1</li>
    <li>列表项 2</li>
    <li>列表项 3</li>
    <li>列表项 4</li>
</ul>
```

在上面的语法中,列表项是使用<li>标签定义的,<li>标签类似于<div>,也是容器,它的标签体也可以包含各种内容,包括文字、图片等。<ul>标签只能直接嵌套<li>标签,是不能直接输入文字的。无序列表的显示效果如图 2-11 所示。

图 2-11　无序列表显示效果

2.7.2 有序列表 ol 标签

有序列表指的是按照字母或数字顺序排列的列表项目。要注意的是,有序列表的结果是带有前后顺序之分的编号,如果插入和删除一个列表项,编号会自动进行调整。有序列表的基本语法格式为:

```
< ol type = "项目符号类型值" start = "项目符号开始的数值">
    <li>列表项 1</li>
    <li>列表项 2</li>
    <li>列表项 3</li>
    <li>列表项 4</li>
</ol>
```

与无序列表不同的是,列表项的前面可以自动出现字母或数字序号,这是由 type 属性值决定的,type 的取值如表 2-2 所示,start 属性用于指定从第几个字母或数字开始。

表 2-2 有序列表 type 的取值

取 值	描 述
1	项目符号用数字表示(1,2,3,…)
A	项目符号用大写字母表示(A,B,C,…)
a	项目符号用小写字母表示(a,b,c,…)
I	项目符号用大写的罗马数字表示(Ⅰ,Ⅱ,Ⅲ,…)
i	项目符号用小写的罗马数字表示(i,ii,iii,…)

【例 2-6】 有序列表使用示例的代码如下:

```
< body >
    < ol >
        <li>列表项 1</li>
        <li>列表项 2</li>
        <li>列表项 3</li>
    </ol>
    < ol type = "a" start = "2">
        <li>第 1 项</li>
        <li>第 2 项</li>
        <li>第 3 项</li>
        <li value = "20">第 4 项</li>
    </ol>
    < ol type = "I" start = "2">
        <li>第 1 项</li>
        <li>第 2 项</li>
        <li>第 3 项</li>
    </ol>
</body>
```

在 Chrome 中浏览该页面,效果如图 2-12 所示,可以看到有序列表的不同使用方式。

图 2-12　有序列表显示效果

列表项目是可以嵌套的，这意味着在<li></li>的标签体中，可以再使用<ul>或<ol>标签。

2.8　语义化标签

在 HTML5 标准出现之前，页面的布局全是使用 div＋css 完成的，如图 2-13 所示，这给搜索引擎的 SEO 带来了复杂性，网络蜘蛛(搜索引擎收集网站信息的程序)必须从页面的头读到尾，才能正确收录到需要的信息(例如网站版权信息)，而 HTML5 标准制定了许多语义化标签，它可以将每个区域语义化，让页面结构更清晰，更利于 SEO，如图 2-14 所示，这是使用语义化标签后的布局方式。

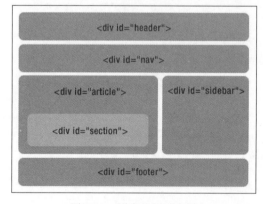

图 2-13　原有的网页布局

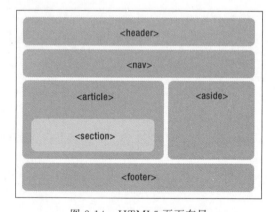

图 2-14　HTML5 页面布局

本书讲解 HTML5 App 开发，重点不是网页设计，所以只简单介绍一些语义化标签，若需要进一步了解，请参考其他书籍。

- <header>：定义网页或文章的头部区域，可包含 logo、导航、搜索条等内容。
- <main>：定义网页中的主体内容。
- <nav>：定义包含多个超链接的区域，标注页面导航链接。
- <footer>：定义网页或文章的尾部区域，可包含版权、备案等内容。
- <section>：通常标注为网页中的一个独立区域。

- ＜article＞：完整、独立的内容块，可包含独立的＜header＞、＜footer＞等结构元素。如新闻、博客文章等独立的内容块(不包括评论或者作者简介)。
- ＜aside＞：定义除主内容之外的内容块，如注解。
- ＜figure＞：代表一段独立的内容，经常与＜figcaption＞(表示标题)配合使用，可用于文章中的图片、插图、表格、代码段等。
- ＜figcaption＞：定义＜figure＞元素的标题。

不用太在意这些语义化标签，只需了解，HTML5 App 开发中用得最多的还是＜div＞，也不会涉及 SEO 的问题。

2.9　音视频标签

Web 开发人员过去一直想在网页上播放多媒体，特别是当前网络的带宽速度已经很快，足以支持音视频的在线播放。在早期的技术中，原生的网页标准不支持在网页中直接嵌入音视频，所以在浏览器中需要安装插件(例如 Flash 或 Silverlight)。HTML5 标准中为了解决这些问题，定义了＜audio＞和＜video＞标签，以及一套 JavaScript API，实现了对音视频播放的原生支持。这两个标签的使用非常类似，只是使用的标签不同。

1.＜audio＞标签

＜audio＞标签用于播放音频，它支持的音频文件格式包括".wav"".mp3"".ogg"，如果不是这三种格式，可以使用网站 http://cn.office-converter.com/提供的功能，很方便地实现音频格式的在线转换。

＜audio＞标签的书写格式如下：

```
＜audio src = "音频文件地址" id = "myaudio"＞
    你的浏览器不支持＜audio＞标签
＜/audio＞
```

如果只指定一种格式的音频文件，很有可能在某些浏览器中不能正常播放，为了确保＜audio＞标签在各浏览器中都能实现兼容，可以在＜audio＞标签中再使用＜source＞标签加载不同格式的音频文件，浏览器会自动使用第一个能识别的格式，例如下面这段代码：

```
＜audio id = "myaudio"＞
  ＜source src = "song.ogg" type = "audio/ogg"＞
  ＜source src = "song.mp3" type = "audio/mp3"＞
  你的浏览器不支持＜audio＞标签
＜/audio＞
```

2.＜video＞标签

＜video＞标签用于播放视频，它支持的视频文件格式包括".webm"".mp4"".ogg"，其中".mp4"一定要采用 H.264 编码(H.264 已经占领视频市场的 80%，如果移动应用中使用视频，建议采用 H.264 编码，它有较好的高压缩比和画质)。

<video>标签的书写格式如下:

```
<video src = "音频文件地址" id = "myvideo">
    你的浏览器不支持<video>标签
</video>
```

与<audio>标签类似,在<video>标签中,也可以使用<source>标签来实现兼容性,例如:

```
<video id = "myvideo">
  <source src = "song.ogg" type = "video/ogg">
  <source src = "song.mp4" type = "video/mp4">
    你的浏览器不支持<video>标签
</video>
```

3. 主要属性

我们可以看出,这两个标签的书写形式以及结构是基本类似的,不仅如此,除了 src 属性,它们标签中的其他基本属性也是一样的,如表 2-3 所示。

表 2-3 <audio>和<video>标签的主要属性

属 性	描 述
autoplay	自动播放音频或视频
controls	显示系统自带的播放面板
loop	自动循环播放音频或视频
preload	值为"auto"表示页面载入后自动加载音频或视频,为"meta"表示页面载入后只加载音频或视频的元数据(例如音频和视频的时长),为"none"则表示页面载入后不加载音频或视频
muted	静音控制,音频或视频播放时无音量

除了上面一些共有的属性,<video>标签还有一些自己的独有属性,如表 2-4 所示。

表 2-4 <video>标签的独有属性

属 性	描 述
poster	用来定义视频播放器的预览图片
width	设置视频播放器的宽度,不需要使用单位,例如 width="320"
height	设置视频播放器的高度,不需要使用单位,例如 height="320"

iOS、微信都不支持音视频的 autoplay 属性,也不支持使用 JavaScript API 实现自动播放,必须由用户主动交互后才能播放。

如果在<audio>和<video>标签中使用了 controls 属性,例如<audio controls></audio>和<video controls></video>,则会出现如图 2-15 所示的控制面板。

(a) 效果一　　　　　　　　　　　　　(b) 效果二

图 2-15　Chrome 中音视频自带控制面板效果

2.10　表格标签

表格是页面上经常用来展示数据的一个组件,在 HTML 中提供了 table 标签用于实现表格效果。表格的行使用 tr 标签,列使用 td 标签。如图 2-16 所示,这是一个最简单的存款利率表格,对应的 HTML 代码如下:

```
< table border = "1">
  < tr >
    < td >一年</td>
    < td > 1.75 </td>
  </tr>
  < tr >
    < td >二年</td>
    < td > 2.25 </td>
  </tr>
    < tr >
      < td >三年</td>
      < td > 2.75 </td>
    </tr>
    < tr >
      < td >五年</td>
      < td > 2.75 </td>
    </tr>
  </table>
```

这里还有一个 border 属性,它的作用是设置边框是否显示,值为"0"时没有边框,如图 2-17 所示。除了 tr 和 td,table 标签中还有 thead、tbody、tfoot、caption 标签,它们用于对表格的不同部分进行分组,thead 用于定义表格的头部,tbody 用于表格的数据行,tfoot 用于表格的脚注(例如总计行)等,caption 用于表格标题。这种划分方式使浏览器有能力支持独立于表格标题和页脚的表格正文滚动。当长的表格被打印时,表格的表头和页脚可被打印在包含表格数据的每张页面上。如果要使用 thead、tfoot 以及 tbody 标签,就必须使用全部元素。它们的出现次序是 thead、tfoot、tbody,这样浏览器就可以在收到所有数据前呈现页脚了。

图 2-16　有边框的表格

图 2-17　无边框的表格

对于上面的例子,用 thead、tfoot、tbody 进行了一些改造,标题行中的列必须使用 th 标签,代码如下:

```
< table border = "1">
    < thead >
        < tr >
            < th >存款时间</th>
            < th >存款利率</th>
        </tr>
    </thead >
    < tfoot >
        < tr >
            < td >注: 数据来源于中国工商银行</td>
            < td ></td>
        </tr>
    </tfoot >
    < tbody >
        < tr >
            < td >一年</td>
            < td >1.75 </td>
        </tr>
        < tr >
            < td >二年</td>
            < td >2.25 </td>
        </tr>
        < tr >
            < td >三年</td>
            < td >2.75 </td>
        </tr>
        < tr >
            < td >五年</td>
            < td >2.75 </td>
        </tr>
    </tbody>
</table >
```

在 Chrome 中显示效果如图 2-18 所示,标题行会自动加粗。但这个表格中,三年和五年的存款利率是相同的,让它们的数据合并显示,另外,备注应该跨两格,HTML5 中的表格有两个属性:colspan 可以设置横跨列数,而 rowspan 可以设置横跨行数。

【**例 2-7**】　表格 table 的合并示例,代码如下:

```
<body>
    <table border = "1">
        <thead>
            <tr>
                <th>存款时间</th>
                <th>存款利率</th>
            </tr>
        </thead>
        <tfoot>
            <tr>
                <td colspan = "2">注: 数据来源于中国工商银行</td>
            </tr>
        </tfoot>
        <tbody>
            <tr>
                <td>一年</td>
                <td>1.75</td>
            </tr>
            <tr>
                <td>二年</td>
                <td>2.25</td>
            </tr>
            <tr>
                <td>三年</td>
                <td rowspan = "2">2.75</td>
            </tr>
            <tr>
                <td>五年</td>
            </tr>
        </tbody>
    </table>
</body>
```

在 Chrome 中浏览这个页面后,可以得到如图 2-19 所示的页面效果。

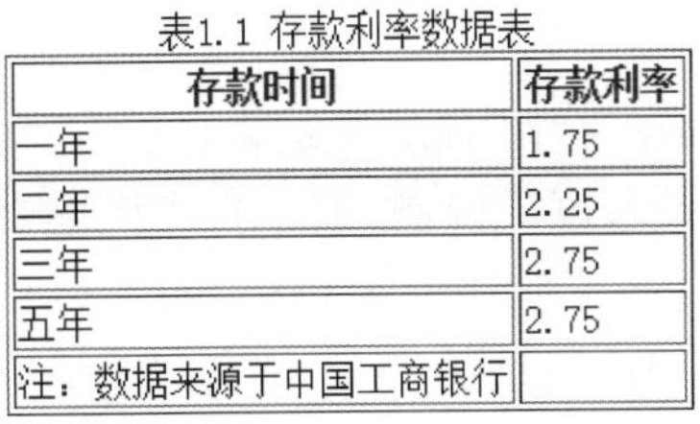

表1.1 存款利率数据表

存款时间	存款利率
一年	1.75
二年	2.25
三年	2.75
五年	2.75
注: 数据来源于中国工商银行	

图 2-18　thead 等的使用

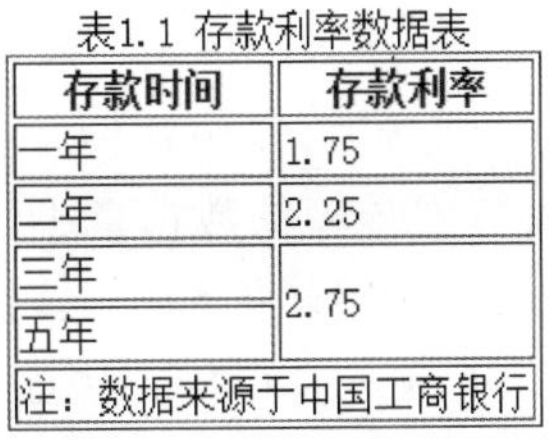

表1.1 存款利率数据表

存款时间	存款利率
一年	1.75
二年	2.25
三年	2.75
五年	
注: 数据来源于中国工商银行	

图 2-19　表格的合并

2.11　表单的应用

表单是页面的重要组成部分,它收集用户的输入信息,并将这些信息发送给服务端程序进行处理。例如注册、登录、查询等功能,如图2-20和图2-21所示。表单由表单form标签和各种输入标签组成,下面分别讲解。

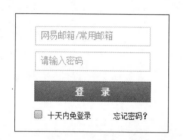

图2-20　表单实现的登录　　　　　图2-21　表单实现的注册

2.11.1　表单form标签

在HTML5中,< form ></form >标签用于定义表单,这个标签在页面上没有显示效果,单独使用也毫无意义。在标签体中的各输入信息将被收集,并向服务器发送。表单的语法格式如下所示:

```
< form method = "提交方式" action = "服务端 url" enctype = "编码方式"></form >
```

对它的属性作相应的说明如下。

- method属性:用于规定如何发送表单的数据,数据会发送到action属性所定义的服务端,它分为get和post两种方式。

get方式是默认值,使用这种方法提交的数据将会附加在服务端url之后,以?与url分开。使用这种方式传输的数据量小,由于受到url长度的限制,最多只能传递1KB。字母数字字符原样发送,空格转换为+,其他符号转换为%XX,其中XX为该符号以十六进制表示的ASCII(或ISO Latin-1)值。例如action服务端的地址是:

```
http://www.example.com/
```

使用 get 方式提交数据 x 和 y 后,浏览器中加载的服务端地址会变成:

```
http://www.example.com/?x = 2&y = 3
```

post 方式传递的数据量较大,它把数据作为 http 请求的内容,数据不会附加在 url 之后。

- .action 属性:指明表单数据要发送到的页面或 API URL,如果这个属性是空的或未写,那么当前的文档 URL 将被使用。
- enctype 属性:可省略,规定在发送到服务器之前应该如何对表单数据进行编码,它的取值见表 2-5。

表 2-5　form 表单的 enctype 属性取值

值	描　　述
application/x-www-form-urlencoded	默认值,数据编码为名称/值对
multipart/form-data	将数据内容分段,每段用分隔符隔开,在需要文件上传时,必须设置为该属性
text/plain	空格转换为加号,但不对特殊字符编码

2.11.2　各种 input 输入标签

input 标签是表单中最常用的标签,页面中常见的文本框、单选框、复选框等效果都是靠它实现的。input 标签有很多种形式,主要使用 type 属性来设置,下面对它的各种形式进行讲解。

1. 单行文本输入框

单行文本输入框常用于输入各种简短的信息,如账号、用户名、身份证号码等,它的页面显示效果如图 2-22 所示。对应的 HTML 代码为:

```
< input type = "text" value = "张三丰"/>
```

2. 密码输入框

密码输入框用来输入密码,其内容会以圆点形式显示,对密码自动进行隐藏,它的页面显示效果如图 2-23 所示。对应的 HTML 代码为:

```
< input type = "password" value = "12345"/>
```

张三丰	●●●●●

图 2-22　单行文本框　　　　　图 2-23　密码输入框

3. 普通按钮

普通按钮在页面显示的效果如图 2-24 所示,这种按钮必须和 JavaScript 代码配合才有作用。对应的 HTML 代码为:

```
< input type = "button" value = "普通按钮"/>
```

4. 单选框

单选框用于单项选择,如选择性别、是否同意等。需要注意的是,在定义单选框时,必须为同一组的选项指定相同的 name 属性值,这样才能进行单选。另外,可以对它使用 checked 属性,指定选中状态。它在页面中的显示效果如图 2-25 所示。对应的 HTML 代码为:

```
< input type = "radio" checked/>男
```

普通按钮

图 2-24 普通按钮

◉男

图 2-25 单选框

5. 复选框

复选框用于多项选择,如选择兴趣、爱好等。和单选框类似,必须为同一组的选项指定相同的 name 属性值,也可以对它使用 checked 属性,指定选中状态。它在页面中的显示效果如图 2-26 所示。对应的 HTML 代码为:

```
< input type = "checkbox" checked/>同意与否
```

6. 提交按钮

当表单中的信息输入完成后,往往需要提交给服务器,在表单中单击提交按钮会自动触发表单的提交动作。可以使用 value 属性修改按钮上的文字,它在页面上显示的效果如图 2-27 所示,从外观上看,与普通按钮没有什么区别,不同的是它会使得表单提交。对应的 HTML 代码为:

```
< input type = "submit" value = "注册"/>
```

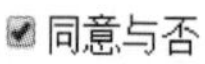

☑同意与否

图 2-26 复选框

注册

图 2-27 提交按钮

7. 图片提交按钮

图片提交按钮的功能和提交按钮是一样的,也是单击后触发表单的提交,不同的是它可以使用图片作为按钮。它在页面上显示的效果如图 2-28 所示。对应的 HTML 代码为:

```
< input type = "image" src = "../img/micky.jpg"/>
```

8. 重置按钮

如果用户在表单中输入的信息有误,可以使用重置按钮恢复表单的初始状态。它在页面上显示的效果如图 2-29 所示,可以使用 value 属性修改按钮上的文字。对应的 HTML 代码为:

```
< input type = "reset" value = "取消"/>
```

图 2-28　图片提交按钮　　　　　　　　　　　　　　　　取消

　　　　　　　　　　　　　　　　　　　　　　　图 2-29　取消按钮

9．隐藏域

正如隐藏域的名称，它在界面上是不显示的，主要用于在发送表单时向服务器提交一些隐藏的数据。对应的 HTML 代码为：

```
< input type = "hidden" value = "这是隐藏的值"/>
```

10．文件上传域

在页面上经常会需要向服务器提交一些文件，例如照片或文档，这时可以使用文件上传域，它的显示效果如图 2-30 所示，它会出现一个按钮"选择文件"和一个提示"未选择任何文件"，如果单击按钮，从计算机或移动设备上选取文件后，提示信息会进行相应的改变，在 Chrome 和 Android 中的效果如图 2-31 所示，在 iOS 中的效果如图 2-32 所示。

选择文件 未选择任何文件　　　　　　选择文件 micky.jpg　　　　　　选取文件 📷 1 张照片

图 2-30　文件上传　　　图 2-31　在 Chrome 和 Android 中的效果 　　　图 2-32　在 iOS 中的效果

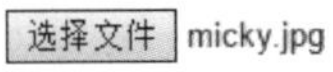

文件上传域还提供了一个 multiple 属性，如果设置了，则用于一次性上传多个文件，它的 HTML 代码格式为：

```
< input type = "file" multiple/>
```

11．Email 输入文本框

显示效果和单行文本输入框完全相同，不同的是，它是专门用于输入 Email 的文本输入框，当表单被提交时，该输入框中的内容会被验证 Email 格式是否正确，如果不正确，会有相应的错误提示信息，对应的 HTML 代码如下：

```
< input type = "email"/>
```

12．URL 输入文本框

显示效果和单行文本输入框完全相同，专门用于 URL 输入的文本框，表单提交时会自动验证 URL 地址格式，如果不正确，会有相应的错误提示信息。对应的 HTML 代码如下：

```
< input type = "url"/>
```

13．电话输入文本框

显示效果和单行文本输入框完全相同，专门用于输入电话号码，但电话号码格式千差万

别,所以它通常会和 pattern 属性配合使用(pattern 属性在后面讲解),它的 HTML 代码如下:

```
< input type = "tel"/>
```

14. 关键词搜索文本框

专门用于输入关键词搜索的文本框,在用户输入内容后,其右侧会自动出现一个删除图标,单击这个图标会快速清空输入框。它在页面上的显示效果如图 2-33 所示。它的 HTML 代码如下:

```
< input type = "search"/>
```

15. 颜色设置文本框

用于方便用户快速设置颜色的文本框,在过去,要实现颜色选择,必须依靠大量的 JavaScript 代码。它的 HTML 代码如下:

```
< input type = "color"/>
```

它在页面上的显示效果如图 2-34 所示,单击后可以进行颜色选择。对于 Chrome,则弹出如图 2-35 所示的颜色选择对话框;对于 Android,则界面效果如图 2-36 所示。很可惜,iOS 上并不支持这个文本框。

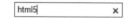

图 2-33　关键词搜索文本框效果

图 2-34　颜色设置文本框

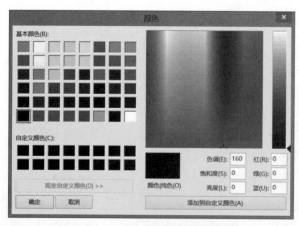

图 2-35　Chrome 上的颜色选择对话框

图 2-36　Android 上的颜色设置框

16. 数字输入框

数字输入框是专用于输入数字的,并且还可以对输入的数字进行限制,它只能输入数字,不能输入字母,它的 HTML 代码如下:

```
< input type = "number" value = "当前值" min = "最小值" max = "最大值"
    step = "值的间隔"/>
```

这个输入框在 Chrome 中浏览效果如图 2-37 所示,用户可以单击上下按钮进行值的变换,每次变换的间隔是由 step 设置的值决定的,值在 min 和 max 之间变换。

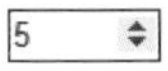

图 2-37 数字输入框

数字输入框在 iOS 和 Android 中的显示效果都会只是一个文本框,只不过输入法会自动切换到数字。

17. 滑动条

滑动条是专用于提供一定范围内数值的输入范围,它的属性与数字输入框是类似的,HTML 代码如下:

```
< input type = "range" value = "当前值" min = "最小值" max = "最大值"
    step = "值的间隔"/>
```

它在 Windows 系统下的 Chrome、Android 和 iOS 中的显示效果分别如图 2-38 和图 2-39 所示。

图 2-38 Chrome 和 Android 中的滑动条    图 2-39 iOS 中的滑动条

18. 日期和时间输入框

HTML5 中提供了多个可供日期和时间选择的输入框,这在以前,必须依靠大量的 JavaScript 代码或 jQuery 插件才能实现。在不同的操作系统下,这些输入框还能显示出不同的外观形式。

(1) 选择日期输入框的 HTML 代码如下:

```
< input type = "date"/>
```

在 Chrome、Android、iOS 中的效果分别如图 2-40、图 2-41 和图 2-42 所示。

(2) 选择月份输入框的 HTML 代码如下:

```
< input type = "month"/>
```

它在 Windows 系统下的 Chrome 中效果和选择日期输入框的效果类似,只是选择后只会填入相应的月份,如图 2-43 所示,在 Android、iOS 中的效果分别如图 2-44 和图 2-45 所示。

图 2-40　选择日期在 Chrome 中的效果

图 2-41　选择日期在 Android 中的效果

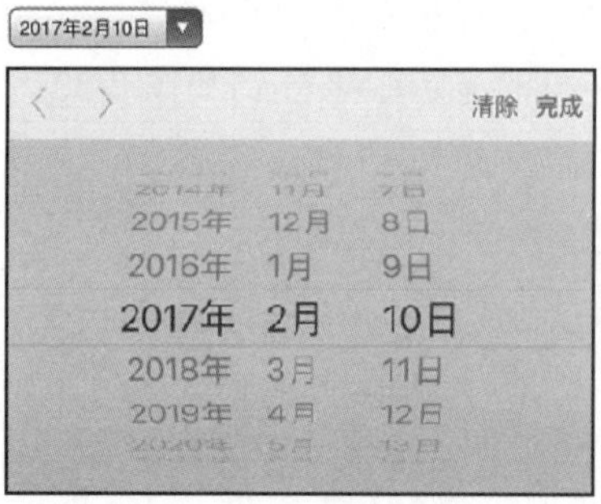

图 2-42　选择日期在 iOS 中的效果

图 2-43　选择月份在 Chrome 中的效果

图 2-45　选择月份在 iOS 中的效果

图 2-44　选择月份在 Android 中的效果

（3）选择星期输入框的 HTML 代码如下：

```
< input type = "week"/>
```

它在 Chrome 中的效果如图 2-46 所示，在 Android 中的效果如图 2-47 所示，iOS 不支持选择星期。

图 2-46 选择星期在 Chrome 中的效果 图 2-47 选择星期在 Android 中的效果

（4）时间输入框的 HTML 代码如下：

```
< input type = "time"/>
```

它在 Chrome 中的显示效果如图 2-48 所示，可以手工输入时间，选择小时或分钟后，还可以用上下键进行调整，在 Android 和 iOS 中的效果分别如图 2-49 和图 2-50 所示。

图 2-48 时间输入在 Chrome 中的显示效果

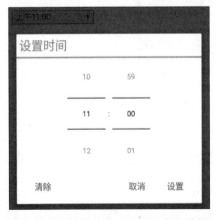

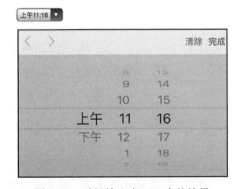

图 2-49 时间输入在 Android 中的效果 图 2-50 时间输入在 iOS 中的效果

（5）时间和日期输入框的 HTML 代码如下：

```
< input type = "datetime - local"/>
```

它是日期输入和时间输入的综合体,在 Chrome 中的显示效果如图 2-51 所示,在 Android 和 iOS 中的效果分别如图 2-52 所示和图 2-53 所示。

图 2-51　时间和日期输入在 Chrome 中的效果

图 2-52　时间和日期输入在 Android 中的效果

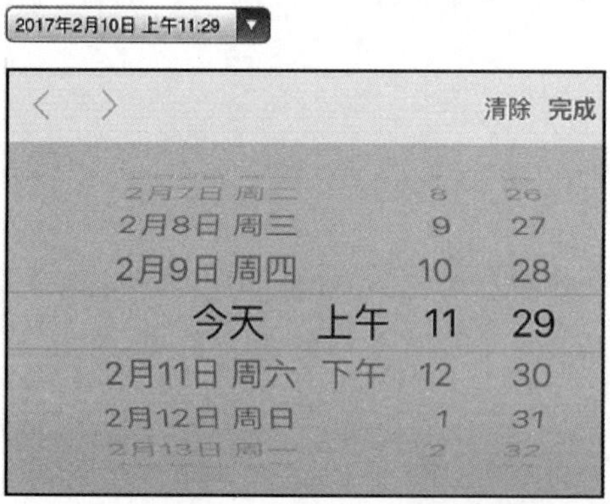

图 2-53　时间和日期输入在 iOS 中的效果

2.11.3　input 标签的其他属性

1. placeholder 属性

placeholder 属性用于为 input 类型的输入框提供相关提示信息,它在输入信息为空时以灰色显示出来,而输入框获得焦点时自动消失,这在过去是必须用 JavaScript 处理才能实现的,它的显示效果如图 2-54 所示。

2. required 属性

required 属性用于在 form 表单提交数据前,为 input 类型的输入框规定必须填入数据,如果未输入,则有错误信息提示(iOS 并不支持这个属性),如图 2-55 所示。

3. pattern 属性

pattern 属性用于在 form 表单提交数据前,为 input 类型的输入框规定数据必须符合正则表达式,如果格式不正确,则有错误信息提示。正则表达式的知识在第 5 章中会详细介绍。

4．disabled 属性

disabled 属性用于禁用 input 类型的输入框，被禁用的输入框既不可用，也不能单击。可以设置 disabled 属性，直到满足某些其他的条件为止（例如选择了一个复选框等）。显示效果如图 2-56 所示。

图 2-54　placeholder 属性效果　　　图 2-55　required 属性效果　　　图 2-56　disabled 属性效果

5．autofocus 属性

autofocus 属性用于页面加载后，为 input 类型的输入框自动获取光标焦点。

6．autocomplete 属性

autocomplete 属性规定输入字段是否应该启用自动完成功能，它有 on 和 off 两个值可以使用。自动完成允许浏览器预测对字段的输入。当用户在字段开始键入时，浏览器基于之前键入过的值，应该显示出在字段中填写的选项。例如下面的代码：

```
< input type = "text" name = "username" autocomplete = "on"/>
```

注：这里的"自动完成"是指当前的 input 被表单提交过才会被记住。

2.11.4　其他表单标签

1．textarea 标签

当需要输入大量文本信息时，单行文本输入框不太适用，在 HTML 中可以通过 textarea 标签轻松地创建多行文本输入框。

它的大小最好使用 CSS 来定义，另外，在 Chrome 下浏览，文本框的大小是可以使用鼠标拖拉控制的，效果如图 2-57 所示。

它的 HTML 代码如下：

```
< textarea >
    文字内容在这里!
</textarea >
```

2．select 标签

在浏览页面时，经常会看到包含多个选项的下拉菜单，例如选择所在的城市等。在 HTML 中定义了一个 select 标签用于实现，这是一个简单的下拉框代码：

```
< select >
    < option value = "item1">选项 1 </option >
    < option value = "item2" selected>选项 2 </option >
    < option value = "item3">选项 3 </option >
    < option value = "item4">选项 4 </option >
</select >
```

它在 Chrome 中的浏览效果如图 2-58 所示,在 Android 和 iOS 中的显示效果分别如图 2-59 和图 2-60 所示。

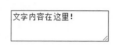

图 2-57　textarea 标签效果

图 2-58　在 Chrome 中的浏览效果

图 2-59　在 Android 中的显示效果

图 2-60　在 iOS 中的显示效果

select 标签中的每个选项是使用 option 标签定义的,< option >和</option >之间定义显示的选项文字,value 属性表示选项的值(form 表单提交数据时,提交的是 value 属性值)。如果 value 属性没有定义,则该选项的值默认为当前文字。selected 属性可以设置用于被选中的选项,未设置则默认第一个选项被选中。

在表单中要提交数据的输入标签,必须为其设置 name 属性值,这是最容易忽略的地方。如果没有设置,则该输入标签的数据无法传递。

2.12　自定义标签

HTML5 规范中允许自定义标签,而且目前也得到了大多数浏览器的支持,但规范建议使用"-"分割开,以区别原有的标签。这样未来我们就可以使用自定义标签封装一些相对独立的功能组件,通过参数控制其使用。uni-app 平台的设计中其实也应用了这条规范。你可以试着在< body >中输入下面的代码,看看浏览器是否正确显示:

```
< custom - tag >我是一个自定义标签</custom - tag >
```

2.13　meta 标签

1. SEO 辅助

meta 标签是 html 文档< head >标签中的一个标签,它是描述网页的元数据,这个标签不是给用户看的,是给搜索引擎看的,说白了就是为了 SEO。

keyword 为搜索引擎提供关键字列表，description 主要用来把你的网站主要内容告诉搜索引擎，例如"优酷"网站的 keywords 和 description 定义如下：

```
<meta name = "keywords" content = "视频,视频分享,视频搜索,视频播放">
<meta name = "description" content = "视频服务平台,提供视频播放,视频发布,视频搜索,视频分享">
```

2. 移动开发应用

移动开发中有一些 meta 专属头部标签，能够帮助浏览器更好地解析 HTML 代码，从而为 HTML5 移动开发提供更好的前端表现与体验。针对 iOS 系统，meta 标签可以控制全屏、状态栏颜色、主屏标题等内容，设置如下：

```
<!-- 强制全屏 -->
<meta name = "apple - mobile - web - app - capable" content = "yes" />
<!-- 设置状态栏颜色 -->
<meta name = "apple - mobile - web - app - status - bar - style" content = "black" />
<!-- 设置添加至主屏标题 -->
<meta name = "apple - mobile - web - app - title" content = "标题" />
```

如果不想让系统自动识别页面中出现的电话号码或 Email 格式数据，可以使用 meta 标签作下面的设置：

```
<meta name = "format - detection" content = "telephone = no, email = no"/>
```

2.14　实战演练：注册表单

下面我们综合利用所学的表单和各种输入标签来创建一个常见的注册界面，并将数据提交到服务端 https://www.meishihui.xyz/FormTest.ashx。界面暂时没有美化，我们将在下一章使用 CSS 技术为其定制外观。请用手机扫描二维码，参看本例的讲解。

【例 2-8】　注册界面，综合应用 form 和各输入标签，界面效果如图 2-61 所示，数据正确提交到服务端后，页面显示如图 2-62 所示。

　　　　图 2-61　注册界面效果　　　　　　　　图 2-62　数据提交后效果

　　这个例子中所有表单输入标签的 name 属性必须按示范的规定值,否则服务端无法处理,各输入标签需要使用的 name 属性(见表 2-6)。

表 2-6　表单中的 name 属性值

类　　别	name 属性值	类　　别	name 属性值
用户名	uname	手机号	utel
密码	upass	头像	uphoto
区域	uprov	主页	uurl
性别	ugender	Email	uemail
年龄	uage	喜欢的颜色	ubackcolor
生日	udate		

小结

　　本章主要介绍了 HTML5 开发中页面内容的定制方式——HTML 语言的一些特点和页面的文档结构。主要学习了 HTML 语言中的布局 div 标签、各种文本控制标签、图像标签、超链接标签、列表标签、语义化标签、音视频标签、表格标签、表单标签、各种 input 输入标签、select 标签等,还讲解了 meta 标签的应用。标签学习难度都不大,重在熟练,需要读者重视并多练习。

习题

一、选择题

1. 下列(　　)项是换行符标签。

A. hr　　　　　　　B. br　　　　　　　C. p　　　　　　　D. span

2. 以下标签中用于设置页面标题的是(　　)。

A. html　　　　　　B. body　　　　　　C. head　　　　　　D. title

3. 以下有关列表的说法中,错误的是(　　)。

A. 有序列表和无序列表可以互相嵌套

B. 指定嵌套列表时,也可以具体指定项目符号或编号样式

C. 无序列表应使用 ul 和 li 标签进行创建

D. li 标签体中不能再出现 ul 标签

4. 如果要在表单里创建一个单行文本输入框,以下写法中正确的是(　　)。

A. <input/>　　　　　　　　　　　B. <input type="text"/>

C. <input type="password"/>　　　　D. <input type="tel"/>

5. 在指定单选框时,只有将以下(　　)属性的值指定为相同,才能使选项成为一组。

A. type　　　　　　B. name　　　　　　C. value　　　　　　D. checked

6. 以下有关表单中按钮的说法中,错误的是(　　)。

A. 可以用图像作为提交按钮

B. 可以用图像作为重置按钮

C. 可以控制提交按钮上的显示文字

D. 可以控制重置按钮上的显示文字

7. 在 HTML5 页面中插入半角的大于号">",使用的标记符应该是(　　)。

A. <　　　　　　　B. >　　　　　　　C. &　　　　　　　D. °

8. 在 form 表单中,看不到的 input 标签是(　　)。

A. <input type="file"/>　　　　　　B. <input type="hidden"/>

C. <input type="password"/>　　　　D. <input type="reset"/>

9. 表格的(　　)属性可以使相邻行进行合并。

A. cellspacing　　　B. cellpadding　　　C. colspan　　　　D. rowspan

10. 在下列的 HTML 代码中,(　　)项可以产生超链接。

A. < a url="https://www.meishihui.xyz">meishihui68 </a>

B. < a href="https://www.meishihui.xyz">meishihui68 </a>

C. < a src="https://www.meishihui.xyz">meishihui68 </a>

D. < a name="https://www.meishihui.xyz">meishihui68 </a>

二、判断题

1. div 默认的宽度是由其里面的内容决定的。　　　　　　　　　　　　(　　)

2. 以下使用 a 标签链接到 Baidu 网站的代码是正确的。　　　　　　　(　　)

```
< a href = "www.baidu.com"> Baidu </a>
```

3. 所有的 HTML 标签都有开始标签和结束标签。　　　　　　　　　　(　　)

4. HTML 表格在默认情况下有边框。　　　　　　　　　　　　　　　(　　)

5. input 标签中的 required 属性可以用于在表单提交数据时不能为空。　(　　)

6. 上传文件时,表单 form 的 enctype 属性设置为 multipart/form-data。　(　　)

7. HTML 书写错误时,浏览器会弹出报错信息。　　　　　　　　　　　(　　)

三、填空题

1. HTML 中设置文档的正文部分的开始标签是_____;结束标签是_____。

2. 在页面中实现下拉框,可以使用_____标签和_____标签实现。

3. 在页面为 input 输入标签设置提示信息应使用_____属性,当它获取焦点时,提示信息自动消失。

4. 可以使用_____标签定义表格。

5. HTML 标签的注释可以使用_____。

四、简答题

1. HTML5 中的语义化标签作用是什么?

2. 已知网页如图 2-63 所示,请将代码填写完整。

```
<form>
    请输入姓名:< input type = "text" name = "uname" /><br />
```

```
        请输入密码:< input_____name = "upass"/>< br />
        请选择性别:< input_____name = "_____" checked/>男
                   < input_____name = "gender"/>女< br/>
        请输入年龄:< input_____value = "20" min = "20" max = "40" step = "1"/>< br/>
                   < input type = "_____" value = "提交"/>
</form >
```

3. 请使用表格标签设计如图 2-64 所示的效果。

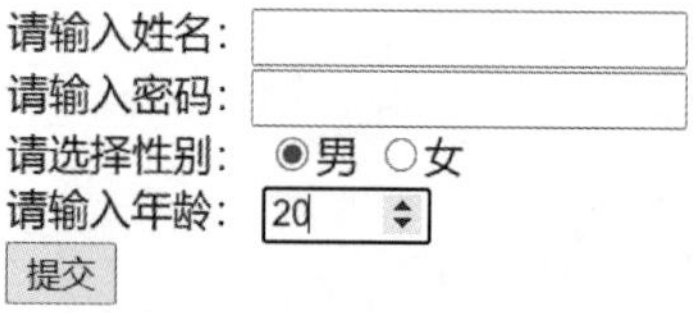

请输入姓名: [   ]
请输入密码: [   ]
请选择性别: ◉男 ○女
请输入年龄: [20   ⇕]
[提交]

图 2-63　某网页示意图

姓名	张三	手机号	13888888888	
性别	男	民族	汉	
专业	电气工程及其自动化	出生年月	1988年08月	
通讯地址	成都东软学院			

图 2-64　表格效果图

第 3 章

CSS 样式设计

学习目标

- 熟练掌握 CSS 的样式规则,CSS 在 HTML5 页面中的应用和各种 CSS 选择器的使用,CSS 的层叠性和优先级。
- 熟练掌握各种 HTML5 App 开发常用的 CSS 属性和响应式布局设计。
- 掌握使用 Chrome 的"开发者工具"对 CSS 样式进行调试。

CSS 样式设计是 HTML5 App 开发和微信小程序开发中最重要的技术之一,有了它才真正实现了内容与外观的分离,通过它可以控制页面的布局、样式、动画等,并实现移动设备的适配。目前 CSS 也是各公司 HTML5 工程师必备的技能之一。本章针对 CSS 的语法规则、各种常用的 CSS 属性、CSS 在 Chrome 中的调试等重要内容作详细的讲解。

3.1 CSS 简介

CSS 即层叠样式表(Cascading Style Sheet)目前的最新版本是 CSS3。在页面制作时采用 CSS 技术,可以有效地对页面的布局、字体、颜色、背景,甚至动画效果实现精确控制。只要对相应的代码做一些简单的修改,就可以改变同一页面的外观。CSS 禅意花园(http://www.csszengarden.com/)是网站设计领域最著名的网站之一,网站提供了一张 HTML 页面,设计师们为它设计出成百上千个 CSS 样式文件,这张页面通过更换样式表呈现出各式各样、令人惊叹的效果,如图 3-1 所示,这两张页面的源码是一样的,只是样式表文件不同,这让人不禁感叹 CSS 的强大。

图 3-1 禅意花园的不同 CSS 设计

在页面中使用 CSS 技术,可以设计出更加整洁、漂亮的页面,它解决了内容与外观分离的问题。科学地编写 CSS,还可以大大提高页面样式的复用性。

3.2 CSS 核心基础

3.2.1 CSS 样式规则

使用 HTML 时,需要遵守一定的规范,CSS 也是如此。要想熟练地应用 CSS 进行页面样式设计,首先需要了解 CSS 的样式规则。CSS 定义的语法格式如下:

```
selector {property1: value1;property2: value2;...}
```

其中,selector 代表 CSS 选择器,property 代表 CSS 属性,value 代表的是 CSS 属性对应的值,图 3-2 是一个典型的 CSS 定义,它的作用是将 h1 标签内的文字颜色设置为红色,字体大小设为 14 像素。

图 3-2　一个典型的 CSS 定义

由于各浏览器厂商对 CSS3 各属性的支持程度不一样,因此,有少数 CSS3 属性需要用厂商的前缀加以区分,通常把这些加上私有前缀的属性叫"私有属性",以便于在不同的浏览器下更好地体验 CSS3 特性。表 3-1 列举了各主流浏览器的私有前缀,目前 App 和小程序都主要支持-webkit-前缀。

表 3-1　主流浏览器私有属性

内　核	浏　览　器	私　有　前缀
Trident	IE8/IE9/IE10/IE11	-ms-
Webkit	Chrome/Safari	-webkit-
Gecko	Firefox	-moz-
Presto	Opera	-o-

3.2.2 CSS 中的单位和颜色

1. 单位

在 HTML5 App 开发中常用的单位及说明如表 3-2 所示。

表 3-2　CSS 单位及说明

单位	描　　述
%	百分比,以父元素的大小计算
em	通常 1em＝16px,2em＝32px,当用于指定字体大小时,em 单位是指父元素的字体大小
ex	相对于字符 x 的高度。此高度通常为字体尺寸的一半
px	像素,是屏幕上显示数据的最基本的点
rem	相对单位,相对 html 标签,常用于 HTML5 页面自适应

2. 颜色

在 HTML5 页面开发过程中经常涉及颜色设置，例如字体颜色、背景色等，颜色的设置可以使用表 3-3 中的方式。

表 3-3　CSS 颜色设置方式及说明

方　　式	描　　述
预定义颜色名	例如 red、black、blue 等
rgb(x,x,x)	红绿蓝值，例如 rgb(255,234,244)
rgba(x,x,x,a)	红绿蓝透明度值，例如 rgba(255,234,244,0.5)
#rrggbb	十六进制数，例如 #ff0000
HSL	色调(Hue)、饱和度(Saturation)、亮度(Lightness)三个颜色通道的改变以及它们相互之间的叠加来获得各种颜色，Hue 取值范围为 0～360,0(或 360)表示红色，120 表示绿色，240 表示蓝色，也可取其他数值来指定颜色。Saturation(饱和度)取值为：0～100.0%。Lightness(亮度)取值为：0～100.0%，例如 hsl(120,65%,75%)
HSLA	HSL 颜色值的扩展，带有一个 Alph 通道——它规定了对象的不透明度。例如 hsla(120,65%,75%,0.3)

3.2.3　在 HTML 文档中应用 CSS

要想使用 CSS 修饰页面，就需要在 HTML 页面中引入 CSS 样式表。引入 CSS 样式的常用方式有 3 种，具体如下。

1. 内联样式

内联样式是指通过 HTML 标签的 style 属性来设置标签的样式，示例如下：

```
<div style="color:red;font-size: 14px;">HTML5 App 开发</div>
```

2. 内嵌样式

内嵌样式是指将在 HTML5 文档的 head 标签体中增加一个 <style></style> 标签，将 CSS 设置集中在 style 的标签体中定义，基本的语法格式如下：

```
<head>
    <style>
        selector {property1: value1;property2: value2;…}
    </style>
</head>
```

3. 链接样式

链接样式是指将 CSS 样式定义在一个或多个以 CSS 为扩展名的外部样式文件中，通过 head 标签体中使用 link 标签将外部样式表文件链接到 HTML5 页面中，这也是页面样式复用经常会用到的方式，基本的语法格式如下：

```
< head >
    < link rel = "stylesheet" type = "text/css" href = "css 文件路径" />
</head>
```

在 HBuilderX 中书写时,只需键入快捷键"link",在之后出现的提示框中选中,再按下 Enter 键,IDE 会自动补全 link 标签以及相应的属性。

3.3 CSS 选择器

要想将 CSS 样式应用于特定的 HTML 标签,首先需要找到该目标标签。在 CSS 中,执行这一任务的样式规则称为**选择器**。除了内联样式,内嵌样式和链接样式都需要设计选择器。下面具体介绍这些选择器。

3.3.1 基础选择器

1. 标签选择器

标签选择器指的是用 HTML 的标签名作为选择器,所有标签名都可以作为标签选择器使用,它用于为页面中某一种标签指定统一的 CSS 样式,但这也是缺点,不能实现同一种标签设计的差异化。它的语法示例为:

```
p{font - size:12px;color:red}
```

这就为页面中的所有段落的文字设计了样式:字体大小为 12 像素,颜色为红色。

2. id 选择器

id 选择器使用"♯"进行标识,后面紧跟 HTML 标签的 id 属性值,一张页面中的 HTML 标签的 id 属性值是唯一的,所以这种选择器设计的样式只能针对 HTML 页面中某一个具体的标签。例如下面的样式:

```
♯mydiv{font - size:12px;color:red}
```

页面启动后,该样式会自动应用到下面的标签元素上:

```
< div id = "mydiv">
    HTML5 App 开发
</div >
```

3. 类选择器

类选择器使用"."(英文点)进行标识,后面紧跟 HTML 标签的 class 属性值。它最大的优势是可以为具有相同 class 属性的 HTML 标签设置相同的样式。例如下面的样式:

```
.myclass{font - size:12px;color:red}
```

页面启动后,该样式会自动应用到 HTML 页面中 class 属性为 myclass 的所有 HTML 标签上,例如下面的 HTML 代码中,div 和 p 标签的 class 属性都是 myclass,它们内部的文字大小都是 12 像素,颜色为红色。

```
<div class = "myclass">HTML5 App 开发</div>
<p class = "myclass">HTML5 已经于 2014 年 10 月正式定稿</p>
```

4. 限定式选择器

限定式选择器由两个选择器构成,其中第一个为标签选择器,第二个为类选择器或 id 选择器,中间是没有空格的,例如下面的选择器:

```
div#mydiv{ … }      //为 id 属性为"mydiv"的 div 标签设计样式
p.myclass{ … }      //为 class 属性为"myclass"的 p 标签设计样式
```

5. 后代选择器

后代选择器是用来选择 HTML 标签元素的后代的,其写法是把父标签的选择器写在前面,后代标签的选择器写在后面,两者之间有一个空格。例如下面的选择器:

```
div p{ … }          //为 div 标签中的 p 标签设计样式
div #mydiv{ … }     //为 div 标签中的 id 属性为 mydiv 的子标签设计样式
p .myclass{ … }     //为 p 标签中 class 属性为 myclass 的子标签设计样式
```

6. 并集选择器

并集选择器是各个选择器通过逗号连接而成的,任何形式的选择器都可以作为并列式选择器的一部分。如果某些选择器定义的样式完全或部分相同,就可以使用并列式选择器为它们定义相同的 CSS 样式,例如:

```
/ * h1 标签,id 属性为"myspan"的 span 标签,class 属性为"myclass"的标签具有相同的属性 * /
h1,span#myspan,.myclass{ … }
```

 选择器都是可以综合使用的,可以自由组合。

7. 通配符选择器

通配符选择器用 * 号表示,它是所有选择器中作用范围最广的,能匹配页面中的所有 HTML 标签元素。

3.3.2 其他选择器

3.3.1 节所讲的选择器基本上都能满足页面设计中的常规需求,HTML5 App 开发者必须重点掌握。对于一些特殊的设计需求,还可以使用表 3-4 中的选择器。

表 3-4　其他选择器

选　择　器	例　　子	描　　述
element > element	div > p	选择父元素为 div 标签的 p 标签(p 标签必须是 div 标签的直接子元素)
element+element	div+p	选择紧跟在 div 标签后面的 p 标签(不是内部)
element1～element2	p～ul	选择有相同的父元素中位于 p 元素之后的所有 ul 元素
[attribute]	input[name]	选择所有包含 name 属性的 input 标签
[attribute=value]	input[name="myname"]	选择 name 属性为"myname"的 input 标签
[attribute^=value]	input[name^="my"]	选择 name 属性以"my"开头的 input 标签
[attribute $ =value]	input[name $ ="me"]	选择 name 属性以"me"结尾的 input 标签
[attribute * =value]	input[name * ="na"]	选择 name 属性包含有"na"的 input 标签
:link	a:link	选择所有未被访问的超链接
:visited	a:visited	选择所有已被访问的超链接
:active	a:active	选择所有活动链接
:hover	div:hover	选择鼠标悬停的 div 标签
:focus	input:focus	选择所有获取焦点的 input 标签
:first-letter	p:first-letter	选择 p 段落中的首字母
:first-line	p:first-line	选择 p 段落中的首行
:first-child	p:first-child	选择属于父元素的第一个子元素的<p>标签
:last-child	p:last-child	选择属于父元素的最后一个子元素的<p>标签
:before	p:before{content:"测试";}	在每个<p>标签的内容之前插入文字"测试"
:after	p:after{content:"测试";}	在每个<p>标签的内容之后插入文字"测试"
:first-of-type	div p:first-of-type	选择 div 标签里面的第一个 p 标签
:last-of-type	div p:last-of-type	选择 div 标签里面的最后一个 p 标签
:nth-child(n)	li:nth-child(2)	选择属于其父元素的第 2 个 li 标签
:nth-last-child(n)	li:nth-last-child(2)	选择属于其父元素的倒数第 2 个 li 标签
:empty	div:empty	选择没有子元素的 div 标签
:not	li:not(:last-child)	选择除去最后一个 li 元素的其他所有 li 标签

3.4　尺寸属性

为了控制各标签显示的大小,CSS 提供了一系列的尺寸属性,具体如表 3-5 所示。

表 3-5　尺寸属性

属　　性	描　　述
width	设置标签元素的宽度
height	设置标签元素的高度
max-width	设置标签元素的最大宽度。在内容没有达到 max-width 设定的值时,HTML 标签元素的宽度可以随内容自适应;一旦达到了,则宽度不再变化
min-width	设置标签元素的最小宽度。在内容没有达到 min-width 设定的值时,HTML 标签元素的宽度保持为 min-width 设定值;达到了,则宽度随内容自适应
max-height	设置标签元素的最大高度。在内容没有达到 max-height 设定的值时,HTML 标签元素的高度可以随内容自适应;一旦达到了,则高度不再变化
min-height	设置标签元素的最小高度。在内容没有达到 min-height 设定的值时,HTML 标签元素的高度保持为 min-height 设定值;达到了,则高度随内容自适应

3.5 文本样式属性

1. 普通文本样式

为了方便地控制页面中文字的各种属性，CSS 提供了一系列的样式属性，如表 3-6 所示。

表 3-6 文本样式属性

方 式	描 述
color	设置文字颜色
font-size	设置文字大小
font-weight	设置字体的粗细，默认 normal 标准体，bold 粗体，bolder 更粗，lighter 更细，100～900 整数（100 倍整数倍），400 等于 normal，700 等于 bold
font-family	设置字体，可以同时指定多个，以逗号隔开，如果不支持第一个字体，则会尝试下一个，以此类推，若指定的字体没有安装时，会使用浏览器默认的字体。英文字体不需要加引号，中文字体需要，英文字体应位于中文字体之前，例如：body{font-family: Arial,"微软雅黑"}
font-style	设置为 italic 时使用斜体
letter-spacing	设置字符之间距离
word-spacing	设置英文单词之间距离
line-height	设置行间距
text-transform	capitalize 是首字母大写，uppercase 是全部大写，lowercase 是全部小写
text-decoration	underline 是下画线，overline 是上画线，line-through 是删除线
text-align	设置水平对齐方式，left 是左对齐，right 是右对齐，center 是居中
text-indent	设置首行缩进处理
text-shadow	为页面中的文本添加阴影效果
text-overflow	设置文本溢出时的处理，clip 为修剪，ellipsis 为用省略号"…"标示修剪文本

下面用一个例子示范 CSS 的尺寸属性、文本样式属性的使用。

【例 3-1】 CSS 尺寸属性、文本样式属性应用示范，代码如下：

```
<!-- 样式设计 -->
<style>
    div,p {
        font - size: 14px;
        font - family: "微软雅黑";
    }
    .mypara,.mypara1{
        text - indent: 2em;
        background - color: #EC971F;
    }
    .mypara {
        color: #222222;
        min - height: 40px;
    }
    .mypara1 {
```

```
                white - space: nowrap;
                text - overflow: ellipsis;
                overflow: hidden;
                word - break: break - all;
            }
            # parent p:first - of - type {
                font - weight: bold;
                font - style: italic;
                text - align: center;
            }
    </style>
    <!-- HTML 设计 -->
    <body>
        <p class = "mypara">
            笑傲江湖
        </p>
        <p class = "mypara">
            田伯光将刀刃架在他喉头,喝道:"还打不打?打一次便在你身上砍几刀,纵然不杀你,也要你肢体不
全,流干了血."令狐冲笑道:"自然再打!就算令狐冲斗你不过,难道我风太师叔袖手不理,任你横行?"
        </p>
        <p class = "mypara1">
            田伯光道:"他是前辈高人,不会跟我动手."说着收起单刀,心下毕竟也甚惴惴,生怕将令狐冲砍
伤了,风清扬一怒出手,看来这人虽然老得很了,糟却半点不糟,神气内敛,眸子中英华隐隐,显然内功
着实了得,剑术之高,那也不用说了,他也不必挥剑杀人,只须将自己逐下华山,那便糟糕之极了.
        </p>
    </body>
```

在 Chrome 中浏览该页面,效果如图 3-3 所示。

(a) 示例1   (b) 示例2

图 3-3　CSS尺寸和文本样式示例

例 3-1 示范了:

- 内联样式和内嵌样式的使用;
- 如何定义各种 CSS 选择器,包括 id 选择器、标签选择器、类选择器、并列选择器、后代选择器,还有 CSS3 比较有特色的第一个子标签选择器;
- 文本字体、颜色、粗细、斜体、居中的使用,中文段落首行缩进两格的使用;
- 尺寸中固定高度和宽度的设定,缩放浏览器窗口,可以看出 min-height 的使用。

页面中常见的单行实现省略号的效果,这里用到了一个 overflow 属性,控制标签中的内容超出了给定的宽度和高度自动隐藏(还可以自动生成滚动条)。

在 HBuilderX 中书写 CSS 属性时，根据不同的输入字符，HBuilderX 会有相应的智能提示，如图 3-4 所示，右边还有该属性相应的解释和示例。

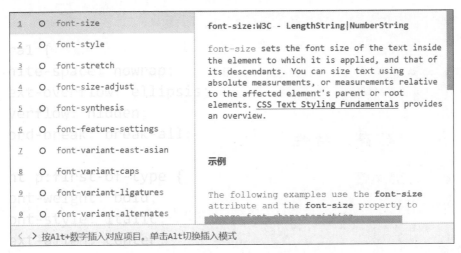

图 3-4　HBuilderX 中 CSS 的智能提示

2. 网络字体

在 CSS3 中提供了一个@font-face 规则，用来定义服务器字体，开发者可以使用任何喜欢的字体，而不用考虑客户端是否安装了相应字体。当用户在浏览该页面时，字体会自动下载到客户端（App 开发是将字体文件打包进安装包）。

@font-face 的基本语法格式为：

```
@font-face {
    font-family:"自定义字体名称";
    src: url("字体路径");
}
```

下面通过一个"毛泽东字体"的案例，来演示@font-face 的具体用法。

【例 3-2】 网络字体示例，代码如下：

```
<!-- 样式设计 -->
    @font-face {
    font-family:mzd;
    src: url("fonts/mzd.ttf");
    }
    #mypara{
    font-family: mzd;
    font-size: 0.9rem;
    }
<!-- HTML 设计 -->
<body>
    <p id="mypara">
        北国风光,千里冰封,万里雪飘.
    </p>
</body>
```

页面在 Chrome 中浏览的效果如图 3-5 所示。

北国风光，千里冰封，万里雪飘。

图 3-5　网络字体显示效果

网站有字库(http://www.youziku.com/)提供了中文网络字体的在线服务(只适用于网站开发，不适用于 App 和小程序开发)。

3.6　CSS 高级特性

3.6.1　继承性

所谓继承性是指书写 CSS 样式时，子标签会自动继承父标签的某些样式，例如文本的颜色和字号。利用这个特性，在设计页面时，不必在标签元素的每个子元素上再重复书写样式了，例如下面这段代码中，只是为父级元素设计了字体颜色，但它的子级元素会自动继承下来。

```
< div id = "parent" style = "color: red;">
    父及元素中的文字
    < div id = "child">
    子级元素中的文字
    </div>
</div>
```

恰当地使用继承这个特性可以简化代码，降低 CSS 样式的复杂性。例如字体、字号、颜色、行距就可以在 body 选择器中统一设置，然后通过继承影响页面中的所有文本。但是并非所有的 CSS 属性都可以被继承，例如下面的这些 CSS 属性就不具备继承性：

- 边框属性；
- 边距和填充属性；
- 背景属性；
- 定位属性；
- 尺寸属性。

3.6.2　CSS 层叠性和优先级

所谓层叠性是指对于同一个标签元素是可以设计多个 CSS 样式的，而 HTML 标签在页面上的最终显示效果是多种 CSS 样式的叠加结果，例如下面的设计，在页面上有这样一段 HTML 代码：

```
< p style = "color: red;" id = "mypara" class = "special">段落文本</p>
```

在这个 p 标签 style 属性中设计文本颜色为红色，又使用内嵌样式为它设计了如下样式：

```
<style>
    #mypara{
      font-size: 14px;
    }
    .special{
      font-family: "微软雅黑";
    }
</style>
```

最终在页面中浏览后,该段落中的文本样式是几种设计最终叠加的效果,颜色为红色,字体是"微软雅黑",字体大小为14px。

这里会存在问题:如果定义 CSS 样式时,出现多个相同的 CSS 属性,而不同的值应用在同一 HTML 标签元素上,它的最终效果又如何决定呢? 这里需要对 CSS 样式的权重进行讲解。

CSS 权重指的是样式的优先级,有两条或多条样式作用于一个标签元素,权重高的那条样式会对标签元素起作用。当权重相同时,后写的样式会覆盖前面写的样式。

可以把样式的应用方式分为几个等级,按照等级来计算权重,如表 3-7 所示。

表 3-7　CSS 样式 4 个等级权值

选　择　器	权　重
通用选择器(＊)、子选择器(＞)、相邻选择器(＋)、同胞选择器(～)	0
标签选择器、伪元素选择器	1
类选择器	10
id 选择器	100
style 属性	1000

对于由多个基础选择器构成的复合选择器(并集选择器除外),其权重为这些基础选择器权重的叠加,例如下面这些 CSS 代码:

```
p span{…}              /* 权重为 1 + 1 = 2 */
P.blue{…}              /* 权重为 1 + 10 = 11 */
.blue div{…}           /* 权重为 10 + 1 = 11 */
p.parent span{…}       /* 权重为 1 + 10 + 1 = 12 */
p.parent .child{…}     /* 权重为 1 + 10 + 10 = 21 */
#header span{…}        /* 权重为 100 + 1 = 101 */
#header span.blue{…}   /* 权重为 100 + 1 + 10 */
```

当 CSS 样式叠加时,页面将应用权重最高的样式,另外要注意一些特殊情况:

- 继承样式的权重为 0,也就是说子标签元素的样式会覆盖继承来的样式。
- 内联样式优先,也就是标签的 style 属性定义的样式,因为它的权重很高。
- 权重相同时,CSS 遵循的是就近原则,也就是说,后应用的样式优先级更大。
- CSS 定义了一个!important 语法,它的作用是赋予最大的优先级,也就是说,不管权重如何以及样式位置的远近,!important 都有最大的优先级,例如下面这个样式:

```
#mydiv{color:red! important;} / * 不管其他样式如何设置,最终一定是红色文字 * /
```

- 对两个权值进行比较的时候,是从高到低逐级将等级位上的权重值进行比较的,换句话说,低级别的权重不会进位成高级别的权重,例如,11 个 class 选择器的权重不会超过 1 个 id 选择器。

3.6.3　Chrome 调试 CSS

下面使用 Chrome 浏览页面,利用它的页面调试工具,对页面 HTML 和 CSS 进行调试,进一步掌握 CSS 的使用。

图 3-6　"检查"菜单

1. 页面 CSS 样式查看及调试

在 Chrome 中浏览例 3-1 的页面,把鼠标移到第二段文字上面后,单击鼠标右键,在弹出的菜单中选择"检查"(或按 Ctrl+Shift+I 键),如图 3-6 所示,打开 Chrome 的"开发者工具",如图 3-7 所示。

在这个工具中可以看到,界面的 Elements 选项卡中显示出了页面的 HTML 源代码,并且鼠标选择"检查"的位置对应的 HTML 标签代码背景会以灰色显示,在图 3-7 中的右侧,从下到上显示了第二个< p >标签的 CSS 样式层叠过程,CSS 样式显示有删除线,如图 3-8 所示,表示有同样的样式设置进行了覆盖。如果 CSS 样式书写是有问题的,界面上也会有明显的提示,如图 3-9 所示。

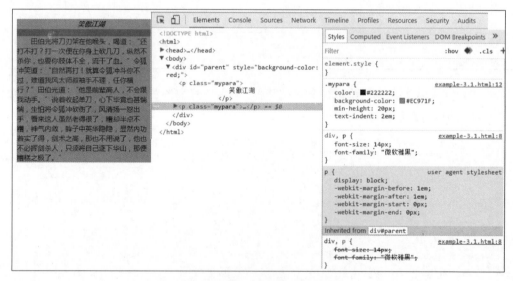

图 3-7　Chrome"开发者工具"界面

使用这样的工具,对于标签元素最终叠加出现的效果的过程一目了然,出现了问题也便于分析(例如选择器权重不够,设计的 CSS 样式应用不上或样式书写错误)。单击如图 3-10 所示的"即时 inspect 按钮"高亮后,鼠标在 HTML 页面上划过不同的 HTML 标签时,Elements 选项卡中的 HTML 代码会自动跟随切换,单击鼠标时,和前面的 CSS 观察效果一样,自动显示样式的层叠过程。

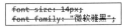

图 3-8　CSS 样式被覆盖 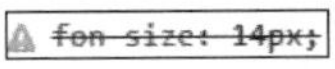　　　　图 3-9　CSS 样式不能被识别　　　图 3-10　即时 inspect 按钮

在实际的开发中，经常需要不断修改 CSS 属性值，以达到最佳的视觉效果。

Chrome 提供了"即改即所得"的修改功能，如图 3-11 所示，鼠标放在某段样式设计上时，它内部设计的 CSS 属性前面都会出现复选框，单击鼠标左键，进入编辑状态，可以直接添加新的 CSS 属性，页面立刻会自动应用新的 CSS 样式。

图 3-11　样式可编辑效果

也可以试着取消选中某个 CSS 样式，如图 3-12 所示，取消 text-indent 属性后，该属性被打上了删除线，页面中段落首行空两格的效果也自动消失了。

还可以用鼠标单击某个 CSS 属性的值，使其可修改，如图 3-13 所示，页面会根据修改的值立即作出响应。

图 3-12　取消某个样式效果

图 3-13　修改某个样式效果

"即改即所得"调试效果中对 CSS 的设置和修改不会自动保存，可以记下对应的文件和行号，调试好之后在相应文件及位置进行修改再保存。

2. 模拟不同的移动设备查看页面

之所以在 HTML5 App 开发中推荐使用 Chrome 浏览器，除了它具有强大的页面调试

图 3-14　移动设备切换按钮

功能，还有一项功能非常好用，也是目前移动应用开发中经常需要考虑的设备适配问题。由于移动设备的分辨率变化较大，可以使用 Chrome 的模拟功能，进行不同设备分辨率下的查看。具体方法是：打开 Chrome 的"开发者工具"后，单击左上角的"移动设备切换"按钮，如图 3-14 所示，进入移动设备查看页面。效果如图 3-15 所示。

Chrome 已经内置了一些移动设备的分辨率，例如 iPhone 5、iPhone 6、iPhone 6 plus，如图 3-16 所示，你可以选择不同的设备查看页面效果。如果没有相应的设备或分辨率，还可以单击 Edit 选项进行添加。

把鼠标放在模拟器页面上时，鼠标会变成一个指尖大小的圆圈，同时触摸事件会像在手机设备上那样被触发。

图 3-15　移动设备查看页面

图 3-16　移动设备切换菜单

3.7　背景属性

页面能通过背景图像给人留下深刻的印象,所以合理控制背景颜色和图像至关重要。本节将介绍 CSS 控制背景的一些样式属性。

3.7.1　设置背景颜色

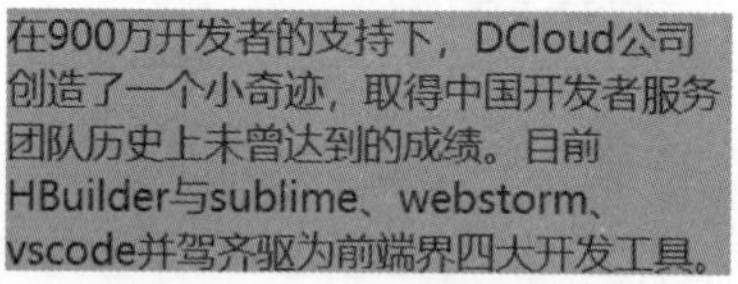

在前面的示例中已经使用过 background-color 属性来设置 HTML 标签元素的背景色,其颜色和文本颜色的取值是类似的,可以使用表 3-3 中的所有设置。例如采用十六进制的设置方式,效果如图 3-17 所示。

> 在900万开发者的支持下，DCloud公司创造了一个小奇迹，取得中国开发者服务团队历史上未曾达到的成绩。目前HBuilder与sublime、webstorm、vscode并驾齐驱为前端界四大开发工具。

图 3-17　十六进制颜色设置

```
background - color: #f0ad4e;
```

在设置背景色时,还可以采用 rgba 方式来控制背景的透明度,例如:

```
background - color: rgba(240,173,78,0.5);
```

其中,前 3 个参数是颜色"#f0ad4e"的 R(红)、G(绿)、B(蓝)值,最后一个参数是透明度 Alpha 参数,它的值是 0.0(完全透明)~1.0(完全不透明)。设置的效果如图 3-18 所示。

和 RGBA 颜色设置类似,还有一个 CSS 属性 opacity 也可以用来设置透明度,它的属性值也是介于 0~1 的浮点数,和 RGBA 不同的是,它可以使任何元素呈现透明效果,它的语法如下,效果如图 3-19 所示。

```
opacity: 0.5;
```

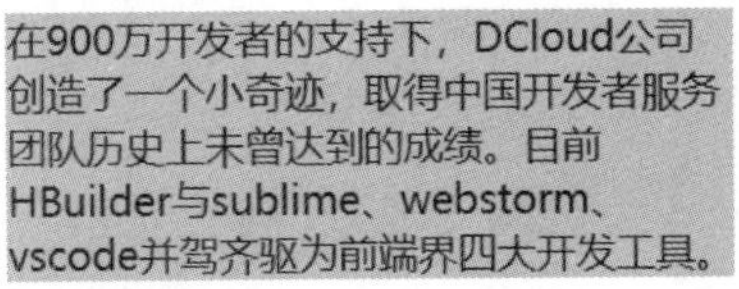

在900万开发者的支持下，DCloud公司
创造了一个小奇迹，取得中国开发者服务
团队历史上未曾达到的成绩。目前
HBuilder与sublime、webstorm、
vscode并驾齐驱为前端界四大开发工具。

图 3-18　RGB 颜色设置

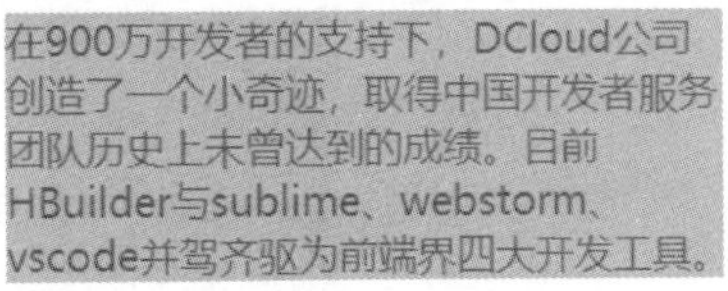

在900万开发者的支持下，DCloud公司
创造了一个小奇迹，取得中国开发者服务
团队历史上未曾达到的成绩。目前
HBuilder与sublime、webstorm、
vscode并驾齐驱为前端界四大开发工具。

图 3-19　opacity 透明度设置

3.7.2　设置背景图片

1. 简单设置

准备一张背景图，如图 3-20 所示，使用 background 为一个 div 标签元素设置背景图像的 CSS 样式（div 标签大小任意）。

```
background: url(imgs/bk.jpg);
```

url()中代表的是图片所在的路径，可以使用相对路径（是当前 CSS 样式相对图片的路径，不是页面相对图片的路径），也可以使用网络路径。

在 HBuilder 中，输入 url 后，会有路径的自动提示和图片预览，非常方便，如图 3-21 所示。设置背景图片时，是可以使用多张图片的，例如下面的语法：

```
background: url(img_flwr.gif), url(paper.gif);
```

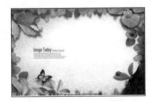

图 3-20　背景图像素材

div{
width: 220px;
height: 135px;
background: url();
}
tyle>
v>
iv>
url()
url(imgs/5-1206010...
url(imgs/514949921...
url(imgs/561262958...
url(imgs/bk.jpg)
url(imgs/vp_sprite.p...
url(loading.gif)
url(poster.png)
url(imgs/bk.jpg)(220*135)

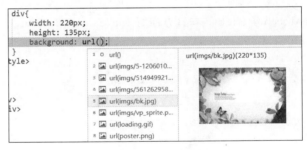

图 3-21　HBuilderX 图像路径提示

在 Chrome 中浏览后，会发现背景图片自动沿水平和垂直两个方向平铺，充满整个 div，效果如图 3-22 所示。

2. 平铺控制

如果不想让其平铺，一种方法是让容器 div 的尺寸和图片的大小一致，另一种方法就是使用下面的语法进行控制，水平平铺和垂直平铺效果如图 3-23 和图 3-24 所示。

```
background: url(imgs/bk.jpg) no-repeat;        //不允许平铺
background: url(imgs/bk.jpg) repeat-x;         //水平平铺
background: url(imgs/bk.jpg) repeat-y;         //垂直平铺
```

图 3-22　背景图像自动平铺

图 3-23　背景图像水平平铺

图 3-24　背景图像垂直平铺

3. 设置背景图片位置

使用背景图片时,默认情况下图片会出现在容器的左上角,如图 3-25 所示,若需要出现在其他位置,就需要使用 background-position 属性进行控制。它的值用于控制水平方向的有 left、center、right;垂直方向有 top、center、bottom。例如,想让它在右下角(见图 3-26),可以用语法:

```
background - position: right bottom;
```

图 3-25　背景图像默认在左上角

图 3-26　背景图像控制在右下角

同时使用 background 和 background-color 属性时,background-color 要写在 background 之后,或者把背景色直接写在 background 中。

4. CSS Sprite 使用

CSS Sprite 又称为"CSS 精灵",是一种网页图片应用处理方式。它允许将一个页面涉及的所有零星图片都包含到一张大图中去,这样一来,当访问该页面时,载入的图片就不会像以前那样一幅一幅地慢慢显示出来了,它可以显著提高图片加载的效率。例如下面的图片素材,如图 3-27 所示,所有的图标都在一张图片上。那如何控制其显示哪一部分图片呢?这得借助 background-position 属性,下面用一个例子来演示 CSS Sprite 技巧。

图 3-27　CSS Sprite 图片

【例 3-3】　CSS Sprite 技巧应用示例,代码如下:

```
< style >
    #div1, #div2, #div3{
        width: 40px;
        height: 44px;
        background: url(imgs/spritetest.png) no - repeat;
    }
    #div2{
        background - position: - 40px 0;
    }
    #div3{
        background - position: - 80px 0;
    }
</style >
</head >
< body >
    < div id = "div1"></div >
    < div id = "div2"></div >
    < div id = "div3"></div >
</body >
```

例 3-3 使用了 3 个 div 分别作为三个图标的容器,容器的大小控制为图标的大小,它们使用的都是同一张图片作为背景,只是显示的图片部分不同。这里需要使用 background-position 进行相应的坐标位置控制。坐标的计算方法是将容器和背景的图片左上角重合,考虑图片如何移动,让其显示在容器中。在 Chrome 中浏览的效果如图 3-28 所示。

图 3-28　CSS Sprite 应用

5. 背景图片的适配

在 HTML5 App 开发中会涉及背景图片的适配问题,各种移动设备屏幕尺寸不一样,而制作不同大小的图片又不现实,这时候 CSS 属性 background-size 就可以发挥重要作用了,它的语法形式为:

```
backgournd - size:属性值 1 属性值 2;
```

在上面的语法中,background-size 可以设置一个或两个属性值来定义背景图像的宽高,其中属性值 1 必选,属性值 2 可选。属性值可以是像素、百分比、cover 或 contain,具体解释如表 3-8 所示。

表 3-8　background-size 属性值

属性值	说　　明
像素值	设置背景图片的像素高度和宽度,第一个是宽度,第二个是高度。若只设一个值,则第二个值默认为 auto
百分比	以父元素的宽度和高度百分比设置背景图片的高度和宽度。只设一个值,则第二个值默认为 auto
cover	保持图像的纵横比并将图像缩放成将完全覆盖背景定位区域的最小大小
contain	保持图像的纵横比并将图像缩放成将适合背景定位区域的最大大小

下面通过一个简单的例子来进行演示。

【例 3-4】　background-size 实现背景图片的适配,代码如下:

```
< head >
    < meta charset = "UTF - 8">
    < title > background - size 实现背景图片的适配</title>
    < meta name = "viewport" content = "width = device - width,
initial - scale = 1, maximum - scale = 1, user - scalable = no">
    < style >
        html, body{
            margin: 0;
            padding: 0;
            width: 100 % ;
            height: 100 % ;
        }
        #mydiv{
            width: 100 % ;
            height: 100 % ;
            background: url( imgs/mobilebk.jpg) no - repeat;
            background - size: 100 %  100 % ;
        }
    </style>
</head>
< body >
    < div id = "mydiv">
    </div>
</body>
```

在 Chrome 中浏览后,打开它的"开发者工具",切换到移动设备模式,切换不同的设备,可以看到它的效果,在不同的手机分辨率下都实现了背景的自适应,如图 3-29 所示。

如果把"background-size:100%"修改成"background-size:contain",则有可能出现空白区域这种情况(因为要保持纵横比),如图 3-30 所示。cover 正好相反,如果图片的比例和容器相差很大,某些部分可能会截取掉,不会显示。

图 3-29 background-size 的适配性

图 3-30 contain 的空白情况

3.8 边框属性

使用 CSS 边框属性可以创建出效果出色的边框,并且可以应用于任何元素。它的语法形式为:

```
border: 1px solid black;
```

其中,1px 代表边框粗细,solid 代表线,图 3-31 中还有其他设置的示例,black 表示线条颜色为黑色。

对应于四条边框,还可以使用 border-top、border-bottom、border-left、border-right 进行分别控制。

我们一般使用 border:none;来消除边框。

在页面设计中,经常需要设置圆角边框,可以使用 border-radius 完成圆角化效果,它的语法形式为:

```
border-radius:左上角圆角半径  右上角圆角半径  右下角圆角半径  左下角圆角半径
```

如果 4 个值相同,可以只用一个参数,例如下面的代码,其显示效果如图 3-32 所示。

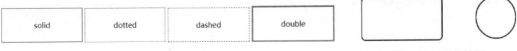

图 3-31 不同的边框

图 3-32 圆角效果

```
border: 2px solid black;
border - radius: 5px;
Border - radius:50 % ;          //当宽度和高度一致时,可以生成一个圆
```

3.9   CSS 动画效果

CSS3 的出现使得网页上可以增加不少动画元素,让页面变得更加生动有趣,并且更易于交互。过去这些实现是必须依赖于 Flash 或 JavaScript。CSS3 动画效果属性主要分为三类——过渡、变换、动画,在 App 和小程序开发中,如果为了保证兼容性,可以考虑加上前缀"-webkit-",下面分别进行讲解。

3.9.1   过渡

CSS 中的过渡是指 HTML 标签元素从一种样式逐渐变化到另一种样式。要实现这个效果,必须要考虑两方面内容:变换样式使用的 CSS 属性和样式变化的时长。设置过渡要用 CSS 属性 transition,它的语法形式如下:

```
transition: 属性名称 过渡时间 速度曲线 过渡延迟时间
```

其中前两个参数是必选的,后两个参数是可选的,例如下面这段 CSS 代码:

```
div{
    width: 100px;
    height: 100px;
    background - color: yellow;
    / * 设置宽度和高度变化时间是 2 秒 * /
    transition: width 2s, height 2s;
}
div:hover{
    width: 200px;
    height: 200px;
}
```

上面这段代码为一个 div 设计了一个高度和宽度变化的过渡,div:hover 决定了当鼠标悬停在 div 上时,它的宽度和高度自动增加一倍,但这个变化过程是在 2s 内缓慢完成的,实现了动画的过程。

如果所有属性变换的时间一样长,过渡属性还可以使用:

```
transition: all 2s;
```

至于速度曲线,它的属性值及说明见表 3-9 所示。

表 3-9　速度曲线取值及说明

属 性 值	说　　明
linear	规定以相同速度开始至结束的过渡效果,匀速
ease	慢速开始,然后变快,然后慢速结束的过渡效果
ease-in	慢速开始(淡入)的过渡效果
ease-out	慢速结束(淡出)的过渡效果

3.9.2　2D 及 3D 变换

CSS 中的变换属性 transform 可以动态控制 HTML 标签元素,让其在页面中进行移动、缩放、倾斜、旋转,或结合过渡和动画属性产生一些新的动画效果。transform 属性既可以实现 2D 变换,也可以实现 3D 变换。

1. 2D 变换

transform 属性的 2D 变换分为平移、旋转、缩放、倾斜,这些变换操作都是以 HTML 标签元素的中心点为基准进行的,结合过渡可以作出不同的动画效果,下面是它们的语法及示例(其中虚线表示变换之前,实线表示变换之后)。

• 平移:需要使用 translate 方法,指定中心点 X 坐标和 Y 坐标的偏移量,值可以使用负数,表示反方向移动元素,元素平移后继续保留它原有的位置,它的语法形式为:

```
transform: translate(50px,100px);
//水平向右偏移 50 像素,竖直向下偏移 100 像素
```

效果如图 3-33 所示(注:虚线都表示 HTML 标签元素的原来状态)。

• 旋转:需要使用 rotate 方法,角度单位用 deg,默认为顺时针,值可以使用负数,表示逆时针旋转,它的语法形式如下,效果如图 3-34 所示。

```
transform: rotate(30deg);
//绕中心点顺时针旋转 30 度
```

• 缩放:需要使用 scale 方法,指定宽度和高度的缩放比例,比例可以是小数,语法形式如下,效果如图 3-35 所示。

```
transform: scale(0.5,0.5)
//宽度和高度缩小一半
```

• 倾斜:需要使用 skew 方法,指定相对于 X 轴和 Y 轴的倾斜角度,语法形式如下,效果如图 3-36 所示。

```
transform: skew(10deg,10deg)
//相对于 X 轴和 Y 轴都倾斜 10 度
```

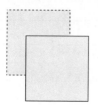
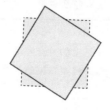

图 3-33　translate 效果　　图 3-34　rotate 效果　　图 3-35　scale 效果　　图 3-36　skew 效果

2. 3D 变换

transform 属性的 3D 变换主要是让元素分别绕 X 轴、Y 轴进行旋转。下面是它们的语法及示例。

- X 轴旋转：需要使用 rotateX 方法，指定旋转角度，单位 deg，默认为顺时针，值可以使用负数，表示逆时针旋转，语法形式如下，效果如图 3-37 所示。

```
transform: rotateX(120deg);
//绕 X 轴顺时针旋转 120 度
```

- Y 轴旋转：使用方法与 rotateX 类似，语法形式如下，效果如图 3-38 所示。

```
transform: rotateY(120deg);
//绕 Y 轴顺时针旋转 120 度
```

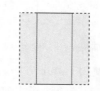

图 3-37　rotateX 效果　　　　　图 3-38　rotateY 效果

有时在 2D 及 3D 变换中需要同时使用两种效果，可以在 transform 属性中同时调用两种方法，类似下面的方法：

```
transform: translate(200px,0) rotateZ(280deg);
```

3.9.3　动画控制

CSS 除了支持渐变、过渡和变换特效，可以实现更强大的动画效果，它提供了一个动画控制属性 animation，可以用来设置更复杂的动画效果，例如控制动画次数、逆向动画、动画播放和暂停等。

要使用 animation 动画控制属性，首先要学会定义动画规则，动画规则的定义需要使用 @keyframes 规则，用它来定义动画中的关键帧(表示动画过程中的一个状态)，它的语法形式有两种，一种是只设置起始和终止的动画帧，另一种是使用百分比来细化动画帧(百分比

可自由定义),语法形式如下:

```
/ * 只设置起始和终止动画帧 * /
@keyframes 动画规则名
{
    from {/ * CSS 属性设置 * /}
    to {/ * CSS 属性设置 * /}
}
/ * 以百分比方式设定帧 * /
@keyframes 动画规则名
{
    0 % {/ * CSS 属性设置 * /}
    25 % {/ * CSS 属性设置 * /}
    50 % {/ * CSS 属性设置 * /}
    100 % {/ * CSS 属性设置 * /}
}
```

定义好动画帧后,就可以使用 animation 属性进行动画控制了,它的语法形式如下:

```
animation:
        name duration timing – function delay iteration – count direction;
```

- name:用@keyframes 已定义好的动画规则名。
- duration:动画花费时间。
- timing-function:动画速度曲线,取值见表 3-9。
- delay:动画延迟时间。
- iteration-count:动画播放次数。
- direction:动画逆向播放,默认值为 normal,alternate 表示动画轮流反向播放。

下面用一个常见的 CD 播放旋转效果来演示动画控制属性的使用。

【例 3-5】 动画控制的应用示例。

(1) 新建 HTML5 页面,输入代码如下:

```
    <style>
        / * 样式略,请参看本书配套代码 * /
    </style>

<body>
    <div id = "mscPlrCtn">
        <div id = "mscPlr" class = "rotateCD"></div>
        <div id = "mscPlrMask">
        </div>
    </div>
</body>
```

(2) 在 Chrome 中浏览,效果如图 3-39 所示。

图 3-39　初始效果

（3）在 style 标签中添加如下动画规则和动画控制代码：

```
@keyframes CDR{
    from{
        transform: rotate(0deg);
    }
    to{
        transform: rotate(360deg);
     }
}
.rotateCD{
    animation: CDR 3s;
}
```

（4）刷新页面后，发现 CD 会自动顺时针旋转一圈后停下。

（5）修改选择器为“.rotateCD”样式，加个动画次数，刷新页面后会发现动画自动播放了两次，CD 旋转两圈，代码如下：

```
animation: CDR 3s 2;
```

（6）再次修改，添加逆向播放，刷新页面后发现 CD 顺时针旋转一圈，逆时针旋转一圈，代码如下：

```
animation: CDR 3s 2 alternate;
```

（7）要想保持 CD 一直匀速旋转，需要修改如下：

```
animation: CDR 3s infinite linear;
```

动画控制中还有个很有用的属性 animation-play-state，它有两个值——paused 与 running，与 JavaScript 结合使用，可以控制动画的播放和暂停。

动画可以极大地提高界面的用户体验，但是完全基于 CSS3 的动画属性，要制作出精美的动画效果并非易事。animate.css 是一个来自国外的 CSS3 跨浏览器动画库，它预设了抖动（shake）、闪烁（flash）、弹跳（bounce）、翻转（flip）、旋转（rotateIn/rotateOut）、淡入淡出（fadeIn/

fadeOut)等多达 60 多种动画效果,几乎包含了所有常见的动画效果,可以从 https://animate.style/中下载。用户只需在加入页面后,在需要动画效果的标签元素上使用内置的 class 属性,就可实现各种动感的效果,例如下面的代码就可以实现一个文字摇晃的效果:

```
< h1 class = "animate__animated animate__swing"> Animate 动画库</h1 >
```

3.10 其他常用的 CSS 属性

在 HTML5 App 开发中,我们还有可能会用到一些 CSS 属性,这里进行简单介绍。
- overflow:当容器的内容超过容器自身的大小时,内容溢出的显示方式,语法如下:

```
overflow: visible|hidden|auto|scroll;
```

其中,visible 表示内容不会裁剪,但会呈现在元素之外;hidden 表示溢出的内容自动隐藏;auto 表示自适应,在需要时再产生滚动条;scroll 表示始终显示滚动条,将溢出内容裁剪掉。
- list-style:设置列表项的样式,常用它消除列表项前的小黑点,语法如下:

```
list - style:none;
```

- a:link,a:visited,a:hover,a:active:分别用于设置超链接标签在被访问前、已被访问过、鼠标悬停、在被用户激活(在鼠标单击与释放之间发生的事件)时的样式,定义这几个样式时,请一定按 link、visited、hover、active 顺序定义,语法如下:

```
a:link{ text - decoration: none; /*  去除下划线  */ color: #404040;}
a:visited{ color: #00BFFF;}
a:hover{ color: red; }
a:active{ color: green; }
```

- border-collapse:设置表格显示方式,语法如下:

```
table{ border - collapse:separate|collapse };
```

其中,separate 是默认方式,也就是 table 加了 border 属性后显示的效果。对 table 标签设置 border-collapse 的效果如图 3-40 所示,使用 collapse 值后,就像 Excel 中的表格样式了。

学号	姓名	英语	数学	语文
13123401	张三	88	85	87
13123402	李四	86	95	92
13123403	王五	92	90	86
13123404	赵六	72	68	61
13123405	苟七	82	78	71

图 3-40 border-collapse 设置为 collapse

- -webkit-tap-highlight-color：用于设定元素在移动设备（如 Android、iOS）上被触发单击事件时，响应的背景框的颜色。一般设置为透明色，防止元素被单击时出现背景色。

```
- webkit - tap - highlight - color:transparent;
```

- -webkit-user-select：也是 App 开发中常用的，用于设置是否允许用户选中文本，它的设置一般为：

```
- webkit - user - select:none|text;
```

其中，none 表示不允许选中文本，text 表示可以选择。

3.11　CSS 盒子模型

CSS 中的盒子模型是页面布局的基础，只有掌握了盒子模型和各种规律及特征，才能更好地控制页面中各元素的呈现效果。所谓盒子模型（如图 3-41 所示）就是把 HTML 标签元素看作一个矩形的盒子或容器，那页面布局也就是把盒子一个个摆放或套装在不同盒子中。每个盒子都由元素的内容、内填充（padding）、边框（border）和外边距（margin）组成。宽度关系如下所示。

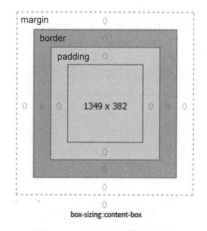

图 3-41　CSS 盒子模型示意

盒子的总宽度＝内容宽度＋左右填充＋左右外边距＋左右边框宽度

盒子的总高度＝内容高度＋上下填充＋上下外边距＋上下边框宽度

3.11.1　内填充属性

内填充属性指的是 HTML 标签元素内容与边框之间的距离。使用 CSS 属性 padding 进行设置的代码形式为：

```
padding: 上填充距离 右填充距离 下填充距离 左填充距离
```

它的参数有 4 个，除了第 1 个参数，其他 3 个是可选参数，例如对 p 标签使用 padding 属性进行设置如下，CSS 内填充效果如图 3-42 所示。

```
padding:25px 50px 75px 100px;
//上、右、下、左填充距离分别为 25px 50px 75px 100px
```

下面是 padding 的另外一些用法：

```
padding:25px 50px 75px;
//上填充距离为 25px、左右填充距离为 50px,下填充距离为 75px
padding:25px 50px;
//上下填充距离为 25px、左右填充距离为 50px
padding:25px;
//上下左右填充距离均为 25px
```

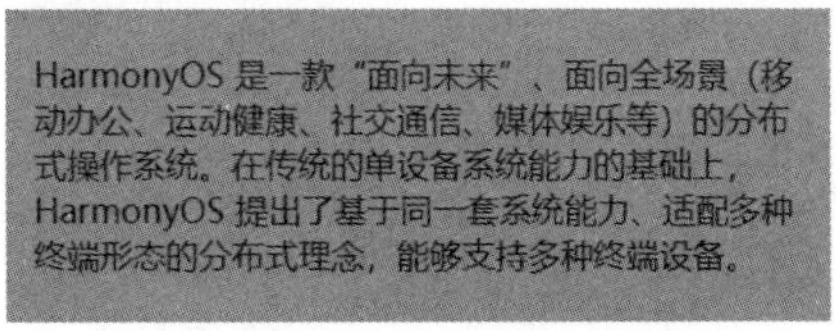

HarmonyOS 是一款"面向未来"、面向全场景(移动办公、运动健康、社交通信、媒体娱乐等)的分布式操作系统,在传统的单设备系统能力的基础上,HarmonyOS 提出了基于同一套系统能力、适配多种终端形态的分布式理念,能够支持多种终端设备。

图 3-42 CSS 内填充效果

也可以使用 padding-top、padding-bottom、padding-left、padding-right 这 4 个属性分别单独设置。

3.11.2 外边距属性

从盒子模型的定义看出,页面上的内容是由很多盒子排列而成的,要想拉开盒子与盒子之间的距离,合理布局页面,就需要为盒子设置外边距。CSS 中使用的是 margin 属性,它的语法和 padding 类似,参数也是 1～4 个。

```
margin: 上外边距 右外边距 下外边距 左外边距
```

同样可以用 margin-top、margin-bottom、margin-left、margin-right 这 4 个属性进行分别单独设置。

在水平方向,两个盒子之间的距离是左边盒子的右边距与右边盒子的左边距之和,如图 3-43 所示,两个 img 标签元素之间的水平外边距离为 20px。margin 和 padding 的值还可以设置为负数,如图 3-44 所示,设为负值后,两个 img 标签元素会出现重叠效果。

margin-right:10px   margin-left:10px

图 3-43 水平边距相加

不变   margin-left:-40px

图 3-44 margin 为负值为叠加

但是在垂直方向就不一样了,当两个垂直相邻的块级元素的上下两个边距相遇时,外边距会产生重叠现象,且重叠后的外边距等于其中较大者,如图 3-45 所示。

在 Chrome 中,当打开"开发者工具"查看某个标签元素时,它的边距和填充会自动显示在工具的窗口中,如图 3-46 所示。

页面设计中,我们经常使用下面的代码来实现内容水平居中,0 表示上下外边距为 0,auto 表示左右则根据宽度自适应相同值。

```
margin:0 auto;
```

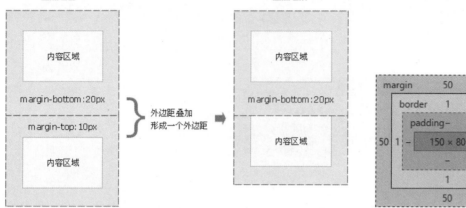

图 3-45　上下边距叠加问题

图 3-46　Chrome 边距和填充查看

由于浏览器自带的样式包括了自带的内填充和外边距，所以在 HTML5 App 开发中常用 *{margin:0;padding:0;}去除边距和填充。

3.11.3　box-sizing 属性

当一个盒子的总宽度确定之后，要想再添加边框或内填充，往往需要重新计算 width 属性值，这样才能保证盒子宽度不变，修改非常麻烦。使用 box-sizing 属性可以解决这个问题，它用于定义盒子的宽度值和高度值是否包含元素的内填充和边框，语法格式如下：

```
box - sizing:content - box|border - box;
```

content-box 表示内填充和边框不包括在宽度和高度之内，这是默认值，而 border-box 则表示内填充和边框包括在宽度和高度之内。效果如图 3-47 所示，当指定 div 的宽高为 200×120 后，使用 content-box，div 的宽度和高度明显变大，而使用 border-box 不会改变。

图 3-47　不同 box-sizing 设置的效果

3.12　浮动和定位

在默认情况下，页面中的 HTML 元素会按从上到下或从左到右的顺序将一个个盒子罗列出来,如果按这种方式对页面排版,页面会非常单调和混乱。为了让页面版面更丰富合理,在 CSS 中可以对 HTML 标签元素实现浮动和定位。

3.12.1 浮动

1. 设置浮动

浮动属性作为 CSS 重要属性,在页面布局中至关重要,所谓浮动是指浮动的 HTML 标签元素会脱离标准文档流的控制,移动到父元素中指定位置的过程。浮动在页面开发中灵活应用,常常可以得到意想不到的效果。

可以通过 float 属性来设置浮动,其语法形式为:

```
float:left|right;
```

下面通过一个例子来学习 float 的用法。

【例 3-6】 浮动的应用示例。

(1) 实现 HTML 页面设计。

```
<!-- 样式设计 -->
<style>
    .container img { float:left;}
</style>
<!-- 标签设计 -->
<div class = "container">
    < img src = "imgs/hehua.jpg" class = "left_img"/>
    <p>水陆草木之花,可爱者甚蕃.晋陶渊明独爱菊.自李唐来,世人甚爱牡丹.予独爱莲之出淤泥而
不染,濯清涟而不妖,中通外直,不蔓不枝,香远益清,亭亭净植,可远观而不可亵玩焉.予谓菊,花之
隐逸者也;牡丹,花之富贵者也;莲,花之君子者也.噫!菊之爱,陶后鲜有闻.莲之爱,同予者何人?牡
丹之爱,宜乎众矣!
    </p>
</div>
```

(2) 使用 Chrome 浏览效果,如图 3-48 所示。

(3) 在页面修改成右浮动,代码如下,再使用 Chrome 浏览效果,如图 3-49 所示。

```
.container img { float:right;}
```

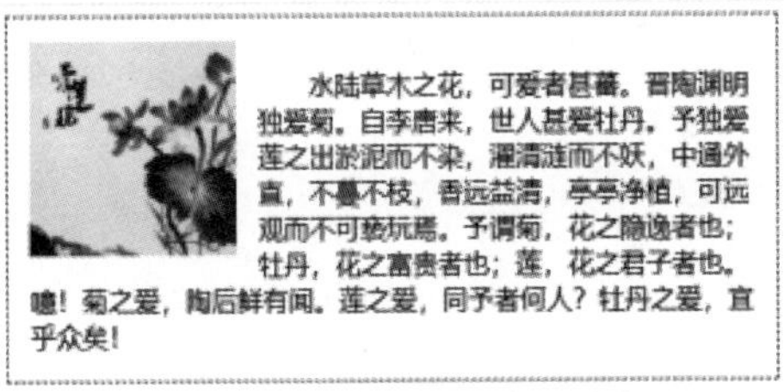

图 3-48 左浮动效果

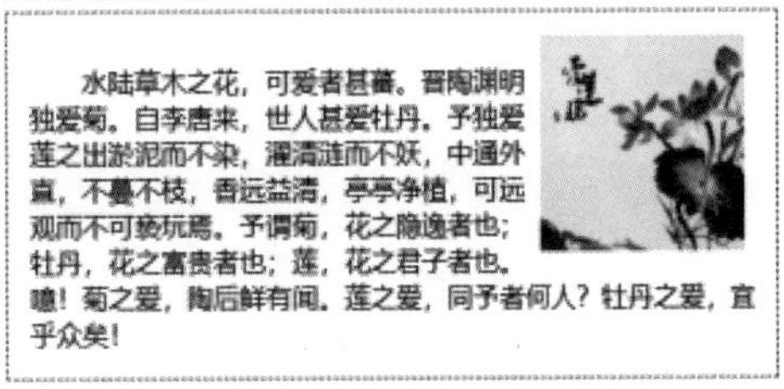

图 3-49 右浮动效果

除了用来实现文字环绕效果,有时我们还会用它来实现列表的行排列,例如网易首页的栏目设计,如图 3-50 所示,就采用了 ul、li 标签实现,但 li 标签默认是按列进行排列的,所以对 li 需要采用左浮动,将栏目实现行排列。

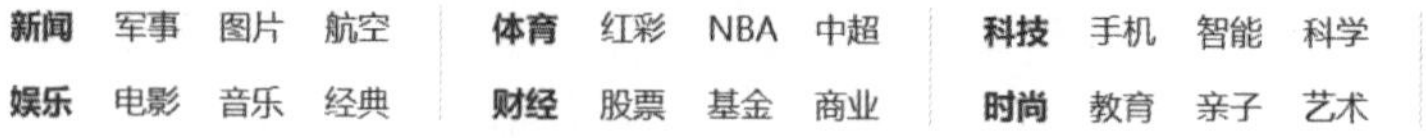

| **新闻** | 军事 | 图片 | 航空 | **体育** | 红彩 | NBA | 中超 | **科技** | 手机 | 智能 | 科学 |
| **娱乐** | 电影 | 音乐 | 经典 | **财经** | 股票 | 基金 | 商业 | **时尚** | 教育 | 亲子 | 艺术 |

图 3-50 网易首页左浮动效果

当浮动标签元素的容器不足以容纳全部标签时,标签元素会自动换行浮动,但有可能会被其他浮动元素"卡住",出现如图 3-51 所示的效果。

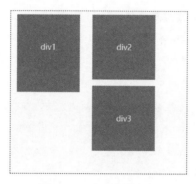

图 3-51 浮动中被卡住

2. 清除浮动

浮动有时会给页面的布局带来一定的麻烦,如图 3-52 中的左例,当使用左浮动实现文字环绕后,后续的 p 标签会自动进行填位,如果要让它单独占一行,实现布局,则要使用 CSS 中的 clear 属性,它定义了 HTML 元素的哪边(左边或右边或两边)不允许出现浮动元素。它的设置语法形式为:

```
clear: left|right|both;
```

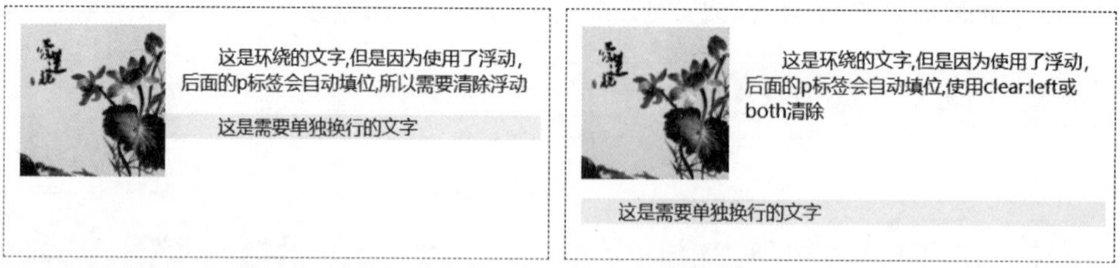

这是环绕的文字,但是因为使用了浮动,后面的p标签会自动填位,所以需要清除浮动 这是需要单独换行的文字	这是环绕的文字,但是因为使用了浮动,后面的p标签会自动填位,使用clear:left或both清除 这是需要单独换行的文字

图 3-52 清除浮动效果

3.12.2 定位

浮动布局虽然灵活,但却无法对 HTML 标签元素实现精确控制。在 CSS 中,还可以使用定位属性来进行精确定位。

1. 定位方式和偏移量

在 CSS 中,使用 position 属性设置 HTML 标签元素的定位方式。它的语法格式如下:

```
position: static|relative|absolute|fixed|sticky;
```

在上面的语法中,position 属性的常用值有 5 个,分别表示不同的定位模式。定位模式仅用于定义 HTML 标签元素以哪种方式定位,并不能确定它的具体位置,必须通过偏移属性 top、bottom、left、right 的组合来精确定义元素的位置。下面我们依次来看这几种不同的定位方式。

- static:静态定位,默认值,即各 HTML 标签元素在 HTML 文档流中的默认位置。
- relative:相对定位,相对于 HTML 标签元素本来该在 HTML 文档流中显示的位置,但移动以后,它原本所占空间仍然保留,如图 3-53 所示,当对 div1 实现相对定位后,div2 并不会自动向上,使用代码如下:

```
< div style = "position: relative;left:60px;top:55px;"> div1 </div >
```

- absolute:绝对定位,依据最近已经实现过定位(相对、绝对、固定)的父元素进行定位,若所有父元素都没有定位,则根据 html 元素(浏览器窗口)定位,它所占空间不会保留,如图 3-54 所示,当 div1 的容器实现相对定位后,而对 div1 再实现绝对定位,div2 会自动填补,使用代码如下:

```
< div style = "position: relative;">
  < div style = "position: absolute;left:60px;top:55px;">
      div1
  </div >
</div >
```

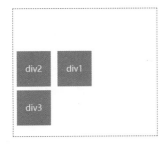

图 3-53   相对定位效果

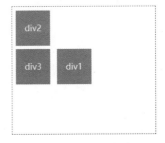

图 3-54   绝对定位效果

- fixed:固定定位,以浏览器窗口作为参照物。不管浏览器滚动条如何滚动或浏览器窗口大小如何变化,始终显示在固定的位置,如图 3-55 所示,当缩小浏览器窗口或上下拉动滚动条时,广告信息始终能固定在浏览器的右下角,使用的代码如下:

```
# mydiv{ position: fixed; right: 0; bottom: 0;}
```

- sticky：黏性定位，可以看作是 relative 和 fixed 的结合体，当元素在屏幕内，表现为 relative，就要滚出屏幕的时候，表现为 fixed。必须指定 top、bottom、left、right 四个值中的一个才能生效。如图 3-56 所示，当滚动条下拉到"悬停菜单"位置时，这个"悬停菜单"自动会居于页面顶部，使用的代码如下：

```
♯mydiv{ position: sticky; top: 0;}
```

图 3-55　固定定位效果

图 3-56　黏性定位效果

🤖 只是使用定位方式 position，没有定义任何偏移属性的值，偏移属性使用默认值 0。

图 3-57　购物车按钮

【例 3-7】　使用相对定位和绝对定位完成购物车按钮，效果如图 3-57 所示。其中，按钮作为父容器采用了相对定位，而数量作为子元素使用绝对定位，核心代码如下所示：

```
<!-- 样式代码设计 -->
.cart{
    position: relative;
}
.quantity{
    position: absolute;
    right: - 16px;
    top: - 16px;
}

<!-- HTML 代码设计 -->
< div class = "cart">
    < span > ￥59.9 </span >
    < div class = "quantity">1 </div >
</div >
```

2. z-index

当对多个元素同时设置定位时,定位元素之间有可能会出现重叠。在 CSS 中,要想调整重叠定位的顺序,可以使用 z-index 属性控制,z-index 是整数,默认值为 0,取值越大,定位元素在层叠中越在上面。如图 3-58 所示,通过控制 z-index 的值,可以控制这 3 个 div 的层叠顺序。

 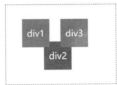 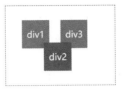

图 3-58 z-index 控制层叠顺序

3.12.3 块元素与行内元素

HTML 标签元素可以分为块元素和行内元素两种类型。块元素在页面中以区域块的形式出现,它会独自占据一行或多行,可以对其设置宽度、高度、对齐等属性,常用于页面布局和结构的搭建。常见的块元素标签有 h1~h6、div、p、ul、li 等。行内元素不一样,它不需要在新的一行出现,也不强迫其他元素在新的一行显示。一个行内元素通常都会和它前后的行内元素显示在同一行中,不占独立的区域。但一般不能设置宽度、高度、对齐等属性。常见的行内元素标签有 span、a 等。块元素和行内元素之间是可以互相转换的,效果如图 3-59 所示。主要使用 CSS 的 display 属性,它的语法形式为:

```
display: inline|block|inline - block|none;
```

- inline:将标签显示为行内元素;
- block:将标签显示为块元素;
- inline-block:将标签显示为行内块元素,可以对其设置宽高和对齐等属性,但是不会独占一行;
- none:标签元素被隐藏,不在页面上显示,也不占用页面空间。

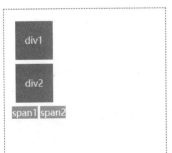 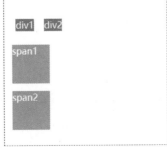 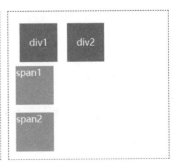

图 3-59 块元素与行内元素互相转换

3.13　响应式布局

响应式布局是指一个网站或 App 的页面能够兼容多个终端,而不是为每个终端做一个特定的版本,这个概念是为解决移动互联网浏览而诞生的。过去需要开发多套界面,通过检测判断当前访问的设备是 PC 端、平板或手机,从而请求返回不同的页面,而响应式布局开发一套界面,针对不同客户端做代码处理,来展现不同的布局和内容。下面介绍几种常用的响应式布局方案,这些方案可以结合使用。

3.13.1　viewport

先来看一个简单的例子,代码如下,在 Chrome 中使用"移动设备模式",模拟 iPhone6 的显示效果如图 3-60 所示,会发现一个奇特的现象,iPhone 屏幕的宽度是 375 像素,而 div 的宽度设置也是 375 像素,但是并没有铺满整个屏幕。

```
< div style = "width:375px;height:200px;background - color:gray;"></div>
```

这是由于屏幕的 DPR(device pixel ratio,设备像素比)不同导致的,DPR=物理像素/逻辑像素,这个倍率叫作"缩放因子",它是移动端响应式的关键因素。物理像素是设备出厂自带的硬件像素,而逻辑像素就是我们在 CSS 中写的 px,一个逻辑像素可以代表一个或多个物理像素。DPR 是厂商给屏幕设置的一个固定值,出厂时就确定了,它的大小不会随着程序的设置而改变,例如 iPhone 6/7/8 的 DRP 是 2,而 iPhoneX 的 DPR 是 3。iPhone6 的物理分辨率为 750×1334,逻辑分辨率为 375×667,也就是在 iPhone6 上 1 个逻辑像素对应 2 个物理像素。如图 3-61 所示,假如我们设置了一个元素的 CSS 样式,也就是设计了逻辑像素,在不同的 DPR 设备上物理像素的渲染方式是不同的。

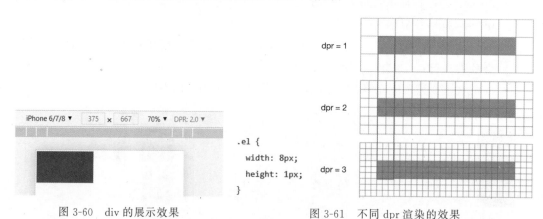

图 3-60　div 的展示效果　　　　　　图 3-61　不同 dpr 渲染的效果

viewport 是屏幕后的一张画布,浏览器会先把页面内容绘制到画布上,然后通过屏幕窗口呈现出来。画布的宽度可大可小,默认情况下大多数设备的 viewport 宽度都是 980 像素,当画布的宽度大于屏幕宽度时,画布上的内容就无法通过屏幕全部展示出来,用户可以通过屏幕手势来拖动画布查看被遮挡的部分。可以通过在< head >标签中增加 meta 标签

来设置 viewport 属性,设置代码如下:

```
< meta name = "viewport" content = "width = device - width, initial - scale = 1,
minimum - scale = 1, maximum - scale = 1, user - scalable = no" />
```

各参数的具体含义如下:
- width:控制 viewport 的大小为 device-width,也就是设备的逻辑像素宽度。
- initial-scale:页面初始缩放程度,一个浮点值,是页面大小的一个乘数。
- maximum-scale:页面最大缩放比例。
- minimum-scale:页面最小缩放比例。
- user-scalable:用户是否能改变页面缩放程度,默认值是 yes。

对于 HTML5 页面,如果没有设置 viewport,当画布宽度大于浏览器可视窗口宽度的时候,浏览器会自动对画布进行缩放,以适配浏览器可视窗口宽度。如图 3-62 所示,这是同一个页面添加 viewport 设置前后,在 iPhone6 上的对比效果。可以看出,前者整个页面宽度动态缩小以适配手机可视窗口宽度,文字严重缩小,后者字体按所设置大小正常显示。

图 3-62　添加 viewport 设置前后效果对比

3.13.2　百分比布局

HTML 中布局元素的宽度不再写成绝对值,而是以容器的宽度作为作为标准,换算成所占百分比,这样无论屏幕宽度大小如何变换,布局结构不会发生变化,如图 3-63 所示的效果,图片容器 div 的宽度为手机屏幕宽度的 44%,图片宽度也为容器宽度的 60%,无论设备宽度如何变化,都能保持两列的布局效果,示例代码如下:

图 3-63　百分比布局效果

```
.comic { margin: 10px 4 % ; width: 44 % ; }
.comic img { width: 60 % ; }
```

3.13.3　vw/vh 和 calc

vw、vh 是 CSS3 新增的视窗单位,同时也是相对单位,它是相对视口(viewport)大小的百分比(浏览器实际显示内容的区域,不包括工具栏、地址栏、书签栏)。vw 表示相对于视口的宽度,vh 表示相对于视口的高度,如图 3-64 所示,这种方法将 viewport 的大小宽度设置为 100vw,高度设置为 100vh,如果设置有 css 样式 width:100vw;height:100vh,则表示该元素自动全屏化。它与百分比的区别很明显,百分比是相对于父元素的,而 vw 和 vh 永远都是相对 viewport 的。

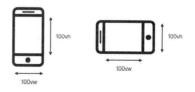

图 3-64　vw 和 vh 单位

CSS3 的 calc() 函数允许我们在 CSS 属性值中执行动态的数学计算操作,它支持"+""−""*""/"运算,例如下面这个表达式,它表示该元素的宽度总是比父级容器的宽度小 50px。

```
.foo { width: calc(100% - 50px); }
```

使用 calc() 函数时,表达式中若有"+"和"−",运算符前后必须要有空格。

3.13.4　Media Queries

Media Queries 又称为媒体查询方法,它能在不同的条件下使用不同的样式,使页面在不同终端设备下达到不同的渲染效果。这里具体说一下它的使用方法,在内嵌样式或链接样式中使用它,其语法形式为:

```
@media 媒体类型 and (媒体特性){CSS 样式设置列表}
```

常用的媒体特性见表 3-10。

表 3-10　常用的媒体特性

媒 体 特 性	说　明
aspect-ratio	设备中的页面可见区域宽度与高度的比率
device-aspect-ratio	设备的屏幕可见宽度与高度的比率
device-height	设备的屏幕可见高度
device-width	设备的屏幕可见宽度
max-device-aspect-ratio｜min-device-aspect-ratio	输出设备屏幕可见宽度与高度的最大(小)比率
max-device-height｜min-device-height	输出设备的屏幕可见的最大(小)高度
max-device-width｜min-device-width	输出设备的屏幕最大(小)可见宽度
max-resolution｜max-resolution	设备的最大(小)分辨率

使用 Media Queries 必须要使用"@media"开头。媒体类型一般都使用 screen,表示用于电脑屏幕、平板、智能手机。媒体特性的书写方式和样式的书写方式非常相似,主要分为两部分,第一部分指的是媒体特性,第二部分为媒体特性所指定的值。但与 CSS 属性不同的是,媒体特性通过 min/max 来表示大于等于或小于作为逻辑判断,而不是使用小于号(<)和大于号(>)来判断。多个媒体特性使用时使用关键字"and"连接,例如下面在 iPhone6 中采用 Media Queries 写法,可以实现横屏和竖屏时,body 呈现不同背景色。

```
@media only screen and (min – device – width: 375px) and (max – device – width: 667px) and
(orientation: portrait) {
     / * iPhone 6 竖屏 * /
     body{ background – color: #22BE81; }
}

@media only screen and (min – device – width: 375px) and (max – device – width: 667px) and
(orientation : landscape) {
     / * iPhone 6 横屏 * /
     body{ background – color: lightcoral; }
}
```

only 用来指定某种特定的媒体类型,可以用来排除不支持媒体查询的浏览器。其实 only 很多时候是用来对那些不支持 Media Queries 的设备隐藏样式表的。

3.13.5 rem 布局

所谓 rem 布局,是指以 html 标签元素定义 font-size 为基础,例如在 iPhone6 中,将 html 标签的字体大小设置为 100px:

```
html{ font – size:100px; }
```

那么将有 1rem=100px,1.1rem=110px,所有的大小、边距等都以 rem 作为单位,CSS 设置时需要换算成 rem 设置,例如:

```
#div1{ margin – top:0.05rem; } //上外边距为 5px,使用 0.05rem
```

这样结合 Media Queries 或 JavaScript 技术,将 html 中的 font-size 根据不同的移动设备进行动态设置,就可以达到适配的要求。

HBuilderX 中已内置了 px 自动转 rem 提示功能,需要自行配置,如图 3-65 所示,可以打开菜单"工具",选择"设置",再切换到"编辑器设置"进行配置,设置完成后,在编辑器中输入 px 单位后,会进行 px 转 rem 的自动提示。

设计师一般会把 iPhone6(750px)作为设计稿,设计稿中的元素也都是基于 750px 进行标注的(这里的 px 指的是物理像素)。开发人员拿到设计稿后,根据 iPhone6 的 DPR 把标

图 3-65　HBuilderX 中 px 转 rem 配置和效果

注中的元素大小换算成 CSS 中的大小(逻辑像素),如设计稿中按钮的宽度标注为 40px,则 CSS 中应该写成 40/2＝20px,然后再根据屏幕的逻辑宽度进行同步缩放(如 rem/vw 方案),实现向上或向下适配所有设备。

3.13.6　Flex 布局

传统的布局解决方案主要是基于盒子模型(Box Model),它对于那些特殊布局非常不方便,例如,垂直居中就不容易实现。Flex 布局是目前推荐的最佳解决方案,可以简便、完整、响应式地实现各种页面布局。目前,它已经得到了所有浏览器的支持,特别是在微信小程序中推荐使用这种布局方式。Flex 布局的结构如图 3-66 所示。

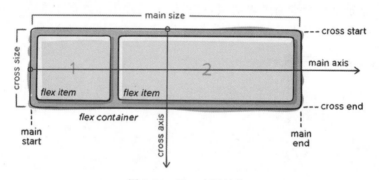

图 3-66　Flex 布局结构

采用 Flex 布局的元素称为 Flex 容器(flex container),简称"容器"。它的所有子元素自动成为容器成员,称为 Flex 项目(flex item),简称"项目"。容器默认存在两根轴:水平的主轴(main axis)和垂直的交叉轴(cross axis)。主轴的开始位置(与边框的交叉点)叫作 main start,结束位置叫作 main end;交叉轴的开始位置叫作 cross start,结束位置叫作 cross end。项目默认沿主轴排列。单个项目占据的主轴空间叫作 main size,占据的交叉轴空间叫作 cross size。

和弹性布局相关的 CSS 样式共有 13 个,简称"十三太保"属性,其中,和容器相关的有 7 个属性,和项目相关的有 6 个属性,但 IE 以及低端安卓机(版本在 4.3 以下)是不兼容的,为保证兼容性,最好加-webkit-前缀。下面对这些属性分别进行讲解。

1. 容器相关属性

- display:要想实现弹性布局,必须对容器进行 CSS 属性指定。任何一个元素(包括行内元素)都可以指定为弹性布局,代码如下:

```
display: flex;
display: inline-flex; /*针对行内元素*/
```

 容器设置为弹性布局后，项目的 float、clear 等属性会自动失效。

- flex-direction：row | row-revers | column | column-reverse，决定主轴的方向（项目的排列方向），图 3-67 示意了这个属性取不同值后的效果（箭头表示排列方向）。
- flex-wrap：nowrap | wrap | wrap-reverse，弹性布局中，所有项目默认排在轴线上（主轴或交叉轴），当容器的宽度和高度不足以容纳所有项目时，该属性定义如何换行，图 3-68 示意了这个属性的效果。

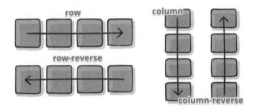

图 3-67　flex-direction 用法示意

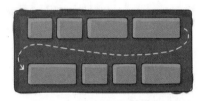

图 3-68　flex-wrap 用法示意

- flex-flow：是 flex-direction 属性和 flex-wrap 属性的简写形式，默认值为 row nowrap。
- justify-content：flex-start | flex-end | center | space-between | space-around | space-evenly，定义项目在主轴上的对齐方式，图 3-69 示意了这个属性的用法。

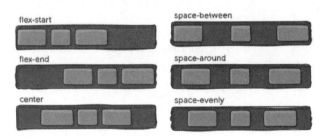

图 3-69　justify-content 用法示意

- align-items：flex-start | flex-end | center | baseline| stretch，定义一行项目在交叉轴上的对齐方式，图 3-70 示意了这个属性的效果。

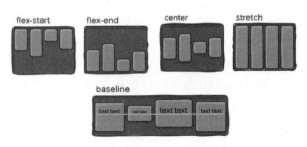

图 3-70　align-items 用法示意

- align-content：flex-start │ flex-end │ center │ space-between │ space-around │ stretch,定义了多行项目在交叉轴上的对齐方式,图 3-71 示意了这个属性的效果。

2. 项目相关属性

- order：定义项目的排列顺序,值越小,排列越靠前,默认值为 0,图 3-72 示意了这个属性的效果。

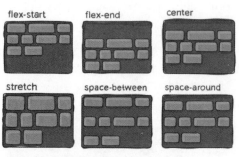

图 3-71　align-content 用法示意

图 3-72　order 用法示意

- flex-grow：定义当容器过大时,项目的放大比例,默认值为 0,图 3-73 示意了这个属性的效果。

图 3-73　flex-grow 用法示意

- flex-shrink：定义当容器过小时,项目的缩小比例,默认为 1,负值无效。当空间不足,都将等比例缩小,如果某个项目的该属性设置为 0,其他项目为 1,空间不足时,它不参与缩小。

- flex-basis：定义了在分配多余空间前,项目所占主轴空间。它和 width 有一定的关系,大多数情况和 width 表现一致,如果两者同时使用,则 flex-basis 优先级会高些,浏览器根据这个属性值,计算主轴剩余空间,默认为 auto(即项目的实际大小)。

- flex：是 flex-grow、flex-shrink 和 flex-basis 的简写,默认值为 0 1 auto,后两个属性可选,该属性有两个快捷值：auto（1 1 auto）和 none（0 0 auto）。

- align-self：auto │ flex-start │ flex-end │ center │ baseline │ stretch,设置单个项目在交叉轴上的对齐方式,图 3-74 示意了它的效果。

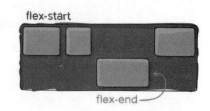

图 3-74　align-self 用法示意

　　网址 http://flexboxfroggy.com/ 提供了一个有趣的小游戏,这是一个引导式学习 Flex 布局的游戏,如图 3-75 所示,使用 Flex 布局相关的 CSS 属性让青蛙跳到荷叶上就算过关。游戏里面几乎包含了所有常用的 Flex 布局属性,可以使用它来练习 Flex 布局。

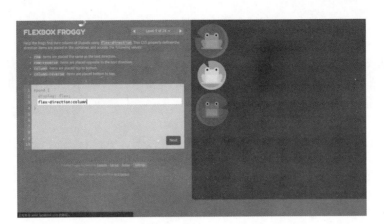

图 3-75 FlexBox Froggy 效果

3.14 实战演练

3.14.1 注册界面样式美化

【例 3-8】 注册界面样式美化。

例 2-8 完成了一个简单的表单注册页面,但是界面看起来比较简陋。在这里,我们利用学过的 CSS 属性,对界面的表单进行了样式美化。

由于 CSS 代码较多,就不在此处赘述了,请参考本书的配套源代码,结合 Chrome 的"开发者工具"学习,在此基础上可以设计出更漂亮的注册界面。本例的运行效果如图 3-76 所示。

图 3-76 注册界面美化效果

3.14.2　仿美团首页设计

【例3-9】　仿美团首页设计的实现,这个页面实现了响应式布局,大量使用了Flex布局,另外还用到了rem布局和Media Queries,效果如图3-77所示。请用手机扫描二维码,结合本书的配套源代码,参看本例的讲解。

图3-77　仿美团首页效果

小结

本章主要学习了CSS样式设计页面中的使用,讲解了CSS样式规则,颜色和单位,如何在页面中应用CSS,CSS的各种选择器,CSS的一些基本属性的使用,CSS层叠性和优先级。另外和页面布局相关的盒子模型、浮动与定位、响应式布局等都做了详细讲解。限于篇幅,本章无法对所有的CSS属性都作具体的讲解,请自行参考其他的书籍和资料。

习题

一、选择题

1. 下面(　　)项是CSS的正确语法。
  A. body:color=black
         B. {body;color;black;}
  C. body{color:red;}
         D. body{color=black;}

2. 以下用于给页面所有h1标签添加背景色的是(　　)。
  A. h1{background-color:"red";}
      B. #h1{background-color:"red";}

C. h1 all{background-color:"red";}　　　　D. .h1{background-color:"red";}

3. 下面（　　）CSS 属性设置可以设置 HTML 元素的内填充左、上、右、下分别是 10px、20px、30px、40px。

    A. padding:10px 20px 30px 40px　　　　B. padding:20px 30px 40px 10px

    C. padding:30px 40px 10px 20px　　　　D. padding:40px 10px 20px 30px

4. 页面上的 div 标签设计和为它设计的样式如下，这个 div 的背景色是（　　　）。

```
<style>
    div{
        width: 100px;
        height: 100px;
        background - color: yellow;
    }
    #div1{
        background - color: blue! important;
    }
    .fordiv{
        background - color: green;
    }
</style>

<div style = "background - color: red;" id = "div1" class = "fordiv"></div>
```

    A. blue　　　　　　B. yellow　　　　　　C. green　　　　　　D. red

5. 下列（　　）样式设置后，行内元素可以定义宽度和高度。

    A. display:inline;　　　　　　　　　　B. display:none;

    C. display:block;　　　　　　　　　　D. display:inherit;

6. 要实现一张扑克牌在桌面上的翻牌动作，可以使用 CSS 变换中的（　　）方法。

    A. rotate()　　　　B. rotateX()　　　　C. rotateY()　　　　D. skew()

7. a:hover 表示超链接在鼠标（　　）的状态。

    A. 按下去　　　　　B. 经过　　　　　　C. 悬停　　　　　　D. 访问后

8. 在 Webkit 核心的浏览器中，设置 transform 属性需要添加私有前缀（　　）。

    A. -ms-　　　　　　B. -o-　　　　　　C. -webkit-　　　　D. -moz-

二、判断题

1. 相对定位中，HTML 标签元素原来所占有的空间会被保留。　　　　　　　　（　　）

2. 内填充和外边距的值不能为负值。　　　　　　　　　　　　　　　　　　（　　）

3. div 是行内元素，span 是块级元素。　　　　　　　　　　　　　　　　　（　　）

4. z-index 可用于设置 HTML 元素的重叠定位顺序，值越大的越在上面。　　　（　　）

5. 过渡属性 transition 不能设置动画逆向。　　　　　　　　　　　　　　　（　　）

6. 父级元素的 position 属性可以被子元素继承。　　　　　　　　　　　　　（　　）

7. 在 Flex 布局中，align-content 用于单行元素，align-items 用于多行元素。　（　　）

8. 使用 CSS3 的 calc()函数时，表达式中的"＋"和"－"前后必须要有空格。　（　　）

三、填空题

1. 在页面中使用 CSS 有 3 种方式,分别是_____、_____、_____。

2. CSS 的 id 选择器要在定义的前面使用符号_____,class 选择器使用符号_____。

3. HTML 标签元素的绝对定位是相对于_____实现定位的。

4. 向左浮动可以使用 CSS 属性_____,元素两边都不允许有浮动,应该书写 CSS 属性为_____。

5. 为 HTML 标签元素设置边框圆角需要使用 CSS 属性_____。

6. 使用网络字体应该使用 CSS 规则_____。

7. 为 HTML 标签元素设置弹性布局需要使用 CSS 属性_____。

四、简答题

1. CSS 的层叠性是如何体现的? 什么是优先级?

2. 简述 CSS Sprite 的原理及使用技巧。

3. 实现响应式布局的方法有哪些?

五、编程题

完成一个纯 CSS 实现的下拉菜单效果,如图 3-78 所示。

图 3-78　CSS 下拉菜单效果

第 4 章

JavaScript 编程基础

学习目标

- 掌握 JavaScript 在页面中的使用。
- 掌握 JavaScript 的基础语法和调试技巧。
- 掌握函数的使用。
- 掌握 JavaScript 的各种内置对象以及实现自定义类和对象。
- 掌握 JSON 数据格式以及序列化和反序列化。

HTML5 App 的开发都是基于 JavaScript 的,因此掌握 JavaScript 语言至关重要。本章主要讲解 JavaScript 在 App 开发中需要掌握的一些编程基础,在学习过程中,可与其他编程语言作对比学习,以便更快掌握这门语言。

4.1 JavaScript 介绍

JavaScript 诞生于 1995 年,当时走在技术革新最前沿的 Netscape(网景)公司,决定着手开发一种客户端语言,用来处理 Web 页面的验证,所以 Netscape 与 Sun 公司成立了一个开发联盟,联合开发出了 LiveScript,为了搭上当时媒体热炒 Java 的顺风车,就把 LiveScript 更名为 JavaScript。所以,从本质上来说,JavaScript 和 Java 没什么关系。

JavaScript 1.0 获得了巨大的成功,Netscape 随后在 Netscape Navigator 3(网景浏览器)中发布了 JavaScript 1.1。之后,作为竞争对手的微软在其 IE3 中加入了名为 JScript(名称不同是为了避免侵权)的 JavaScript 实现。这意味着此时市面上有 3 个不同的 JavaScript 版本,IE 的 JScript、网景的 JavaScript 和 ScriptEase 中的 CEnvi。随着版本不同所暴露的问题日益加剧,JavaScript 的规范化最终被提上日程。

1997 年,以 JavaScript1.1 为蓝本的建议被提交给了欧洲计算机制造商协会(ECMA,European Computer Manufactures Association),经过数月的努力,完成了 ECMA-262——定义了一种名为 ECMAScript 的新脚本语言的标准。第二年,ISO/IEC(国际标准化组织和国际电工委员会) 也采用了 ECMAScript 作为标准(即 ISO/IEC-16262)。ECMAScript 定义了 JavaScript 的标准,并不与任何浏览器相绑定,主要描述语法、类型、语句、关键字、保留字、运算符、对象等,在 HTML5 App 中主要应用的就是 ECMAScript 的语法。

JavaScript 具有以下特点:

（1）脚本语言,采用小程序段的方式进行编程。它的基本结构和 Java、C♯类似,但它是解释性语言,不需要先编译,而是由浏览器内核负责解释执行。

（2）跨平台性,只依赖于浏览器内核,与操作系统无关。

（3）它是基于对象(Object Based)和事件驱动(Event Driven)的编程语言,本身提供了很丰富的内部对象。

4.2 使用 JavaScript

目前网页上很多特效都是基于 JavaScript 实现的。在移动互联网时代,JavaScript 也是大放异彩,所有的 HTML5 应用都是基于 JavaScript 开发的,别外 JavaScript 语言也可以用于 Unity3D 游戏开发。

当前流行的各种小程序也是使用 JavaScript 作为开发语言,甚至我们可以使用它为华为的鸿蒙系统(HarmonyOS)开发应用。2021 年 GitHub 发布的 Octoverse 报告显示,JavaScript 已经成为最受开发者欢迎的编程语言。

本章的 JavaScript 语言内容主要针对在 HTML5 App 中开发时所要用到的一些基础知识进行讲解,不过多涉及在浏览器中需要用到的知识。

4.2.1 在页面中插入代码

在 HTML 文件中使用 JavaScript 脚本时,JavaScript 代码需要出现在< script >标签和</script >标签之间。< script >标签的作用是通知浏览器内核,该位置是 JavaScript 代码,请负责解释执行,如果忘了< script >标签,所有的代码会作为文本输出到页面上。旧的网页标准要求在标签中加入 type＝"text/javascript"属性,在 HTML5 规范中,这个属性已成为默认值,没必要再添加。由于 JavaScript 语言是解释型,理论上它放置在 HTML 页面中的任一位置都可以运行。

【例 4-1】 在 HTML 文件中使用 JavaScript 的实例,代码如下:

```
< body >
    < script >
        alert("hello");
    </script >
</body >
```

在页面中输入代码后,启动 Chrome 运行,结果界面如图 4-1 所示,这就是常见的网页对话框效果。可以尝试将< script >代码复制到页面的任一位置,你会发现程序都能运行。但是如果不小心出现了语法错误,例如将 alert 不小心输成 aler,会发现 HBuilderX IDE 以及浏览器都不会有错误提示,这是 JavaScript 这种解释性语言的特性。当然，IDE 的智能提示在很大程度上都会避免类似的错误。

图 4-1 对话框效果

<script>标签应尽量放置在 body 标签底部，</body>结束标签之前。防止阻塞 HTML 解析，在解析 JavaScript 代码之前，将页面的内容完全呈现在浏览器中，用户会因为浏览器显示空白页面的时间缩短而感到打开页面的速度变快了。

4.2.2 使用 js 文件

另外一种使用 JavaScript 程序的方法是把 JavaScript 代码保存在一个.js 文件中，然后在 HTML 文件中引用该.js 文件，同样也是使用<script>标签，方法如下：

```
<script src = ".js 文件相对目录"></script>
```

在<script>标签输入 src 属性后，HBuilderX 会智能提示.js 的路径，只需选中代码便能自动完成，使用非常方便。

【例 4-2】 在 HTML 文件中使用.js 文件的实例。

选中 App 项目的 js 目录，单击鼠标右键，打开"新建"菜单，选择"JS 文件"命令，弹出对话框如图 4-2 所示，其中，在"选择模板"选项中选择"default"，输入文件名 test.js，单击"创建"按钮。

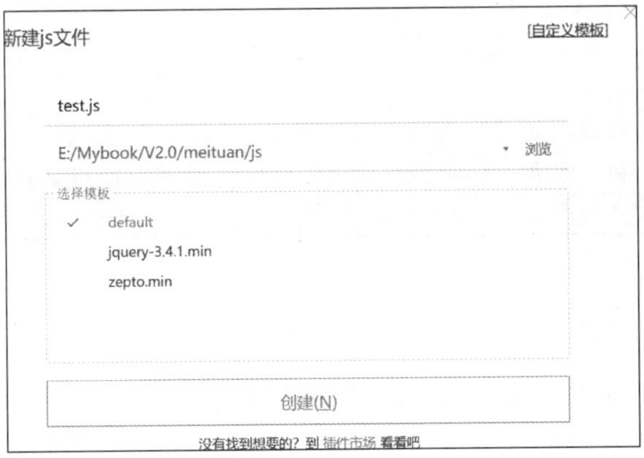

图 4-2 创建 js 文件

在 test.js 文件中输入例 4-1 中的代码：alert("hello")，再修改页面如下，运行后的效果和例 4-1 是一致的。

```
<body>
    <script src = "js/test.js"></script>
</body>
```

在.js 文件中是不需要使用<script>标签的；<script>标签在用于引入.js 文件后，其内部不得再用于嵌入 JavaScript 代码。

下面的这种代码是错误的,运行后,会发现 alert("world")压根不执行。

```
< script src = "js/test.js">
    alert("world");
</script>
```

4.3 JavaScript 的基础语法

本节主要介绍 JavaScript 的基础语法,包括数据类型、变量定义、数据类型的转换、常用语句等。

4.3.1 数据类型

与其他编程语言相比,JavaScript 的数据类型比较简单,ECMAScript 中定义了 6 种原始数据类型(primitive type),分别是 undefined、null、boolean、number、string 和 object,如表 4-1 所示。

表 4-1 JavaScript 的 6 种原始数据类型

数据类型	描 述
undefined	声明的变量未初始化时,该变量的初始值是 undefined
null	用于尚未存在的对象,值 undefined 实际是从值 null 派生的,ECMAScript 把它们定义为相等,即 null==undefined
boolean	布尔类型,值只有 true 或 false
number	数值类型,整数或浮点数
string	字符串类型,和其他语言不同,既可以使用单引号,也可以使用双引号
object	对象类型

4.3.2 变量定义

与其他编程语言不同的是,JavaScript 没有过多复杂的变量声明语句,所有的变量都只需要使用一个关键字 var 声明(C♯在.NET 3.5 以后也借鉴了这个关键字),声明时可以赋值,也可以不声明而直接使用变量,这也是合法的,例如:

```
var x = 1;      //或修改成 x = 1;
alert(x);
```

为了避免 JavaScript 代码中出现变量或函数未定义就直接使用的这种错误,可以对 JavaScript 代码使用"严格模式"(Strict Mode),这种模式需要在前面增加以下代码:

```
"use strict";
```

JavaScript 变量定义必须遵守 2 条规则:

- 第一个字母必须是字母、下画线(_)或美元符号($)；
- 其他字符可以是下画线、美元符号或任何字母或数字字符。

为了养成良好的编码习惯，在使用变量前必须声明，并且使用一定的编码规则，例如 Pascal 标记法等，变量名是区分大小写的；一个 var 只定义一个变量；每行只放一条 JavaScript 语句。

JavaScript 的变量还有一点与其他编程方式不同，它的变量是弱类型的，这意味着它可以随时根据所存储的值，自动修改变量的数据类型。

【例 4-3】 JavaScript 变量自动切换数据类型示例，使用了 typeof 运算符，代码如下：

```
<body>
    <script>
    var x;
    alert(typeof(x));          //输出"undefined"
    x = true;
    alert(typeof(x));          //输出"boolean"
    x = "hello";
    x = 'hello';
    alert(typeof(x));          //输出"string"
    x = 12;
    x = 12.5;
    alert(typeof(x));          //输出"number"
    x = null;
    alert(typeof(x));          //输出"object"
    </script>
</body>
```

typeof 是一元运算符，它返回的结果始终是一个字符串，对于不同的操作数，它返回不同的结果。表 4-2 列出了它的不同返回结果。

表 4-2　typeof 的不同返回结果

变量的值	typeof 的返回结果
数字类型	"number"
字符串类型	"string"
布尔类型	"boolean"
对象、数组、null	"object"
函数名字	"function"
未定义的变量或未赋值的变量	"undefined"

4.3.3　数据类型的转换

在编程过程中，经常涉及一些数据类型的转换，例如数字转字符串、字符串转数值等，JavaScript 提供了一套转换机制，包括使用强制类型转换、转换函数、隐式类型转换。表 4-3 总结了 JavaScript 的每一种转换，并且针对每一种特定类型的值，给出了所执行的转换结果。

表 4-3 JavaScript 类型转换表

值	字 符 串	数 字	布尔值	对 象
未定义的值	"undefined"	NaN	false	Error
null	"null"	0	false	Error
非空字符串	不变	字符串中的数字值或 NaN	true	String 对象
空字符串	不变	0	false	String 对象
0	"0"	不变	false	Number 对象
NaN	"NaN"	不变	false	Number 对象
无穷大	"Infinity"	不变	true	Number 对象
负无穷大	"-Infinity"	不变	true	Number 对象
其他数字	数字的字符串值	不变	true	Number 对象
true	"true"	1	不变	Boolean 对象
false	"false"	0	不变	Boolean 对象

对于表 4-3 中的几个关键词解释如下:

(1) NaN: JavaScript 的一个特殊值,用于表示变量或结果不是数字,在 JavaScript 中可以用 isNaN()全局函数来判断一个值是否是 NaN 值,例如:

```
var Month = 30;
if(Month < 1 || Month > 12)
{
    Month = NaN;
}
alert(Month);              //输出"NaN"
var x = "hello";
alert(isNaN(x));           //输出"true"
```

JavaScript 的语法与 C、Java、C♯很类似,代码块要采用{ }包含起来;另外结尾";"可以省略,但一般公司的编码规范都强制要求必须使用";"。

(2) Infinity: JavaScript 中用于存放无穷大的数值,-Infinity 则存放负无穷大,超出 1.7976931348623157E+10308 的数值即为 Infinity,小于−1.7976931348623157E+103088 的数值为无穷小,例如下面的代码:

```
var x = 1.7976931348623157E + 10308;
alert(x);                //输出"Infinity"
var y = − 1.7976931348623157E + 10308;
alert(y);                //输出" − Infinity"
alert(3/0);              //输出"Infinity"
```

1. 强制类型转换

ECMAScript 中可用的有 3 种强制类型转换方法。

(1) Boolean(): 把给定的值转换成 Boolean 类型,例如:

```
alert(Boolean(3));              //输出 true;
alert(Boolean(0));              //输出 false;
alert(Boolean(-1));             //输出 true;
alert(Boolean("true"));         //输出 true;
alert(Boolean("false"));        //输出 true;
alert(Boolean(""));             //输出 false;
alert(Boolean(null));           //输出 false
```

（2）Number()：把给定的值转换成数字（可以是整数或浮点数），例如：

```
alert(Number(false));           //输出 0
alert(Number(true));            //输出 1
alert(Number(undefined));       //输出 NaN
alert(Number(null));            //输出 0
alert(Number("5.5"));           //输出 5.5
alert(Number("56"));            //输出 56
alert(Number("5.6.7"));         //输出 NaN
```

（3）String()：把给定的值转换成字符串，可把任何值转换成字符串，与调用 toString() 方法的唯一不同之处在于，对 null 或 undefined 值强制类型转换可以生成字符串而不引发错误，例如：

```
alert(String(null));         //输出"null"
var x;
alert(String(x));            //输出"undefined"
alert(String(true));         //输出"true"
alert(String(false));        //输出"false"
alert(String(Infinity));     //输出"Infinity"
```

2. 转换函数

（1）toString()：把给定的值转换成字符串，还可以得到数字相应的进制转换数据，例如：

```
var x = true;
var y = x.toString();
alert(typeof(y));               //输出 string
alert(x.toString());            //会引发错误
alert(undefined.toString());    //会引发错误
var z = 8;
alert(z.toString("2"));         //输出 8 的二进制数据字符串"1000"
```

（2）parseInt()：把给定的值转换成整数。

在判断字符串是否是数字值之前，都会仔细分析该字符串：首先查看位置 0 处的字符，判断它是否是有效数字，如果不是，方法将返回 NaN，不再继续执行其他操作。如果该字符是有效数字，该方法将查看下一位置的字符，进行同样的测试。这一过程将持续到发现非有效数字的字符为止，此时 parseInt() 将把该字符之前的字符串转换成数字，例如：

```
var x = "123";
alert(parseInt(x));          //输出 123
var y = "454px";
alert(parseInt(y));          //输出 454
var z = "22.5";
alert(parseInt(z));          //输出 22
var h = "blue";
alert(parseInt(h));          //输出 NaN
```

parseInt 默认实现是十进制,它还可以进行其他进制的转换,例如:

```
var x = "AF";
alert(parseInt(x,16));       //输出 175
var y = "10";
alert(parseInt(y,2));        //输出 2
alert(parseInt(y,8));        //输出 8
alert(parseInt(y,16));       //输出 16
```

(3) parseFloat():把给定的值转换成浮点数。

与 parseInt()方法的处理方式相似,也是从位置 0 开始查看每个字符,直到找到第一个非有效的字符为止,然后把该字符之前的字符串转换成数字。不过,不同的是,对于第一个出现的小数点是有效字符。如果有两个小数点,第二个小数点将被看作是无效的,parseFloat()方法会把这个小数点之前的字符串转换成数字。另一不同之处在于,parseFloat()也没有进制转换模式,字符串必须以十进制形式表示浮点数,而不能用八进制形式或十六进制形式。

```
alert(parseFloat("1234blue"));       //输出 1234.0
alert(parseFloat("0xA"));            //输出 0
alert(parseFloat("22.5"));           //输出 22.5
alert(parseFloat("22.34.5"));        //输出 22.34
alert(parseFloat("0908"));           //输出 908
alert(parseFloat("blue"));           //输出 NaN
```

HBuilderX 在代码的智能提示方面表现得非常棒,并提供了使用示例,如图 4-3 所示。

3. 隐式类型转换

对于隐式类型转换的良好掌握,在实际应用中能够简化很多操作,例如:

```
var x = 8;
alert(x + "hello");
//输出 8hello,将数字先转换为字符串,然后进行字符串连接
var y = true;
alert(x + y);          //输出 9,先将布尔值转成数字,然后进行相加
```

```
var z = "6";
alert(z - y);      //输出 5,字符串和布尔值都转成数字相减
```

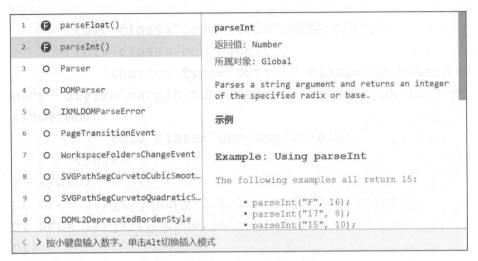

图 4-3　HBuilderX 贴心的智能提示

4.3.4　代码注释

代码注释是程序代码中不执行的文本字符串,主要用于代码说明,或暂时禁用。使用注释,可使程序代码更易于理解和维护。注释通常用于说明代码的功能,描述复杂计算或解释思路,记录程序名、作者名、主要代码更改的日期等。JavaScript 支持 2 种注释字符。

1. 单行注释//

//是单行注释符号,这种注释可与代码同一行,也可以另起一行。从//开始到行尾均表示注释。在 HBuilder 中可以使用鼠标选中要注释的代码行,按 Ctrl＋/快捷键实现代码单行注释,再按一次,可以去除注释。前面的代码示例中已经多次使用了这种注释方式。

2. 多行注释/ ＊ … ＊ /

/ ＊ … ＊ /是多行注释符号,…表示要注释的内容。这种注释同样也可与代码一行,也可以另起一行。对于多行注释,必须使用开始注释符(/ ＊)开始注释,使用结束注释符(＊ /)结束注释。注释行上不应出现其他注释字符。在 HBuilder 中可以使用鼠标选中要注释的代码行,按 Ctrl＋Shift＋/快捷键实现代码多行注释,再按一次,可以去除注释。下面是个多行注释的示例,一般各公司都有自己的编码规范,对代码的注释也会作详细的规定。

```
/ ＊ Description:下面的这些代码会输出一个标题和一个段落
 ＊ Author:黄波
 ＊ Date:2016－08－25
 ＊ /
var x = 8;
…
```

4.3.5 运算符

运算符可以指定变量和值的运算操作,是构成表达式的重要元素。JavaScript 支持一元运算符、算术运算符、位运算符、赋值运算符、关系运算符、逻辑运算符、条件运算符等基本运算符。本节分别对这些运算符作简单介绍。

1. 一元运算符

• delete:删除自定义的对象属性及方法的引用,例如:

```
var o = new Object();
o. name = "huangbo";
alert(o.name);              //输出 "huangbo"
delete o.name;
alert(o.name);              //输出 undefined
```

• void:对任何值都返回 undefined,通常用于避免输出不应该输出的值,例如在页面设计中,经常需要一个空链接时,就可以利用 void,例如:

```
< a href = "javascript:void(0);"> hello </a>
```

• ++:增量运算符,分前增量和后增量(以放在操作变量前或后来划分),前者表示在使用变量时,变量先加 1,后者表示变量使用完后,变量再加 1,例如:

```
var x = 5;
alert(x++);                 //输出 5,x 变为 6
alert(++x);                 //输出 7
```

• ——:减量运算符,分前减量和后减量(以放在操作变量前或后来划分),前者表示在使用变量时,变量先减 1,后者表示变量使用完后,变量再减 1,例如:

```
var x = 5;
alert(x -- );               //输出 5,x 变为 4
alert(++x);                 //输出 5
```

• +:一元加法,可以理解为正号,对数字无任何影响,但对字符串使用会自动转成数字,例如:

```
var x = 5;
alert( + x);                //输出 5
var y = "5";
alert(typeof( + y));        //输出 "number"
```

• —:可以理解为负号,对数字是取负,但对字符串使用会自动转成数字再求负。

2. 算术运算符

算术运算符主要用于实现数学计算,包括加(+)、减(—)、乘(*)、除(/)和求余(%),这里面比较特殊的是除法和求余：当数值除以 0 时，JavaScript 和其他语言不一样，不会报错或抛出异常，相反地，会输出 Infinity；求余表示左操作数除以右操作数后所得的余数，例如：

```
alert(3/0);        //输出"Infinity"
alert(10 % 6);     //输出 4
alert(6 % 9);      //输出 6
```

3. 位运算符

ECMAScript 整数有两种类型，即有符号整数（允许用正数和负数）和无符号整数（只允许用正数）。在 ECMAScript 中，所有整数字面量默认都是有符号整数，这意味着有符号整数使用第 31 位表示整数的数值，用第 32 位表示整数的符号，0 表示正数，1 表示负数。数值范围为 -2147483648~2147483647。可以以两种不同的方式存储二进制形式的有符号整数，一种用于存储正数，另一种用于存储负数。正数是以二进制形式存储的，前 31 位中的每一位都表示 2 的幂，从第 1 位（位 0）开始，表示 2^0，第 2 位（位 1）表示 2^1。没用到的位用 0 填充，即忽略不计。图 4-4 展示的是数字 18 的表示法。

图 4-4　数字 18 的表示法

数字 18 的二进制只用了前 5 位，它们是这个数字的有效位。把数字转换成二进制字符串，就能看到有效位：

```
var x = 18;
alert(x.toString("2"));     //输出 10010
```

负数也存储为二进制位，不过采用的是二进制补码，一个数字的补码计算可分为三步，还是以 -18 为例：

① 确定该数字的非负版本的二进制表示；

```
0000 0000 0000 0000 0000 0000 0001 0010
```

② 求得二进制反码，即要把 0 替换为 1，把 1 替换为 0；

```
1111 1111 1111 1111 1111 1111 1110 1101
```

③ 在进制反码上加 1。

```
1111 1111 1111 1111 1111 1111 1110 1101
                                       1
--------------------------------------
1111 1111 1111 1111 1111 1111 1110 1110
```

因此,-18 的二进制表示为 1111 1111 1111 1111 1111 1111 1110 1110,在处理有符号的整数时,ECMAScript 规定不能访问第 31 位,把-18 转换成二进制字符串后,并不是以二进制补码形式,而是用数字的绝对值的标准二进制代码前加负号的形式,例如:

```
var x = -18;
alert(x.toString("2"));        //输出 - 10010
```

- ～：按位非运算,实质是对数字求负,再减 1,例如:

```
var x = 25;
alert(～x);                    //输出 - 26
```

- &：按位与运算,原则是位中出现 0,则该位运算为 0(简记为"有 0 则 0"),例如:

```
var x = 25&3;
alert(x);                     //输出 1
```

- |：按位或运算,原则是位中出现 1,则该位运算为 1(简记为"有 1 则 1"),例如:

```
var x = 25|3;
alert(x);                     //输出 27
```

- ^：按位异或运算,当两数对应的二进制位数字不同时,则该位运算为 1,例如:

```
var x = 25^3;
alert(x);                     //输出 26
```

- <<：位左移运算,把数字的二进制所有数位向左移动指定的数量,则该位运算为 1,例如,将数字 2 左移 5 位,图 4-5 展示了左移的运算过程。

```
var x = 2 << 5;
alert(x);                     //输出 64
```

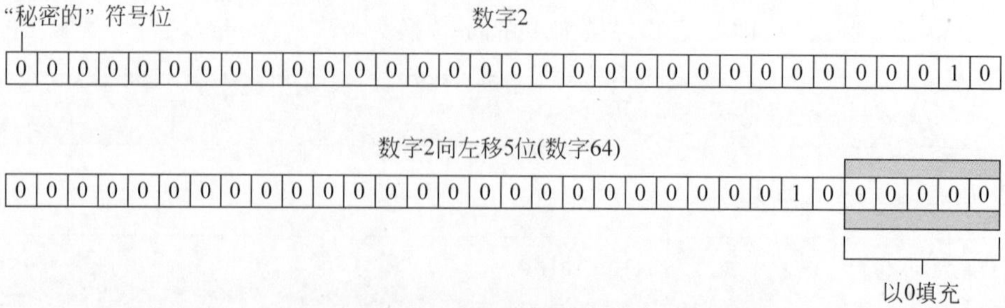

"秘密的" 符号位   数字2

| 0 | 0 | 0 | 0 | 0 | 0 | 0 | 0 | 0 | 0 | 0 | 0 | 0 | 0 | 0 | 0 | 0 | 0 | 0 | 0 | 0 | 0 | 0 | 0 | 0 | 0 | 0 | 0 | 0 | 0 | 1 | 0 |

数字2向左移5位(数字64)

| 0 | 0 | 0 | 0 | 0 | 0 | 0 | 0 | 0 | 0 | 0 | 0 | 0 | 0 | 0 | 0 | 0 | 0 | 0 | 0 | 0 | 0 | 0 | 0 | 0 | 1 | 0 | 0 | 0 | 0 | 0 | 0 |

以0填充

图 4-5　数字 2 左移 5 位

- >>：有符号位右移运算，把数字的二进制所有数位向右移动指定的数量，同时保留该数的符号（正号或负号）。它恰好与左移运算相反，如图4-6所示，例如：

```
var x = 64 >> 5;
alert(x);      //输出 2
```

"秘密的" 符号位　　　　　　　　　　　数字2

数字2向左移5位(数字64)

以0填充

图 4-6　数字 64 右移 5 位

- >>>：无符号右移运算，对于正数，它的结果与使用>>时一样，但对于负数，它是用 0 来填充所有空位，会得到一个非常大的数字，要小心应用，例如：

```
var x = - 64 >>> 5;
alert(x);      //输出 134217726
```

4. 赋值运算符

简单的赋值运算符由等号（＝）实现，只是把等号右边的值赋予等号左边的变量。除此之外，每种主要的算术运算符以及其他几个运算符都可以与＝组成复合赋值运算符：

- ＊＝：乘法/赋值；

```
var x = 10;
x * = 5;       //等效于 x = x * 5
alert(x);      //输出 15
```

- /＝：除法/赋值，x/＝5 表示 x＝x/5；
- ％＝：求余/赋值，x％＝5 表示 x＝x％5；
- ＋＝：加法/赋值，x＋＝5 表示 x＝x＋5；
- －＝：减法/赋值，x－＝5 表示 x＝x－5；
- <<＝：左移/赋值，x <<＝5 表示 x＝x <<5；
- >>＝：有符号右移/赋值，x >>＝5 表示 x＝x >>5；
- >>>＝：无符号右移/赋值，x >>>＝5 表示 x＝x >>>5。

5. 关系运算符

关系运算符是对两个变量或数值进行比较，返回一个布尔值。JavaScript 的关系运算符有以下几种。

- ＝＝：等于运算符，和其他编程语言不同，为确定两个变量是否相等时，两个变量都

会进行类型转换,例如:

```
alert(null == undefined);       //输出 true
alert("NaN" == NaN);            //输出 false
alert(false == 0);             //输出 true
alert(true == 1);              //输出 true
alert(true == 2);              //输出 false
alert("5" == 5);               //输出 true
```

- ===:恒等运算符,和==不同的是,除了比较数值的相等,还要比较数据类型,例如:

```
var x = 6;
var y = "6";
alert(x == y);        //输出 true
alert(x == = y);      //输出 false
```

- !=:不等运算符;
- !==:不恒等运算符,两个运算数在未进行类型转换之前是否不相等,例如:

```
var x = "5";
var y = 5;
alert(x!= y);        //输出 false
alert(x!== y);       //输出 true
```

- >:大于运算符;
- <:小于运算符;
- >=:大于或等于运算符;
- <=:小于或等于运算符。

6. 逻辑运算符

- &&:逻辑与运算符,只要其中一个运算数为 false,则运算结果就为 false,参与逻辑运算的两个数可以是任何类型,不只是 Boolean 值,如果某个数不是 Boolean 值,该运算不一定返回 Boolean 值,例如:

```
var x = true;
var y = [1,2,3];
alert(x&&y);          //x 是 Boolean 值,y 是对象,输出 y 的值
var z = new Object();
alert(y&&z);          //y,z 都是对象,输出 z 的值
alert(x&&null);       //有运算数为 null,输出 null
alert(z&&NaN);        //有运算数为 NaN,输出 NaN
alert(x&&undefined);  //有运算数为 undefined,输出 undefined
```

- ||:逻辑或运算符,只要其中一个运算数为 true,则运算结果就为 true,与 && 类

似,如果某个数不是 Boolean 值,该运算不一定返回 Boolean 值,例如:

```
var x = true;
var y = [1,2,3];
var z = new Object();
alert(y||z);       //y、z 都是对象,输出第一个对象的值
```

- !:逻辑非运算符,运算结果一定是 Boolean 值,运算数不一定是 Boolean 值,例如:

```
var x = true;
alert(!x);              //输出 false
var y = new Object();
alert(!y);              //输出 false
alert(!0);              //输出 true
alert(!1);              //0 以外的数字,输出 false
alert(!null);           //输出 true
alert(!NaN);            //输出 true
alert(!undefined);      //输出 true
```

7. 条件运算符

条件运算符是 JavaScript 中功能最多的运算符,它的语法如下:

```
variable = boolean_expression? true_value:false_value;
```

该表达式主要根据 boolean_expression 的计算结果有条件地为变量赋值,如果 boolean _expression 为 true,则 true_value 赋给变量,如果为 false,则把 false_value 赋给变量,例如:

```
var x = 8;
var y = x > 10?1:3;
alert(y);                 //输出 3
```

4.3.6　常用语句

1. 条件语句

1) if 语句

if 语句是编程语言中最常用的语句之一,它的语法结构是:

```
if(条件)
{
    ⋮
}
```

其中的条件可以是任何表达式,计算的结果甚至不必是真正的 Boolean 值,JavaScript 会把它转换成 Boolean 值,这点和其他编程语言是完全不同的,在学习时要特别注意这点。例

如,下面这两段代码执行效果是一样的,但如果 x=0,则不会提示:

```
var x = 8;                    var x = 8;
if(x > 3)                      if(x)
{                              {
    alert("x 大于 3");            alert("x 大于 3");
}                              }
```

在 HTML5 实际开发过程中,if 语句还会经常用来检测对象是否具有某个属性或某个方法是否存在,例如:

```
if(window.addEventListener){...}
//检测 window 对象是否有 addEventListener 方法
```

即使 if 后面只有一条语句,也应该使用{}代码块,这是一种良好的习惯,有些公司的编码规范里特别注明了这条。

2) if…else 语句

if…else 语句的语法结构是:

```
if(条件 1){
    ...}
else{
    ⋮
}
```

它主要用来实现两个分支,表示满足条件执行一段代码,不满足就执行另一段,例如:

```
var time = 17;
if(time < 20)
{
    alert("Good Day");
}
else
{
    alert("Good Evening");
}
```

3) if…else if…else 语句

else if 语句是 else 语句和 if 语句的组合,用来实现多分支,可以包含多个 else if 语句,例如下面这个例子:

```
var x = 4;
if(x == 1) {
    alert("星期一");
```

```
} else if(x == 2) {
    alert("星期二");
} else if(x == 3) {
    alert("星期三");
} else if(x == 4) {
    alert("星期四");
} else if(x == 5) {
     alert("星期五");
} else if(x == 6) {
    alert("星期六");
} else if(x == 7) {
    alert("星期日");
}
```

在 HBuilderX 中，选中代码后，单击鼠标右键，选择重排代码格式，或者直接按组合键 CTRL＋K，可以对代码迅速进行排版。

4）switch 语句

当有很多分支时，尽量还是使用 switch，代码会更简捷，它的语法结构如下：

```
switch(表达式)
{
    case 值 1:代码段 1
        break;
    case 值 2: 代码段 2
        break;
    case 值 3: 代码段 3
        break;
    ⋮
    default:代码段
}
```

以 3）中的代码为例，使用 switch 后，代码变成：

```
var x = 9;
switch(x) {
    case 1:
        alert("星期一");
        break;
    case 2:
        alert("星期二");
        break;
    case 3:
        alert("星期三");
        break;
    case 4:
        alert("星期四");
```

```
        break;
    case 5:
        alert("星期五");
        break;
    case 6:
        alert("星期六");
        break;
    case 7:
        alert("星期日");
        break;
    default:
        alert("x 的值不对");
        break;
    }
```

2. 循环语句

循环语句主要用于声明一组要反复执行的代码,直到满足了某些条件为止。JavaScript 提供了以下语句。

1) while 语句

while 是先测试循环,满足条件才开始执行,退出条件是在执行循环内部代码之前计算的,while 语句的语法结构如下:

```
while(条件){
    …
}
```

【例 4-4】 使用 while 语句来计算 $1+2+3+4+5+6+7+8+9+10$ 的结果,代码如下:

```
< body >
    < script >
        var i = 1;
        var sum = 0;
        while(i < 11) {
            sum += i;
            i++;
        }
        alert(sum);
    </script >
</body >
```

2) do…while 语句

do…while 是后测试循环,退出条件是在执行过循环内部的代码之后计算的。这意味着在测试循环条件之前,至少会执行一次循环,do…while 的语法结构如下:

```
do
{
    ⋮
}while(条件);
```

【例 4-5】　将例 4-4 改写成 do…while 语句,代码如下:

```
<body>
    <script>
        var i = 1;
        var sum = 0;
        do
        {
            sum += i;
            i++;
        }while(i < 11);
        alert(sum);
    </script>
</body>
```

3) for 语句

for 循环是循环语句中使用频率最高的一个,它的语法结构如下:

```
for(表达式 1;表达式 2;表达式 3)
{
    ⋮
}
```

代码在开始循环时计算表达式 1 的值,通常对循环计数器变量进行初始化设置;每次循环开始之前,计算表达式 2 的值,如满足,则继续循环,否则退出循环。每次循环结束之后,对表达式 3 进行求值,通常是用来改变循环计数器变量的值,使表达式 2 条件不满足,从而退出循环。

【例 4-6】　将例 4-4 改写成 for 语句,代码如下:

```
<body>
    <script>
        var sum = 0;
        for(var i = 1; i < 11; i++) {
            sum += i;
        }
        alert(sum);
    </script>
</body>
```

4）for…in 语句

这是 JavaScript 提供的一种特殊的循环语句,用来迭代对象的属性或数组的每个元素, for…in 循环中的循环计数器是字符串,而不是数字。它包含当前属性的名称或当前数组元素的索引,例如:

```
for(var prop in window)
{
    alert(prop);      //遍历 window 对象的所有属性和方法
}
```

5）continue 语句

用于循环中需要跳过某次循环,继续下一次循环的情况。

【例 4-7】 计算 1+2+3+5+6+7+8+9+10,代码如下:

```
< body >
    < script >
        var i = 0;
        var sum = 0;
        while(i < 10) {
            i++;
            if(i == 4) {
                continue;
            }
            sum += i;
        }
        alert(sum);
    </script >
</body >
```

6）break 语句

break 语句和它的英文含义一样,是用来直接退出循环的,阻止再次反复执行任何代码。

【例 4-8】 使用 break 语句修改例 4-4 的代码,代码如下:

```
< body >
    < script >
        var i = 1;
        var sum = 0;
        while(true) {
            sum += i;
            i++;
            if(i > 10) {
                break;
            }
        }
        alert(sum);
    </script >
</body >
```

4.4 函数

函数由若干语句组成,用于实现特定的功能,一旦定义了函数,就可以在程序中需要实现该功能的位置调用该函数,给程序的复用带来了很多方便。

4.4.1 函数定义及调用

函数是由关键字 function、函数名加一组参数以及置于花括号中的需要执行的代码段声明。函数的基本语法如下:

```
function functionName(arg0,arg1,…,argN) {
    //代码段
}
```

【例 4-9】 函数定义调用及示例,代码如下:

```
< body >
    < script >
        function sayHi(name,message)
        {
            alert("hello " + name + "," + message);
        }
        sayHi("huangbo","how are you?");
    </script >
</body >
```

这段代码会弹出一个简单的对话框,从这个例子可以看出,函数的参数前面不需要加任何关键字(这和 C 语言中的函数以及 Java、C♯ 的方法是完全不一样的)。

与其他语言不同,JavaScript 不会验证传递给函数的值是否与参数个数相等,函数可以接受任意个数的参数值,而不会报任何错误。任何遗漏的参数都会以 undefined 传递给参数,多余的参数将自动忽略。

【例 4-10】 JavaScript 的函数参数个数具有可变性,代码如下:

```
< body >
    < script >
        function sayHi(name, message) {
            alert("hello " + name + "," + message);
        }
        sayHi("huangbo", "how are you?");        //参数刚好匹配
        sayHi("huangbo");                         //少一个参数值
        sayHi();                                  //没传值
        sayHi("huangbo","how are you?",true);     //多传了一个参数值
    </script >
</body >
```

4.4.2 变量的作用域

作用域定义了变量的可见性或可访问性。一个变量能不能被访问或引用,是由它的作用域决定的。

在函数中也可以定义变量,这种变量称为**局部变量**。局部变量只在定义它的函数内部有效,在函数之外,即使使用同名的变量,也会被看作另一变量。相应地,在函数之外定义的局部变量是全局变量,它在当前整个页面中都是有效的。如果局部变量和全局变量同名,则在定义局部变量的函数中,只有局部变量是有效的。

作用域最大的用处就是隔离变量,不同作用域下同名变量不会有冲突。作用域是分层的,内层作用域可以访问外层作用域的变量,反之则不行。当一个变量在当前作用域无法找到时,便会尝试寻找其外层的作用域,如果还找不到,再继续往外寻找……这就是作用域链。

【例 4-11】 以下是局部变量和全局变量作用域的例子,代码如下:

```
<body>
  <script>
    var a = 6;
    function test() {
      var a = 8;
      alert("函数内输出 a:" + a);      //输出局部变量 8
    }
    test();
    alert("函数外输出 a:" + a);         //输出全局变量 6
  </script>
</body>
```

4.4.3 函数重载

JavaScript 中的函数不能重载,可以使用相同的函数名在同一个作用域中定义两个函数,而不会引发错误,但真正使用的是最后一个函数,例如:

```
function doAdd(x) {
    alert(x + 10);
}
function doAdd(x) {
    alert(x + 100);
}
doAdd(50);
```

在函数代码中,JavaScript 提供了一个特殊对象 arguments,开发者无须明确指出参数名,就能访问它们,可以使用 arguments[0]访问第一个参数的值(第 1 个参数使用序号 0,第 2 个使用序号 1,依此类推),还可使用 arguments. length 来检测传递给函数的参数个数,利用 arguments 对象,可以模拟出函数重载,例如:

【例 4-12】 arguments 对象模拟函数重载,代码如下:

```
<body>
    <script>
        function doAdd() {
            if(arguments.length == 1) {
                alert(arguments[0] + 10);
            } else if(arguments.length == 2) {
                alert(arguments[0] + arguments[1]);
            }
        }
        doAdd(10);        //输出 20
        doAdd(20, 30);    //输出 50
    </script>
</body>
```

4.4.4 函数的返回值

可以为函数指定一个返回值,返回值可以是任何数据类型,使用 return 语句可以返回函数值并退出函数,例如:

```
function sum(x,y){
   return a + b;
}
var z = sum(2,3);
alert(z);            //输出 5
```

与其他语言不同,JavaScript 不要求代码所有执行路径都必须有返回值。如果函数没有明确的返回值,或调用了没有值的 return 语句,那函数的返回值就是 undefined。

【例 4-13】 函数返回值示例,代码如下:

```
<body>
    <script>
        function doAdd(a, b) {
            if(arguments.length < 2) {
                return;
            }
            if(a && b && typeof(a) == "number" && typeof(b) == "number")
            {
                return a + b;
            }
        }
        var x = doAdd();
```

```
        alert(x);      //输出"undefined"
        var y = doAdd(2, 3);
        alert(y);      //输出"5"
        var z = doAdd(2, "hello");
        alert(z);      //输出"undefined"
    </script>
</body>
```

这段代码中,求 z 的值时,doAdd 函数中两个 if 语句条件都不符合,所以实际执行中并没有遇到 return 语句返回值,所以 doAdd 的最终返回值为 undefined。

4.4.5　匿名函数

JavaScript 函数定义有两种方式。一种是声明式,声明式会导致函数提升,function 会被 JavaScript 解释器优先编译。用声明式书写函数,可以在任何区域声明,不影响调用,如下面的代码:

```
functionName1();   //可以调用
function functionName1(arg0, arg1, arg2) {
    //函数体
}
```

另外一种是使用函数表达式。先创建一个匿名函数,然后将这个匿名函数赋给一个变量。匿名函数,顾名思义就是没有实际名字的函数,也称为拉姆达(Lambda)函数。在代码执行到那一行的时候才会有定义,不会出现函数提升,调用也必须放在定义后,代码如下:

```
functionName2();      //不可以调用,会报错
var functionName2 = function(arg0, arg1, arg2) {
    //函数体
};
functionName2();       //在定义后才能调用
```

对函数表达式加上(),是可以直接调用的,但是如果是对声明式的后面加上()则会报错,而对于声明式函数,如果整个函数加上()括号后,则会被编译器认为是函数表达式,从而可以用()来直接调用。

```
var functionName2 = function(arg0, arg1, arg2) { … }();    //直接运行
function functionName1(arg0, arg1, arg2) {}();            //报错
(function functionName1() { … })();                      //直接运行
```

自执行匿名函数,即定义和调用合为一体,创建了一个匿名的函数,并立即执行它,由于外部无法引用它内部的变量,因此在执行后很快就会被释放,这样就创建了一个特殊的函数作用域,该作用域中的代码不会和已有的同名函数、方法和变量以及第三方库冲突,也不会常驻内存。例如下面这段代码,定义完一个匿名函数后立刻执行它。

```
(function(a, b) {
    alert(a + b);
})(2, 3);
```

4.4.6 闭包

在 JavaScript 语言中，一般来说，在函数执行完毕之后，局部变量对象即被销毁，只有函数内部的子函数才能读取局部变量，例如下面的代码：

```
function outerFunction() {
    var mystring = "hello html5";
    function innerFunction() {
        alert(mystring);
    }
    return innerFunction;
}
var res = outerFunction();
res();                    //输出 hello html5
```

如果不销毁子函数，整条作用域链上的变量仍然保存在内存中，因此可以把闭包简单理解成"定义在一个函数内部的函数"。在本质上，闭包就是将函数内部和函数外部连接起来的一座桥梁。当我们需要在模块中定义一些变量，并希望这些变量一直保存在内存中但又不想"污染"全局的变量时，就可以用闭包来定义这个模块，例如下面这段代码，结合自执行匿名函数，就保存了一个特殊的变量_userName，它只能使用 getUser 方法进行访问。

```
(function(){
    var _userName = "huangbo";
    var getUserName = function(){
     return "Mr." + _userName;
    }
    window.getUser = getUserName;
})()
alert(getUser());          //输出 Mr.huangbo
```

由于闭包会比其他函数占用更多的内存，过度使用闭包可能会导致内存占用过多，所以在必要时再考虑使用闭包。

4.5 调试与错误处理

4.5.1 在控制台输出

熟练使用 console.log，可以在 JavaScript 调试中省去不少麻烦，这个命令不像 alert 语句,必须由用户手动选择,它主要用于向控制台输出信息,而不会对界面或用户的操作产生任何影响,只需要在产品正式发布时注释掉即可。在 HBuilderX 开发 App,连接真机调试时,这条语句也会自动向 HBuilderX 的控制台输出相应信息。

【例 4-14】 以例 4-4 为例说明 console.log 的使用,代码修改如下:

```
< body >
    < script >
        var i = 1;
        var sum = 0;
        while(i < 11) {
            sum += i;
            console.log("i = " + i + ",sum = " + sum);    //输出到控制台
            i++;
        }
        alert(sum);
    </script >
</body >
```

启动 Chrome 后,弹出的结果和例 4-4 相同,控制台信息在哪里可以查看呢? 在 Chrome 中,按 F12 键,会自动调出 Chrome 的"开发者工具",在选项卡上切换到 Console,就可以看到在控制台中控制输出的信息,也可以看到这个输出的语句行号,这在一定程度上为调试程序带来方便,如图 4-7 所示。

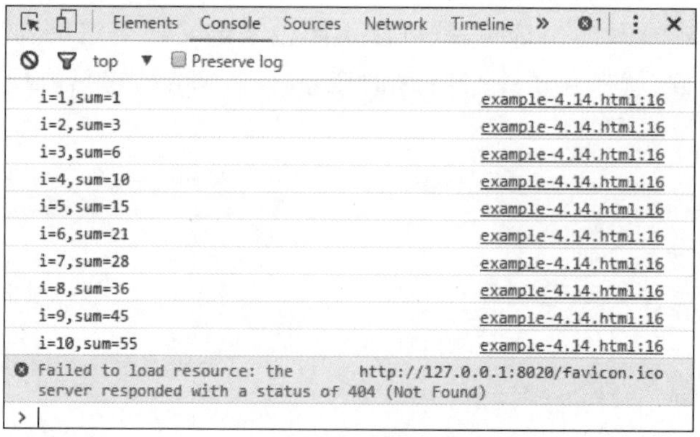

| ▣ | Elements | Console | Sources | Network | Timeline | » | ❶1 | ⋮ | ✕ |

```
⊘  ▽  top  ▼  □ Preserve log
i=1,sum=1                                         example-4.14.html:16
i=2,sum=3                                         example-4.14.html:16
i=3,sum=6                                         example-4.14.html:16
i=4,sum=10                                        example-4.14.html:16
i=5,sum=15                                        example-4.14.html:16
i=6,sum=21                                        example-4.14.html:16
i=7,sum=28                                        example-4.14.html:16
i=8,sum=36                                        example-4.14.html:16
i=9,sum=45                                        example-4.14.html:16
i=10,sum=55                                       example-4.14.html:16
⊗ Failed to load resource: the       http://127.0.0.1:8020/favicon.ico
  server responded with a status of 404 (Not Found)
>
```

图 4-7　Chrome 控制台显示

如果 JavaScript 在解释执行中发生错误,Chrome 控制台会以醒目的红色显示,控制台右上角也会以红色显示页面有几处错误。如例 4-14 所示,由于项目中没有自带 favicon.ico(浏览器收藏时显示的图标),控制台显示加载有问题(这个错误可忽略,因为只有 Web 项目一般才需要)。

如果把输出语句改成:

```
console.log("Hello");
```

Chrome 控制台会变成如图 4-8 所示的效果，这里 Hello 前面的 10 表示输出次数。

图 4-8　重复输出同一条语句

如果要清除控制台显示信息，可以在控制台中单击鼠标右键，选择 Clear console 选项。

4.5.2　断点调试

断点调试是指在 JavaScript 程序的某一行设置一个断点，调试时，程序运行到这一行就会自动停住，然后可以一步一步往下调试，调试过程中可以看程序是如何运行的，以及各个变量当前的值，如果出错，调试到出错的代码行即显示错误，程序自动停下。

1. 断点设置

现在以例 4-4 来说明在 Chrome 中如何实现调试：

(1) 启动 Chrome，按 F12 键，打开"开发者工具"；

(2) 单击选项卡上的"Sources"，打开 Sources 面板，展开路径，找到页面文件后单击；

(3) 单击第 12 行左边的灰色区域，加上一个断点（再点一次会自动去除断点），如图 4-9 所示。

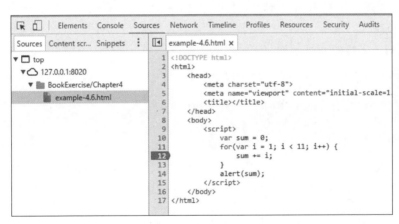

图 4-9　添加断点

(4) 按 F5 键刷新一次页面（因为在前面该页面已经加载完成），会发现程序自动停在断点这一行，这一行背景会自动变化，把鼠标悬停在 sum 变量上，会自动显示出 sum 变量当前的值，如图 4-10 所示。

(5) 按 F10 或 F11 键，控制程序一步步执行，随时观察 sum 变量的变化。

2. 监视窗口的使用

在调试过程中，如果只能采用鼠标悬停对变量值进行观察会非常不方便，特别是遇到变量是个对象时，使用监视窗口会更方便，下面介绍它的使用。

(1) 代码停在断点处后，用鼠标选中要观察的变量 sum，单击鼠标右键，选择"Add to watch"命令，如图 4-11 所示。

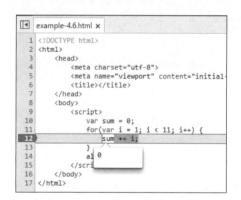

图 4-10　断点中断

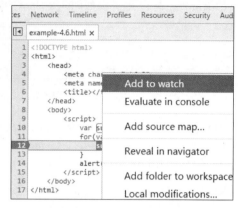

图 4-11　添加到监视窗口

（2）对变量 i 作同样操作。

（3）控制代码一次次执行，在工具的右侧监视窗口中，如图 4-12 所示，可以看到每次循环时 i 和 sum 的值的变化，在监视窗口中也可以看到断点所在行的位置。

3. 函数的调试

在前面的调试过程中，既可以使用 F10 键，也可以使用 F11 键，这两个按键有何区别呢？以例 4-15 函数的调试作为说明。

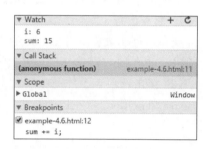

图 4-12　监视窗口

【例 4-15】　函数的调试示例，代码如下：

```html
<body>
    <script src="../js/example-4.15.js"></script>
    <script>
        var y = doSum(10);
        alert(y);
    </script>
</body>
```

其中，example-4.15.js 的文件内容如下，定义了一个函数 doSum：

```javascript
function doSum(x) {
    var sum = 0;
    for(var i = 1; i < x + 1; i++) {
        sum += i;
    }
    return sum;
}
```

按前文所讲，在 var y＝doSum(10)行添加断点：

（1）当程序停在断点行处时，按 F10 键，会发现直接执行 doSum 这个函数，并且把计算结果赋给 y。

（2）如果按 F11 键，会发现程序直接进入 doSum 函数内部，并将 10 赋值给参数 x，如图 4-13 所示。

（3）在调试函数的过程中，可以随时按 Shift＋F11 键，退出当前函数，并返回断点处的下一行语句。

（4）如果想针对特定条件进行调试，例如在上例的循环中，只想跟踪 i 为 5 时的代码情况，如图 4-14 所示，可以在左侧的断点处单击右键，选择"Edit breakpoint"，再设置触发断点的条件"i＝＝5"后回车，断点变为黄色，并且前面加上"?"号。

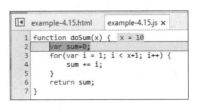

图 4-13　监视窗口

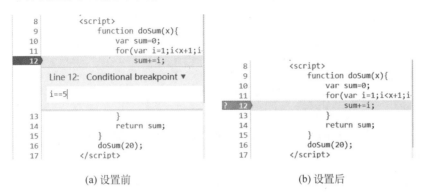

(a) 设置前　　　　　　　(b) 设置后

图 4-14　设置断点触发条件

如果需要在 .js 文件中添加断点，需要在 Sources 面板下找到相应的 .js 文件并打开。

4.5.3　错误处理 try/catch

错误处理在程序设计中的重要性是毋庸置疑的，无论我们多么精通编程，错误在所难免，任何优秀的 Web 应用程序都需要一套完善的错误处理机制。通常当 JavaScript 发生错误时会立刻停止运行，打印至控制台。ECMAScript 提供了 try/catch 语法可以实现捕获错误，而继续运行代码，而不是直接停止。

任何可能出错的代码都应该放到 try 块中，而处理错误的代码则放在 catch 块中，如下所示，调用了一个 window 对象上根本不存在的方法 justTest，代码会自动跳转到 catch 块，此时接收到一个错误对象，该对象包含了发生错误的相关信息，可以打印对象的 message 属性显示具体的错误信息。

```
try{
    window.justTest();
}catch(err){
console.log(err.message);    //输出 window.justTest is not a function
}
```

即使在 catch 块中不使用错误对象，也必须为它定义输入参数。

使用 try/catch 最适合处理那些我们无法控制的错误,例如在使用一个 JavaScript 库中的函数,该函数可能会有意无意地抛出一些错误。由于不方便修改这个库的源代码,所以大可将对该函数的调用放在 try/catch 语句当中。万一有什么错误发生,也好恰当地处理它们。另外还可以使用 finally 块,这样不管是否有错误,最后都能保证执行 finally 块代码,例如:

```
try{
    window.justTest();
}catch(err){
console.log(err.message);
}finally{
console.log("other work");
}
```

4.6　JavaScript 内置对象

所有编程语言都具有内部(或内置的)对象。内部对象是编写自定义代码所用语言的基础,JavaScript 替代了丰富的内部对象。本节会介绍一些 App 开发中最常用的对象、它们的功能以及如何使用这些功能。

4.6.1　Math 对象

Math 对象主要用来处理一些常用的数学运算。Math 对象的常用方法如表 4-4 所示。

表 4-4　Math 对象的常用方法

方　　法	具 体 描 述
abs	返回数值的绝对值
acos	返回数值的反余弦值
asin	返回数值的反正弦值
atan	返回数值的反正切值
atan2	返回由 X 轴到(y,x)点的角度(以弧度为单位)
ceil	返回大于等于其数字参数的最小整数
cos	返回数值的余弦值
exp	返回 e(自然对数的底)的幂
floor	返回大于等于其数字参数的最大整数
log	返回数字的自然对数
max	返回给出的两数值中的最大值
min	返回给出的两数值中的最小值
pow	返回 x 的 y 次幂的值
random	返回介于 0~1 之间的伪随机数
round	把数值四舍五入为最接近的整数
sin	返回数字的正弦值
sqrt	返回数字的平方根
tan	返回数字的正切值

【例 4-16】 Math 对象的使用示例,代码如下:

```
<body>
  <script>
    console.log("求绝对值: " + Math.abs(-10));     //输出求绝对值: 10
    console.log("向上取整: " + Math.ceil(1.2));     //输出向上取整: 2
    console.log("四舍五入: " + Math.round(5.6));    //输出四舍五入: 6
    console.log("四舍五入: " + Math.round(5.4));    //输出四舍五入: 5
    console.log("取最大值:" + Math.max(1,8));       //输出取最大值:8
    console.log("取最小值:" + Math.min(1,8));       //输出取最小值:1
    console.log("生成随机数: " + Math.random());    //输出生成随机数: 0~1 的一个随机数
  </script>
</body>
```

4.6.2 Date 对象

可以使用下面几种方法来创建 Date 对象,Date 对象的常用方法如表 4-5 所示。

```
var myDate = new Date();
var myDate2 = new Date("2016-09-01");
var myDate3 = new Date(2016,9,1);
```

表 4-5 Date 对象的常用方法

方　　法	具 体 描 述
getDate	从 Date 对象返回一个月中的某一天(1~31)
getDay	从 Date 对象返回一周中的某一天(0~6)
getMonth	从 Date 对象返回月份(0~11)
getFullYear	从 Date 对象以 4 位数字返回年份
getHours	返回 Date 对象的小时(0~23)
getMinutes	返回 Date 对象的分钟(0~59)
getSeconds	返回 Date 对象的秒数(0~59)
getMilliseconds	返回 Date 对象的毫秒(0~999)
getTime	返回 1970 年 1 月 1 日至今的毫秒数
setDate	设置 Date 对象中月的某一天(1~31)
setMonth	设置 Date 对象中月份(0~11)
setFullYear	设置 Date 对象中的年份(四位数字)
setHours	设置 Date 对象中的小时(0~23)
setMinutes	设置 Date 对象中的分钟(0~59)
setSeconds	设置 Date 对象中的秒钟(0~59)
setMilliseconds	设置 Date 对象中的毫秒(0~999)
setTime	以毫秒设置 Date 对象
toString	把 Date 对象转换为字符串
toTimeString	把 Date 对象的时间部分转换为字符串
toDateString	把 Date 对象的日期部分转换为字符串

【例 4-17】 Date 对象的使用示例,代码如下:

```html
<body>
  <script>
    var myDate = new Date("2013 - 09 - 01 12:30:15");
    myDate.setFullYear(2016);
    myDate.setMonth(8);
    myDate.setDate(15);
    myDate.setHours(0);
    myDate.setMinutes(0);
    myDate.setSeconds(0);
    console.log(myDate.getFullYear() + "年" + (myDate.getMonth() + 1) + " 月"
                + myDate.getDate() + "日 星期" + myDate.getDay()
                + " " + myDate.getHours() + "时" + myDate.getMinutes()
                + "分" + myDate.getSeconds() + "秒是中国的中秋佳节!");
    //输出"2016 年 9 月 15 日 星期 4 0 时 0 分 0 秒是中国的中秋佳节!"
    console.log("2016 年 9 月 15 日距离 1970 年 1 月 1 日的毫秒数:"
                                                    + myDate.getTime());
    console.log("当前距离 1970 年 1 月 1 日的毫秒数:" + Date.now());
  </script>
</body>
```

4.6.3 RegExp 对象

正则表达式是具有特殊语法的字符串,用来表示指定字符或字符串在另一个字符串中出现的情况。这些模式字符串,有的十分简单,有的十分复杂,它们可以实现很多功能,从删除字符串中的空格到验证 Email 格式的有效性等等。

JavaScript 对正则表达式的支持是通过 RegExp 类实现的,它是对字符串执行模式匹配的强大工具。正则表达式用法十分复杂,这里只简单介绍在 JavaScript 中如何使用 RegExp 来验证正则表达式。表 4-6 列出了一些常用的正则表达式字符串。

表 4-6 一些常用的正则表达式字符串

匹配方式	正则表达式字符串
中文	^[\u4E00-u9F05]+ $
Email	\w+([-+.']\w+) * @\w+([-.]\w+) * \.\w+([-.]\w+) *
中国邮政编码	[1-9]d{5}(?! d)
Url	http(s)?://([\w-]+\.)+[\w-]+(/[\w- ./?%&=] *)?
ip 地址	^(25[0-5]|2[0-4][0-9]|1[0-9][0-9]|[0-9]{1,2})(\.(25[0-5]|2[0-4][0-9]|1[0-9][0-9]|[0-9]{1,2})){3} $

RegExp 对象也可以直接定义,以字符"/"开始,接着是正则字符串,然后再以字符"/"结束。这两种方式是等价的,例如下面的代码定义了验证两位整数的正则,它们完全等价:

```
var reg = new RegExp("[1-2]\\d* $");
var reg1 = /[1-2]\d* $/;
```

如果使用字符串时，需要常规的字符转义规则，直接在字符前加"\"。

RegExp 提供了一个 test 方法，它会根据结果返回 true 或 false，代表是否通过验证，下面这个例子演示了如何使用 RegExp 来实现一些验证。

【例 4-18】 正则表达式验证的使用示例，一个是中文验证，另一个是 Email 验证，代码如下：

```
<body>
    <script>
        //只能输入中文验证
        var reg1 = /^[u4E00-u9FA5]+ $/;
        console.log(reg1.test("开发"));          //输出 true
        console.log(reg1.test("HTML5 APP"));     //输出 false
        //email 验证
        var reg2 = /\w+([-+.']\w+)*@\w+([-.]\w+)*\.\w+([-.]\w+)*/;
        var email1 = "abc@163.com";
        var email2 = "abc@";
        var email3 = "abc@163.";
        console.log(reg2.test(email1));          //输出 true
        console.log(reg2.test(email2));          //输出 false
        console.log(reg2.test(email3));          //输出 false
    </script>
</body>
```

4.6.4 Array 对象

数组是内存中一段连续的存储空间，用于保存一组相同数据类型的数据。在 JavaScript 中定义数组可以用以下方法：

```
var myArray = new Array();        //定义个空数组
var myArray1 = new Array(3);      //定义一个包含 3 个元素的数组
var myArray2 = new Array(1,2,3);  //定义一个数组,并赋初值
```

在实际开发中，上面的代码一般都会使用方括号[]进行简化，例如：

```
var myArray = [];               //定义个空数组
var myArray2 = [1,2,3];         //定义一个数组,并赋初值
```

数组的索引是从 0 开始的，可以通过索引访问数组元素，例如，可以通过 myArray[1] 对数组的第 2 项来设置或读取值。

数组对象有一个属性 length，它代表数组的长度。和其他语言不同的是，JavaScript 数

组动态数组的长度是可变的,例如下面代码,它的长度自动变为 26,中间的所有位置的数组元素的值自动全为 undefined,而对于数组的常用方法,则可以参看表 4-7。

```
var myColors = ["red","green","blue"];
alert(myColors.length);          //输出长度3
myColors[25] = "purple";
alert(myColors.length);          //输出长度26
alert(myColors[10]);             //输出"undefined"
```

表 4-7　数组对象的常用方法

方　法	具　体　描　述
concat	连接两个或更多的数组,并返回一个新的结果数组
join	把数组的所有元素连接成一个字符串,元素通过指定的分隔符进行分隔
push	入栈,向数组的末尾添加一个或更多元素
pop	出栈,删除并返回数组的最后一个元素
reverse	颠倒数组中元素的顺序
shift	删除并返回数组的第一个元素
slice	返回子数组,分别指定开始和结束的索引
sort	对数组的元素进行排序
splice	从数组中删除指定个数的元素并返回新数组
unshift	向数组的开头添加一个或更多元素

【例 4-19】　Array 对象的使用示例,代码如下:

```
<body>
    <script>
        function shuffle() {
            var x = Math.random();
            var y = x > 0.5 ? -1 : 1;
            return y;
        }
        var aArray = [1, 2, 3];
        var bArray = [4, 5, 6];
        console.log(aArray.concat(bArray));      //输出"1,2,3,4,5,6"
        console.log(aArray);                     //不变,输出"1,2,3"
        console.log(aArray.join("-"));           //输出"1-2-3";
        aArray.push(4);
        aArray.push(5, 6, 7);
        console.log(aArray);                     //输出"1,2,3,4,5,6,7"
        console.log(aArray.pop());               //输出"7"
        console.log(aArray);                     //输出"1,2,3,4,5,6"
        console.log(aArray.reverse());           //输出"6,5,4,3,2,1"
        console.log(aArray.shift());             //输出"6"
        console.log(aArray);                     //输出"5,4,3,2,1";
        console.log(aArray.slice(1, 3));         //输出"4,3",不包括索引3
        console.log(aArray);                     //aArray没变,输出"5,4,3,2,1";
```

```
        aArray.unshift(7, 6, 9, 8);
        console.log(aArray);                    //输出"7,6,9,8,5,4,3,2,1"
        console.log(aArray.sort(shuffle));      //将 aArray 进行随机打乱
        //从小到大排序,输出"1,2,3,4,5,6,7,8,9"
        console.log(aArray.sort());
    </script>
```

4.6.5　String 对象

String 对象有一个属性 length,它是字符串中的字符个数,要注意的是,即使字符串包含双字节的字符(如中文),每个字符也只算一个长度。

String 对象还提供了很多方法,在 HTML5 App 开发中常用方法如表 4-8 所示。

表 4-8　String 对象的常用方法

方　　法	具　体　描　述
charAt	返回字串对象在指定位置处的字符
charCodeAt	返回字串对象在指定位置处字符的十进制的 ASCII 码
indexOf	要查找的字串在字串对象中的位置
lastIndexOf	要查找的字串在字串对象中的最后位置
match	字符串内检索指定的值,或找到一个或多个正则表达式的匹配
replace	在字符串中用一些字符替换另一些字符,或替换一个与正则表达式匹配的子串
search	检索字符串中指定的子字符串位置,或检索与正则表达式相匹配的子字符串位置
substr	返回一个从指定位置开始的指定长度的子字符串
substring	返回一个从指定的开始位置到结束位置的子字符串
split	以指定的字符分隔字符串
toLowerCase	返回一个将所有英文字符转换成小写字母的字符串
toUpperCase	返回一个将所有英文字符转换成大写字母的字符串

【例 4-20】　String 对象的使用示例,代码如下:

```
    <body>
        <script>
            var myString = "This is a sample";
            console.log(myString.charAt(2));            //输出"i"
            console.log(myString.charCodeAt(2));        //输出"105"
            console.log(myString.indexOf("is"));        //输出"2"
            console.log(myString.lastIndexOf("is"));    //输出"5"
            //输出"sam",其中 10 表示位置,3 表示长度
            console.log(myString.substr(10,3));
            //输出"is a",其中 5 表示开始位置,9 表示结束位置(不包括 9)
            console.log(myString.substring(5,9));
            var a = myString.split(" ");
            console.log(a[a.length-1]);                 //输出"sample"
            var newString = myString.replace("sample","apple");
            console.log(myString);                      //原字符串不变,输出"This is a sample"
            console.log(newString);                     //输出"This is a apple"
```

```
            console.log(myString.toLowerCase());        //输出"this is a sample"
            console.log(myString.toUpperCase());        //输出"THIS IS A SAMPLE"
        </script>
    </body>
```

4.6.6　window 对象

window 对象表示浏览器中的一个窗口,通常在使用它时,可以直接省略 window 对象。限于本书篇幅,只简单介绍在 HTML5 App 中会用到的一些方法。

1. 各种对话框

window 对象中的对话框有 3 种,分别是:window. alert(警告对话框)、window. confirm(确认对话框)、window. prompt(提示用户输入的对话框)。下面这个例子简单说明了几个对话框的应用。

【例 4-21】　window 对象的各对话框使用示例,代码如下:

```
< body >
    < script >
        if(confirm("你确定要购买这个商品?")) {
            var uname = prompt("请输入姓名: ");
            alert(uname + "订购商品 1 件");
        }
    </script >
</body >
```

三种对话框分别在 Chrome 浏览器和 Android App 中的表现形式如图 4-15 所示。

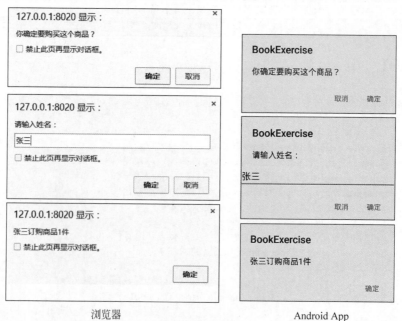

浏览器　　　　　　　　　　　　　　　Android App

图 4-15　对话框运行效果

2. 间隔和延时

window 对象中有个方法 setInterval 可以用来实现间隔,它可以重复调用一个函数或执行一个代码段,在每次调用之间具有固定的定时器,它的语法结构如下:

```
setInterval(函数名或语句,间隔的毫秒数)
```

这个方法执行后会返回一个定时器编号,这个编号在整张页面中是唯一的。定时器一旦打开,要考虑何时终止,否则间隔会一直执行下去,如果想取消定时器,语法如下:

```
clearInterval(时间间隔 ID)
```

【例 4-22】 setInterval 的使用示例,代码如下:

```
<script>
  function sayHello(yourname){
      var current = Date.now();
      if(yourname){ console.log("hi," + yourname); }
    else{ console.log("Your name?"); }
      //10 秒后停止所有的间隔
      if(current − begin > 10 * 1000){
          clearInterval(tid1);
          clearInterval(tid2);
          clearInterval(tid3);
      }
  }
  var myname = "huangbo";
  var begin = Date.now();
  //每隔 500ms 后执行 Js 代码
  var tid1 = setInterval("console.log('hello html5')",500);
  //每隔 500ms 后执行函数(不带参数)
  var tid2 = setInterval(sayHello,500);
  //每隔 500ms 后执行函数(带参数)
  var tid3 = setInterval(function(){ sayHello(myname); },500);
</script>
```

window 对象中的 setTimeout 方法来实现延时,它可以实现设置一个定时器,在时间到期后自动执行指定的代码或一个函数,语法结构如下:

```
setTimeout(函数名或语句,延时的毫秒数)
```

执行这个方法后会返回一个定时器编号,它是一个正整数,这个编号在整张页面中是唯一的。这个值可以传给 clearTimeout() 来,语法结构如下:

```
clearTimeout(定时器编号)
```

setTimeout 方法的使用在语法上与 setInterval 一致,只不过 setTimeout 只能执行一次,而 setInterval 会不断执行,它的示例代码如下:

```
setTimeout("console.log('hello html5')",500);
setTimeout(sayHello,500);
var sid = setTimeout(function(){ sayHello(myname); },500);
clearTimeout(sid);
```

JavaScript 运行在单线程的环境中,浏览器无论在什么时候都有且只有一个线程在运行 JavaScript 程序。如果当前有一个任务需要执行,但 JavaScript 引擎正在执行其他任务,那么这个任务就需要放进一个队列中进行等待。等到线程空闲时,就可以从这个队列中取出最早加入的任务进行执行,如果当前线程空闲,并且队列为空,那每次加入队列的函数或代码将立即执行。

这两者指定的时间,表示的是何时将定时器的代码添加到消息队列,而不是何时执行代码。所以真正何时执行代码的时间是不能保证的,取决于何时被主线程从队列中取到并执行。两者都无法保证在何时执行,因为无法知道主线程何时空闲。由于 JavaScript 单线程的特点,两者都不能准确控制函数的执行时间点,这点还请特别注意。

HTML5 标准规定,setTimeout 的最短计时是 4ms,若小于 4ms 会被调整到 4ms; setInterval 的最短间隔时是 10ms,也就是说,小于 10ms 的时间间隔会被调整到 10ms。

使用 setInterval()有个问题,定时器代码可能在代码再次被添加到队列之前还没有完成执行,结果导致定时器代码连续运行好几次,而之间没有任何停顿。JavaScript 对这个问题的解决是方案是:当使用 setInterval()时,仅当没有该定时器的任何其他代码实例时,才将定时器代码添加到队列中。这确保了定时器代码加入到队列中的最小时间间隔为指定间隔。但这样会导致某些间隔被跳过,另外间隔的时间有可能比预期的小。所以在实际使用过程中,一般使用 setTimeout 来模拟 setInterval,代码如下:

```
function test(){
    …其他代码
    setTimeout(test,1000);
}
setTimeout(test,1000);
```

4.7 JavaScript 面向对象

学习编程的基本功是掌握编程语言,但编程的本质是逻辑,所以编程思维的培养也很重要,面向过程和面向对象是两种重要的编程思想。

面向过程就是分析出解决问题所需要的步骤,然后用函数把这些步骤一步一步实现,再依次调用就可以了;面向对象是把构成问题的事务分解成各个对象,建立对象的目的不是为了完成一个步骤,而是为了描述某个事物在整个解决问题的步骤中的行为。

面向对象编程需要掌握两个重要的概念:类与对象。类是一些具有相同特征(属性)和行为(方法)的集合,是个抽象概念。例如人类,都具有身高、体重等属性,吃饭、大笑等行为。对象是类中具有确定属性值和方法的个体,例如有个人叫张三,他身高180cm,体重180kg,会自我介绍"我叫张三,成都人……",所以对象是具体的个例,也就是张三是人类的一个实例。

4.7.1 Object 对象

在 JavaScript 中,几乎所有的对象都是 Object 类型的实例。它的声明如下(下面这两句是等效的):

```
var myObject1 = new Object();
var myObject2 = {};
```

JavaScript 的对象与其他语言不同,它的属性和方法可以动态附加到对象实例上,属性直接书写,方法使用匿名函数进行附加,例如:

```
var objStu = {};
objStu.name = "huangbo";
objStu.showStuInfo = function() {
    alert(this.name);
}
objStu.showStuInfo();    //输出"huangbo"
```

在 HTML5 App 开发中,我们经常使用 Object 对象打包数据。例如在一个注册功能中,利用 Object 属性可动态附加这个特性,可以将数据打包到 Object 对象中,再一次性发送注册所需数据(序列化成 JSON 字符串),如下面的代码:

```
var regInfo = { };
regInfo.account = 账号值;
regInfo.password = 密码值;
regInfo.email = 邮箱;
```

JavaScript 中用存储单元收集程序,不必专门销毁对象来释放内存。当再没有对该对象的引用时,称该对象被废除了。运行无用存储单元时,所有废除对象都会被销毁。例如每当函数执行完,无用存储单元收集程序都会运行,释放所有的局部变量。

把对象的所有引用都设置为 null,可以强制性废除对象,例如:

```
var myObject = {};
myObject = null;        //销毁 myObject 对象
```

每用完一个对象,就将其废除来释放内存,这是个好习惯。 可以确

保不再使用已经不能访问的对象,从而防止程序出错; 但要注意,一个对象有两个或更多引用时,若要正确废除对象,必须将其所有引用都设置为 null。

4.7.2 自定义类

使用 Object 对象虽然可以动态添加属性和方法,但如果有多个实例存在时,使用并不方便,必须生成多个 Object 对象并依次赋值,对象之间也不能反映出它们是同一个类的实例。

JavaScript 可以创建自己专用的类,但在 ECMAScript 6.0 以前并没有正式的类,没有像其他编程语言(如 C# 或 Java)中的关键字 class,只能使用 function 关键字模拟。这里介绍最流行的混合的构造器/原型方式。

1. 混合的构造器/原型方式

这种方式是比较简单的一种方式,即用构造器定义类的所有属性,而用原型方式定义类的方法。所有的函数只创建一次,而每个对象都具有自己的对象属性实例。我们先来看一个实例。

【**例 4-23**】 使用 function 定义一个 Person 类,示例代码如下:

```
< body >
    < script >
        //Person 类的构造函数
        function Person(name, age) {
            this.name = name;
            this.age = age;
        }
        //为 Person 类添加一个 showInfo 方法
        Person.prototype.showInfo = function() {
            alert("姓名:" + this.name + ",年龄:" + this.age);
        }
        //生成对象并使用其属性和方法
        var operson1 = new Person("张三", 22);
        operson1.name = "李四";
        operson1.showInfo();
        alert(operson1 instanceof Person);    //输出 true
    </script>
</body>
```

上面这个例子中,定义类的构造器时就是采用 function。Person 类所有的属性都在其构造器中定义,而方法是在 function 构造器之外,使用 prototype 原型方式附加上去。JavaScript 还提供了一个 instanceof 运算符,用于验证一个对象是否是某个类的实例。

2. prototype 属性

什么是 prototype 属性呢? 每个类都有一个 prototype 属性,返回对象类型原型的引用。我们可以利用它来为类增加方法或覆盖方法,例如下面的语句:

```
var testString = "hello html5";
testString.print();
```

这段代码一旦在浏览器中运行,由于 String 类中没有定义所谓的 print 方法,浏览器的控制台会输出明显的错误信息,提示 print 方法并不存在。

```
Uncaught TypeError: testString.print is not a function
```

我们可以使用 prototype 属性为 String 类添加一个 print 方法,示例代码如下:

```
<body>
    <script>
        //为 String 类扩展一个 print 方法
        String.prototype.print = function() {
            alert(this);
        };
        var testString = "hello html5";
        testString.print();
        var myString = "javascript";
        myString.print();
    </script>
</body>
```

上例为 String 类扩展了一个 print 方法,由于 testString 和 myString 都是 String 类的实例,所以它们都自动拥有了 test 方法。prototype 属性不光能为自定义类扩展属性和方法,对于 JavaScript 内置的类也同样有效,这是其他编程语言没有的特性。

prototype 属性指向一个对象的引用,这个对象称为原型对象,原型对象包含函数实例共享的方法和属性,也就是说,将函数用作构造器调用(使用 new 操作符调用)的时候,新创建的对象会从原型对象上继承属性和方法。在例 4-23 中,如果将 operson1 输出到控制台,可以看到这个对象的内部有个[[Prototype]]引用会被赋值为构造器的原型对象,而这个原型对象中也有个[[Prototype]]引用。JavaScript 中没有访问这个[[Prototype]]特性的标准方式。在原型对象中,如果需要查找相应的构造器,可以通过 constructor 属性。如图 4-16 所示,各个对象之间以及属性的关系体现如下:

从图 4-16 中可以得到一个结论:若在 Object 对象的原型上扩展一个方法,所有的 JavaScript 对象都应该都能自动继承这个方法。例如下面的代码,就为所有的变量类型自动扩展出了一个 haha()方法:

```
Object.prototype.haha = function(){ … }
var myString = "javascript";
myString.haha();
```

3. this 关键字

JavaScript 中要掌握的重要概念之一就是关键字 this 的用法,它总是指向调用该方法

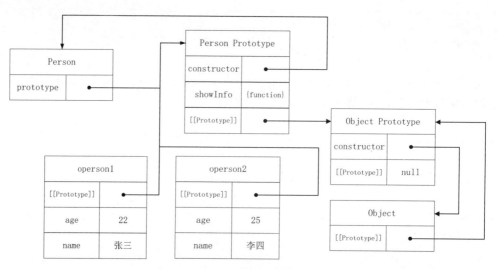

图 4-16　原型对象关系

的对象。如例 4-23 中的 Person 类中使用 function 来定义构造器,但是这个 function 到底是函数还是类构造器呢? 从下面的例子可以看出区别:

```
<body>
    <script>
        function Person(name, age) {
            console.log(this);
            this.name = name;
            this.age = age;
        }
        Person("张三", 22);                    //作为简单函数使用
        console.log(window.name + "," + window.age);
        var oper = new Person("张三", 22);    //作为类的构造器使用
        console.log(oper.name + "," + oper.age);
    </script>
</body>
```

这个例子演示了 function 作为一般函数和作为类的构造器的区别,当有 new 关键字时,function 是作为类的构造器。当作为一般函数使用时,this 指向 window 对象,因为这时相当于使用 window.Person()函数,而作为构造器时,this 指向 Person 对象。所以在类的构造器和方法中,使用类的属性前面一定记得加 this 关键字。

4. call、apply、bind 方法

由于 JavaScript 中 this 的指向受函数运行环境的影响,指向经常改变,使得开发变得困难和模糊,所以在封装 SDK 和写一些复杂函数的时候经常会用到 this 指向绑定,以避免出现不必要的问题。call、apply、bind 基本都能实现这一功能,三者的作用都是一样的,都是在特定作用中调用函数,等于设置函数体内 this 的值,以扩充函数赖以运行的作用域。

• call 方法

下面的代码中示范了 call 方法,第一个参数是 showInfo 方法中的 this 所指的对象,被重置为 Student 对象 ostu,后面是调用这个方法所需要的参数。

```html
<body>
    <script>
        function Person(name){
            this.name = name;
            this.showInfo = function(ename,intro){
                console.log(this.name + "(" + ename + ")," + intro);
            }
        }
        function Student(name){
            this.name = name;
        }
        var oper = new Person("叶问");
        //输出:叶问(Yip Man),咏春拳宗师
        oper.showInfo("Yip Man","咏春拳宗师");
        var ostu = new Student("李小龙");
        //输出:李小龙(Bruce Lee),传奇的武术大师
        oper.showInfo.call(ostu,"Bruce Lee","传奇的武术大师");
    </script>
</body>
```

- apply 方法

apply 方法的使用与 call 方法类似,只是参数的传入需要以数组形式,代码如下:

```
oper.showInfo.apply(ostu,["Bruce Lee","传奇的武术大师"]);
```

- bind 方法

bind 方法则会返回一个新的函数,称为绑定函数。但是它只是修改 this 指向,不会执行,需要自行调用,代码如下:

```
oper.showInfo.bind(ostu)("Bruce Lee","传奇的武术大师");
```

4.8　JavaScript 处理 JSON

JSON(JavaScript Object Notation)是一种轻量级的数据交换格式,采用完全独立于语言的文本格式,是理想的数据交换格式。同时,JSON 是 JavaScript 原生格式,这意味着在 JavaScript 中处理 JSON 数据不需要任何特殊的 API 或工具包。目前,在各种 App 与服务器的交互中,JSON 已经成为流行的数据格式。

1. JSON 格式结构简介

JSON 对象建构于以下两种结构。

(1) 单一对象,一个对象以"{"开始,以"}"结束,对象有多个属性,属性必须使用双引号括起来,属性的值以":"赋值,属性之间使用逗号","间隔。下面是一个最简单的 JSON 对象示例:

```
var student = {"name":"张三","age":22};
console.log("姓名:" + student.name + ",年龄:" + student.age);
```

从这个例子看出,JSON 数据格式结构简单,读取相应属性时只需一个点".",就可以获取,在程序中解析数据是非常方便的。

(2) 对象集合,当有多个对象时,采用"["开始,"]"结束,中间放多个对象,对象之间以逗号","间隔,对象的结构必须完全一致。下面是包含 3 个对象的 JSON 对象集合:

```
var students = [{"name":"张三","age":22},
                {"name":"李四","age":21},
                {"name":"王五","age":20}];
console.log(students[1].name);
```

和数组类似,访问其中的某个对象是以索引号访问。

2. JSON 序列化与反序列化

在目前的各种 App 开发中,经常涉及手机与服务器的交互,例如向服务器提交数据,或从服务器取回数据并解析,这就要求必须掌握将 JSON 对象序列化成字符串,将 JSON 格式字符串反序列化成一个 JSON 对象。

• 序列化成字符串

JSON 已经是 JavaScript 标准的一部分。目前,主流的浏览器引擎对 JSON 支持都非常完美。可以使用 JSON. stringify 方法来实现序列化,例如:

```
var student = {"name":"张三","age":22};
var stuString = JSON.stringify(student);
console.log(stuString);                //输出"{"name":"张三","age":22}"
console.log(typeof(stuString));        //输出"string"
```

• 反序列化成对象

反序列化是序列化的反向动作,可以使用 JSON. parse 方法,它主要是将完全符合 JSON 格式规则的字符串还原成 JavaScript 对象,如果字符格式不正确,该方法会报错,例如:

```
var studentString = '{"name":"张三","age":22}';
console.log(typeof(studentString));        //输出"string"
var ostu = JSON.parse(studentString);      //反序化成对象
console.log(ostu.name);                    //输出"张三"
var xString = "1242,234";
console.log(JSON.parse(xString));          //格式不正确,报错到控制台
```

反序列化时,如果字符串不符合 JSON 格式会报错,建议使用 try/catch 代码块进行错误处理。

4.9 实战演练：评论 JSON 数据解析

【例 4-24】 本例中提供了一个评论的 JSON 数据文本，我们将其反序列化后，从中解析出用户名、评级和评语数据，在控制台进行输出，得到的效果如图 4-17 所示。请用手机扫描二维码，结合本书的配套源代码，参看本例的讲解。

```
用户:飘雪hsy
评级:★★★★
评语:来好多次了，一直都支持的一家餐厅，服务非常好，菜品干净卫生 环
境好 以前家庭聚餐都是在单多的 值得推荐给大家
评论时间:2019-04-05
用户:ecJ841537510
评级:★★★☆
评语:来好几次了 一如既往的好 服务态度很好 菜品丰富 干净卫生 推荐给
大家
评论时间:2019-03-06
用户:匿名用户
评级:★★★★★
评语:来好几次了，一直都非常喜欢，推荐
评论时间:2019-04-06
用户:CgU899054360
评级:★★★★★
评语:来好几次了 一如既往的好 干净卫生 服务热情 推荐
评论时间:2019-03-04
```

图 4-17 JSON 评论数据输出

小结

本章主要讲解了 JavaScript 的编程基础，讲解了 JavaScript 在 HTML5 页面中的使用，详细介绍了基础语法，强调了调试技巧，然后讲解了函数、各种内置对象，以及如何实现自定义类。对目前流行的 JSON 数据格式解析作了详细的讲解。本章所讲解的内容比较简单，"万丈高楼平地起"，请读者熟练掌握，为后面的学习打下坚实的基础。

习题

一、选择题

1. 我们可以在下列（　　）HTML 标签中放置 JavaScript 代码。
   A. javascript　　　　　B. script　　　　　　C. js　　　　　　　　D. ecmascript

2. 引用名为"xxx.js"的外部脚本的正确语法是（　　）。
   A. ＜script src＝"xxx.js"＞　　　　　　　B. ＜script href＝"xxx.js"＞
   C. ＜script name＝"xxx.js"＞　　　　　　D. ＜script link＝"xxx.js"＞

3. 下面（　　）选项是编写当 i 等于 5 时执行一些语句的条件语句。
   A. if(i==5)　　　B. if i=5 then　　　C. if i=5　　　D. if i==5 then

4. 下面（　　）选项是 7.25 四舍五入最为接近的整数。
   A. Math.round(7.25)　　　　　　　　B. Math.rnd(7.25)
   C. Math.floor(7.25)　　　　　　　　D. Math.max(7.25)

5. 下面( )是 JavaScript 支持的注释字符。

    A. //   B. ;   C. —   D. &&

二、判断题

1. JavaScript 的数组是定长的。 ( )

2. JavaScript 的函数 function 调用时,参数个数必须匹配。 ( )

3. JavaScript 中使用 break 语句跳过本次循环。 ( )

4. 执行数组var myArray = [1,3,5];myArray.push(6);后,myArray = [6,1,3,5]。 ( )

5. JavaScript 如果有语法错误,IDE 和浏览器都会自动提示。 ( )

三、填空题

1. JavaScript 中声明变量使用的关键字是_____。

2. JavaScript 中的恒等运算符为_____,用于比较两个运算数的值相等,而且数据类型也相同。

3. JavaScript 使用关键字_____创建自定义类。

4. JavaScript 使用关键字_____实现间隔,关键字_____实现延时。

四、简答题

1. 试述 JavaScript 中作用域和闭包的概念。

2. 试述 JavaScript 的 this 关键字的特性。

3. 判断下面程序运行的结果,并说明理由。

```html
<script>
    var name = "The Window";
    var age = 26;
    var obj = {
        name: "My Name",
        age: 45,
        getName: function() {
            var that = this;
            return function() { return that.name; };
        },
        getAge:function(){ return function(){ return this.age; }
        }
    };
    alert(obj.getName()());
    alert(obj.getAge()());
</script>
```

五、编程题

1. 编程计算 1!＋2!＋3!＋4!＋5!＋…＋10! 的结果。

2. 请使用 function 定义一个交通工具(Vehicle)的类,它有速度(speed)和类型(type)两个属性,有 setSpeed 和 move 两种方法,前者调用可以改变速度,后者可以在移动时会显示车辆类型以及速度。

第 5 章

JavaScript 交互编程

学习目标

- 了解 DOM 概念。
- 掌握 document 对象的使用。
- 掌握使用 DOM 查找节点的各种方法。
- 掌握使用 DOM 进行 HTML 元素属性控制、HTML 内容控制。
- 掌握使用 DOM 进行创建和操作 HTML 元素节点。
- 掌握使用 DOM 进行样式编程。
- 了解事件的概念,掌握常用的一些事件以及事件的监听方法。

DOM 操作与事件是 JavaScript 最核心的组成部分之一,它们赋予了页面无限的想象空间,在 HTML5 App 中就是依靠它们实现交互的。本章主要讲解在 HTML5 App 开发中必须掌握的一些 DOM 编程基础以及事件的使用,以便于实现高效和便捷的页面交互。

5.1 DOM 介绍

DOM(Document Object Model,文档对象模型)是 HTML 和 XML 的应用程序接口(API)。DOM 将整个页面规划成由节点层级构成的文档。例如下面这个 HTML 页面:

```
<!DOCTYPE html>
<html>
    <head>
    <meta charset = "UTF-8">
    <title>测试页面</title>
</head>
<body>
    <p>Hello HTML5 </p>
</body>
</html>
```

这段 HTML 代码可以用 DOM 绘制成一个节点层次图,如图 5-1 所示。

DOM 通过创建树来表示 HTML 文档,从而使开发者对文档的内容和结构具有很强的控制力,可以使用 DOM API 对这棵树的节点作各种变化:增加节点、删除节点、查找节点、修改节点等,DOM 技术还使得用户页面可以动态地变化,如可以动态地显示或隐藏一个元

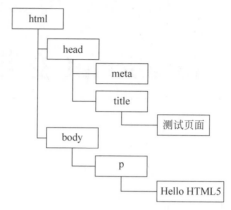

图 5-1　HTML 节点层次

素、改变它们的属性、增加一个元素等,大大地增强了页面的交互性。

5.2　使用 DOM

在 HTML5 App 开发的过程中,JavaScript 极为重要的一个功能就是 DOM 对象的操作,本节将讨论各种 DOM 操作,以便于实现高效率和便捷的页面交互。

5.2.1　document 对象

在浏览器引擎中,与用户进行数据交换都是通过客户端的 JavaScript 代码来实现的,而完成这些交互工作大多数是由 document 对象及其部件进行的,因此 document 对象是一个比较重要的对象。document 对象是文档的根节点,window. document 属性就指向这个对象。也就是说,只要浏览器开始载入 HTML 文档,这个对象就开始存在了,就可以直接调用。

表 5-1 列出了 document 对象的常用属性。

表 5-1　document 对象的常用属性

属　　性	具 体 描 述
alinkColor	表示激活链接(焦点在此链接上)的颜色
bgColor	表示页面背景色
body	表示< body >节点
charset	表示页面的字符集
doctype	表示文档类型节点,也就是<!DOCTYPE html >节点
documentElement	表示< html >节点
fgColor	表示前景色(文本颜色)
forms	表示页面上的所有 form 元素
head	表示< head >节点
images	表示页面上的所有 img 元素
lastModified	表示最终修改的日期
linkColor	表示未单击过的链接颜色

续表

属　　性	具　体　描　述
links	表示页面上的所有 a 元素
scripts	表示页面上的所有 script 元素
styleSheets	表示页面上的所有 link 或 style 元素
title	表示 title 的内容
URL	表示当前文档的 URL
vlinkColor	表示已单击过的链接颜色

【例 5-1】 document 对象的各属性使用示例,代码如下:

```html
<script>
    document.alinkColor = "yellow";
    document.vlinkColor = "brown";
    document.bgColor = "bisque";
    document.fgColor = "crimson";
    //输出[object DocmentType]
    console.log(document.doctype);
    //输出[object HTMLHtmlElement]
    console.log(document.documentElement);
    //输出[object HTMLBodyElement]
    console.log(document.body);
    //输出[object HTMLHeadElement]
    console.log(document.head);
    //输出"document 对象"
    console.log(document.title);
    //输出"页面上有 x 个 script 标签"
    console.log("页面上有" + document.scripts.length + "个 script 标签");
    //输出"页面上 x 个超链接"
    console.log("页面上有" + document.links.length + "个超链接");
    //输出"页面上有 x 张图片"
    console.log("页面上有" + document.images.length + "张图片");
    //输出"页面上有 x 处样式"
    console.log("页面上有" + document.styleSheets.length + "处样式");
    //输出页面最后修改的日期
    console.log("页面修改日期:" + document.lastModified);
    //输出页面的 URL 地址
    console.log("页面地址:" + document.URL);
</script>
```

5.2.2　查找节点

在 HTML5 程序开发中,经常要修改某个 HTML 元素的样式、内容等,如何获取相应的元素,是首先要解决的问题,DOM 中提供了一些方法来方便快捷地访问指定的 HTML 元素节点,以下分别讲解。

1. getElementsByTagName 方法

这个方法用来返回一个页面上所有包含 tagName(标签名)等于某个指定值的元素节

点对象集合。当得到相应的节点集合以后,就可以使用方括号来访问其中某个子节点。

【例 5-2】 getElementsByTagName 使用示例,代码如下:

```
< body >
    < img src = "../img/baidu.png" />< br />
    < input type = "text" value = "hello world"/>< br />
    < input type = "password" value = "123456"/>
    < script >
        var oImg = document.getElementsByTagName("img");
        console.log(oImg[0].tagName);          //输出"IMG"
    oImg[0].src = "../img/163.png";
    var oInput = document.getElementsByTagName("input");
    console.log(oInput[0].value);          //输出"hello world"
    oInput[0].value = "Hello HTML5";
    </script >
</body >
```

在这个例子中,从节点对象中取得某个标签节点对象,意味着我们可以对标签相应的属性进行读取或设置。按照第 4 章讲解的调试断点方法,可以看到节点对象的属性和方法,如图 5-2 所示为 oImg[0]节点对象属性的部分截图。

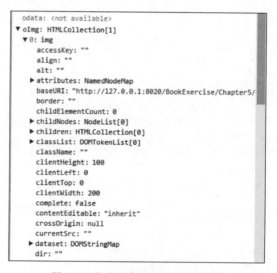

图 5-2   节点对象属性的部分截图

在 HTML DOM 中,每一部分都是节点:
- 文档本身是文档节点;
- 所有 HTML 元素是元素节点;
- 所有 HTML 属性是属性节点;
- HTML 元素内的文本是文本节点;
- 注释是注释节点。

节点对象在 DOM 中定义为 Node 对象,Node 对象定义了一些属性和方法,表 5-2 中列出了这些属性和方法。

表 5-2　**Node 对象的常用属性和方法**

属性/方法	返回类型	具 体 描 述
innerHTML	String	表示当前节点的内部标签
innerText	String	表示当前节点的文字内容
length	Number	返回 NodeList 中的节点数
nodeName	String	节点名称,根据节点的类型而定义
nodeValue	String	节点的值,根据节点的类型而定义
nodeType	Number	节点的类型常量值之一
firstChild	Node	指向在 childNodes 节点集合中的第一个节点
lastChild	Node	指向在 childNodes 节点集合中的最后一个节点
parentNode	Node	指向所在节点的父节点
childNodes	NodeList	所有子节点的集合
previousSibling	Node	指向前一个兄弟节点,如果当前节点本身就是第一个兄弟节点,则返回 null
nextSibling	Node	指向后一个兄弟节点,如果当前节点本身就是最后一个兄弟节点,则返回 null
hasChildNodes()	Boolean	是否包含一个或多个子节点
AppendChild(node)	Node	将 node 添加到 childNodes 的末尾
removeChild(node)	Node	从 childNodes 中删除 node
replaceChild(newnode,oldnode)	Node	将 childNodes 中 oldnode 替换成 newnode
insertBefore(newnode,refnode)	Node	在 childNodes 中在 refnode 之前插入 newnode
cloneNode(deep)	Node	deep 为 true 是深复制,复制当前节点以及子节点,为 false 是浅复制,只复制当前节点

2. getElementById 方法

当需要在 HTML 页面中查找一个特定的节点对象时,最有效的方法就是为该节点的标签元素添加一个 id 属性,并使用 getElementById 方法进行查找,这个方法会返回唯一的节点对象,例如通过下面的代码,可以迅速找到需要的 input 标签元素:

```
< input type = "text" value = "hello html5" id = "myTest"/>
< script >
    var oInput = document.getElementById("myTest");
    alert(oInput.value);
oInput:value = "hello world";
</ script >
```

3. getElementsByClassName 方法

当需要在 HTML 页面中查找多个对象时,可以为这些对象指定相同的 class 属性,并使用 getElementsByClassName 方法进行查找,这个方法会返回所有 class 属性为指定值的节点对象集合。

【**例 5-3**】　getElementsByClassName 使用示例,代码如下:

```
< body >
    < div class = "example">第 1 个 div </div>
    < div>第 2 个 div </div>
```

```
<p class = "example">第 1 个 p</p>
<script>
    var elems = document.getElementsByClassName("example");
    alert(elems[1].tagName);    //输出"p"
</script>
</body>
```

4. querySelectorAll 方法

作为查找 DOM 的又一途径,这个方法相当灵活,极大地方便了开发者。它可以接受一个 CSS 选择器参数,调用后可以返回 HTML5 页面中所有匹配 CSS 选择器的元素节点对象集合,目前所有的主流浏览器都支持这一方法。

5. querySelector 方法

和方法 querySelectorAll 完全类似,也是使用 CSS 选择器查找节点,不同的是,这个方法只返回匹配选择器的第 1 个元素节点对象,而 querySelectorAll 返回的是所有匹配的元素节点对象集合。

【例 5-4】 querySelectorAll 和 querySelector 使用示例,代码如下:

```
<body>
    <div id = "test">
        我是 id 为 test 的 div
    </div>
    <div class = "mytest">
        <p>我是 div 里的 p 标签</p>
    </div>
    <script>
        var oDiv1 = document.querySelector(" # test");
        alert(oDiv1.innerText);           //输出"我是 id 为 test 的 div"
        var oDiv2 = document.querySelectorAll(" # test");
        alert(oDiv2[0].innerText);        //输出"我是 id 为 test 的 div"
        var oP1 = document.querySelector("div.mytest>p");
        alert(oP1.innerText);                  //输出"我是 div 里的 p 标签"
        var oP2 = document.querySelectorAll("div.mytest>p");
        alert(oP2[0].innerText);            //输出"我是 div 里的 p 标签"
    </script>
</body>
```

查找 HTML 元素节点时,应确保它已在 DOM 树上构建,否则会出现找不到的情况。

例如下面这种情况,就未能成功查找到按钮对象,必须把 JavaScript 代码放在 HTML 代码之后:

```
<script>
    var oInput = document.getElementById("myButton");
    alert(oInput);            //输出 null
```

```
</script>
< input type = "button" value = "测试" id = "myButton"/>
```

为了提高程序性能，一定要避免重复的 DOM 查找，例如下面这段代码就会造成性能问题：

```
< script >
    for(var i = 0;i < 10;i++){
        var oDiv = document.getElementById("mydiv");
        ...
    }
</script>
```

正确的方式是在循环体之外声明一个变量用来存储查找出来的 HTML 元素节点对象，修改后的代码如下：

```
< script >
    var oDiv = document.getElementById("mydiv");
    for(var i = 0;i < 10;i++)
    {
        ...
    }
</script>
```

5.2.3　处理属性

对于 HTML 元素节点，DOM 提供了 3 种方法来处理其属性，这些方法相当有用：

- getAttribute(name)：获取某个属性的值；
- setAttribute(name,newvalue)：设置某个属性的值；
- reomveAttribute(name)：移除某个属性。

【例 5-5】 DOM 控制 HTML 元素属性示例，代码如下：

```
< body >
    < input type = "button" value = "测试" id = "mybutton"
data - test = "1234"/>
    < script >
        var oInput = document.getElementById("mybutton");
        alert(oInput.getAttribute("type"));      //输出"button"
        oInput.setAttribute("type","text");      //将按钮切换成输入框
        //设置自定义属性
        oInput.setAttribute("data - myattr","just a test");
        //读取自定义属性,输出"just a test"
        alert(oInput.getAttribute("data - myattr"));
        oInput.removeAttribute("id");             //输出"id"属性
```

```
            </script>
        </body>
```

这里介绍自定义属性,HTML5 标准中规定自定义属性需要添加前缀 data-,目的是提供与页面渲染无关的信息,运行这个例子后会发现,input 标签添加了 data-test 属性后,对于界面的显示并无任何影响。使用自定义属性可以很方便地存储页面或应用程序的私有自定义数据,目前所有主流浏览器都支持 data-* 属性。

HTML 标签元素中只有标准属性才会以属性的形式添加到 DOM 对象中,DOM 对象只能访问这些标准属性,而 getAttribute 方法可以访问所有属性。

5.2.4 读取和设置内容

在 HTML5 App 开发中,经常涉及读取或设置 HTML 标签元素内部所包含的文字或子 HTML 标签,DOM 提供了以下属性以供使用。

1. innerText 属性

DOM 中通过 innerText 属性可以操作元素中包含的所有文本内容,无论文本位于子文档树中的什么位置。在通过 innerText 读取值时,它会按照由浅入深的顺序,将子文档树中所有文本拼接起来。以下面的 HTML 代码为例。

【例 5-6】 innerText 属性使用示例,代码如下:

```
<body>
    <div id = "content1">
        <p>This is a <strong>paragraph</strong>
        with a list following it.</p>
        <ul>
            <li>item1</li>
            <li>item2</li>
            <li>item3</li>
            <li>item4</li>
        </ul>
    </div>
    <script>
        var oDiv = document.getElementById("content");
        alert(oDiv.innerText);
        oDiv.innerText = "hello html5";
    </script>
</body>
```

对于这个例子中的 div 而言,其 innerText 会返回下列字符串:

```
This is a paragraph with a list following it.

item1
item2
item3
item4
```

设置 div 的 innerText，它的内容变成了：

```
< div id = "content"> hello html5 </div>
```

使用 innerText 或 innerHTML 为 HTML 元素对象设置内容时，会先将对象开始标签和结束标签之间的内容全清空。

2. innerHTML 属性

几乎所有的 DOM 对象都有 innerHTML 属性，它是一个字符串，用来设置或获取位于 HTML 标签对象起始和结束标签内的 HTML 代码。

【例 5-7】 innerHTML 属性使用示例，代码如下：

```
< body >
    < div id = content2 >
        < p > This is a < strong > paragraph </strong > with a list following it.</p>
        < ul >
            < li > item1 </li >
            < li > item2 </li >
            < li > item3 </li >
            < li > item4 </li >
        </ul >
    </div >
    < script >
        var oDiv = document. getElementById("content");
        alert(oDiv. innerHTML);
        oDiv. innerHTML = '< img src = "../img/baidu.png" />';
    </script >
</body >
</html >
```

对于这个例子中的 div 而言，其 innerHTML 会返回下列 HTML 字符串：

```
< p > This is a < strong > paragraph </strong > with a list following it.</p>
< ul >
    < li > item1 </li >
    < li > item2 </li >
    < li > item3 </li >
    < li > item4 </li >
</ul >
```

设置 div 的 innerHTML 后，它的内容会变成一张图片显示：

```
< div id = "content">
    < img src = "../img/baidu.png" />
</div >
```

DOM 操作结束后,如果单击鼠标右键,单击"查看网页源代码"命令后,会发现源代码没有任何变化。 要查看变化后的标签,必须使用 Chrome 浏览器的"开发者工具"进行查看,这是用 HTML5 App 开发调试必须掌握的技能。

5.2.5 操作节点

前面已经介绍了如何利用 DOM 查找 HTML 元素节点,不过这只是 DOM 所能实现功能的一小部分,DOM 还可以添加、删除、替换(或其他操作)节点。正是这些功能才使得 DOM 具有真正意义上的动态性和交互性。

1. 创建新节点

对于一个好的页面来说,为了让用户体验做到极致,动态创建页面节点是必不可少的。DOM 中有一些方法可以用于创建不同类型的节点,最常用到的几个方法见表 5-3。

表 5-3 创建节点的常用方法

方　　法	具　体　描　述
createTextNode(text)	创建包含文本 text 的文本节点
createElement(tagName)	创建标签为 tagName 的 HTML 元素节点
createDocumentFragment()	创建文档碎片节点

2. 追加节点 appendChild

appendChild 用于向一父节点的尾部追加子节点,下面我们用一个具体的例子来学习它的使用。

【例 5-8】 动态创建和追加节点使用示例,例如有个页面显示如下:

```
< body >
    < div id = "container"></div >
</body >
```

现在想使用 DOM 操作来添加以下 HTML 代码到页面的容器中:

```
< div id = "mydiv">
    < p > HELLO HTML5 </p >
</div >
```

这里可以首先使用 createElement 方法和 createTextNode 方法来实现节点对象的创建,再使用 appendChild 方法追加到容器中,实现步骤如下。

① 首先,创建 div 元素,并设置其 id 属性值为"mydiv":

```
var oDiv = document.createElement("div");
oDiv.setAttribute("id", "mydiv");
```

② 第二步，创建 p 元素：

```
var oP = document.createElement("p");
```

③ 第三步，创建文本节点：

```
var oText = document.createTextNode("HELLO HTML5");
```

④ 最后，使用 appendChild 方法依次把各子节点添加到相应节点的尾部：

```
oP.appendChild(oText);
oDiv.appendChild(oP);
document.getElementById("container").appendChild(oDiv);
```

运行后的界面和页面的 HTML 动态变化如图 5-3 所示。

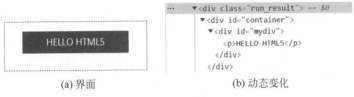

(a) 界面　　　　　　　　(b) 动态变化

图 5-3　动态创建节点效果

所有的 DOM 操作必须在页面完全载入后才能进行。当页面正在载入时，要向 DOM 插入相关节点是不可能的，因为 DOM 树还没有构建完成。

3. 移除节点 removeChild

既然可以添加节点，当然也可以删除节点，这就是 removeChild 方法所能完成的。这个方法接受一个参数，代表要删除的节点对象，返回值也是这个节点对象，删除时要尽量使用节点的 parentNode 特性来确保能访问到它真正的父节点。如图 5-4 所示的例子中，需要移除其中红色的 div 节点。

图 5-4　节点移除前后效果

【**例 5-9**】　动态移除节点使用示例，代码如下：

```
<body>
    <div id = "parent">
```

```
            < div id = "child" >
                HELLO HTML5
            </div >
        </div >
        < script >
            var oDiv = document.getElementById("child");
            oDiv.parentNode.removeChild(oDiv);
        </script >
    </body >
```

这个页面加载后,在看到它之前,红色的 div 节点已被自动移除。

4. 替换节点 replaceChild

如果想将节点替换成新的节点,则需要使用 replaceChild 方法。replaceChild 方法有两个参数——被添加的节点对象和被替换的节点对象。例如图 5-5 中,需要将第一个节点替换。

【例 5-10】 动态替换节点使用示例,代码如下:

```
< body >
    < ul class = "dataList1" >
        < li > XHTML </li >
        < li > CSS </li >
        < li > JavaScript </li >
    </ul >
    < script >
        var oli = document.querySelector(".dataList1 li:first - child");
        var nli = document.createElement("li");
        nli.innerText = "HTML5";
        oli.parentNode.replaceChild(nli,oli);
    </script >
</body >
```

5. 节点前插入 insertBefore

当向页面中添加节点时,如果想让新节点出现在某个节点之前,可使用 insertBefore 方法。这个方法接受两个参数——要添加的节点对象和目标节点对象。例如图 5-6 中,需要在列表项 CSS 之前插入列表项 Photoshop。

图 5-5　节点替换前后效果

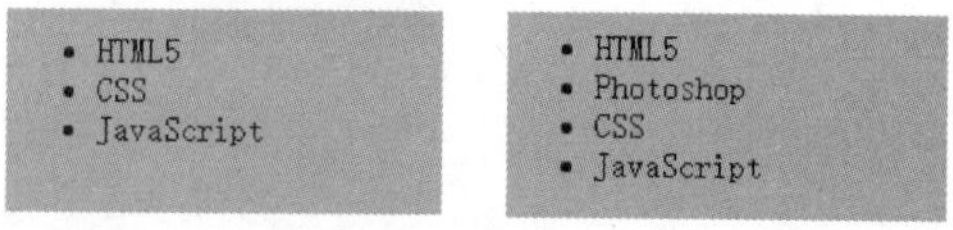

图 5-6　节点插入前后效果

【例 5-11】 动态插入节点使用示例,代码如下:

```
< body >
        < ul class = "dataList2" >
            < li > Android </li >
```

```
            <li>iOS</li>
            <li>HTML5</li>
        </ul>
        <script>
            var oli = document.querySelector(".dataList2 li:nth-of-type(2)");
            var nli = document.createElement("li");
            nli.innerText = "photoshop";
            oli.parentNode.insertBefore(nli, oli);
        </script>
    </body>
```

6. 创建文档碎片 createDocumentFragment

在 HTML5 App 开发中,经常会遇到根据服务器返回的数据,在某个节点处生成多个列表项的场景,通常这部分可以根据数据的条数,使用 createElement 循环生成对应的节点对象后,附加到相应的父节点,但 DOM 修改会导致页面重绘、重新排版。重新排版会阻塞用户的操作,同时,如果频繁重排,CPU 使用率也会猛涨,App 的性能会受到严重影响。所以,为了得到更高的性能,一般使用 createDocumentFragment 创建文档碎片,把所有的新节点附加其上,然后把文档碎片一次性添加到指定的节点上。

【例 5-12】 createDocumentFragment 使用示例,向一个 ul 添加 100 条列表项,代码如下:

```
<body>
    <ul class="dataList3">
    </ul>
    <script>
        var dList = document.querySelector(".dataList3");
        var fragment = document.createDocumentFragment();
        for(var i = 0; i < 100; i++)
        {
            var oLi = document.createElement("li");
            oLi.innerText = "Item" + (i + 1);
            fragment.appendChild(oLi);
        }
        dList.appendChild(fragment);
    </script>
</body>
```

7. 拷贝节点 cloneNode

cloneNode 这个方法主要用来实现对节点对象的复制,并返回复制的节点对象。它有一个输入参数,类型是 Boolean,默认为 false,表示浅复制,如果是 true,表示深复制。

【例 5-13】 cloneNode 使用示例,代码如下:

```
<body>
    <div id="content">
        <ul class="mylist">
```

```
                <li>HTML5</li>
                <li>CSS3</li>
                <li>JavaScript</li>
            </ul>
        </div>
        <script>
            var oDiv = document.getElementById("content");
            var oUl = document.getElementsByClassName("mylist")[0];
            //实现深复制
            oDiv.appendChild(oUl.cloneNode(true));
            //实现浅复制
            oDiv.appendChild(oUl.cloneNode(false));
        </script>
    </body>
```

页面运行后,显示的效果如图 5-7 所示,可以明显看出对页面上的列表进行深复制和浅复制的区别:浅复制,只复制当前节点对象;深复制,复制包括当前节点对象和它下面的所有子节点对象。

图 5-7   cloneNode 的深复制和浅复制

5.3   DOM 的样式编程

DOM 样式编程,就是通过 JavaScript 来操作页面 HTML 元素的样式,实现页面的特定显示效果,例如页面的隐藏显示效果、旋转效果等。

5.3.1   className 属性

className 属性可以用来读取或设置 HTML 元素对象的 class 属性,标准的 DOM 属性不包含 class 属性,因为 class 是 JavaScript 的保留关键字。将 className 属性设置为空字符串时,代表移除所有的样式。

【例 5-14】   className 使用示例,代码如下:

```
<body>
    <div id="mydiv1" class="mystytle">
    </div>
    <span id="desc"></span>
    <script>
        var oDiv = document.getElementById("mydiv1");
        var oSpan = document.getElementById("desc");
```

```
        oSpan.innerText = "div 的样式为:" + oDiv.className;
        setTimeout(function(){
            oDiv.className = "mynewstyle";
            oSpan.innerText = "div 的样式为:" + oDiv.className;
            setTimeout(function(){
                oDiv.className = "";
                oSpan.innerText = "移除 div 的所有样式";
            },2000);
        },2000);
    </script>
</body>
```

程序运行后,先在页面上显示一个黄色的 div,2s 后自动变成一个带边框的淡蓝色 div,再过 2s 颜色和边框自动消失,效果如图 5-8 所示。

div的样式为:mystyle   div 的样式为:mynewstyle   移除div的所有样式

图 5-8 className 修改样式和移除样式

5.3.2 classList 对象

className 属性使用比较简单,但如果 HTML 元素对象的 class 属性值中有多个样式类应用时,对其样式分别进行控制就不太方便,例如:

```
< div id = "mydiv" class = "style1 style2 style3"></div>
```

为了解决这个问题,在 HTML5 API 里,页面 DOM 里的每个节点上都有一个 classList 对象,提供了如表 5-4 所示的方法新增、删除、修改节点上的样式类。

表 5-4 classList 对象方法和属性

方　　法	具 体 描 述
length	返回 HTML 元素对象 class 属性中样式类的个数
add(className)	给 HTML 元素对象的 class 属性添加一个样式类
remove(className)	从 HTML 元素对象的 class 属性中删除一个指定的样式类
toggle(className)	若 HTML 元素对象的 class 属性有指定的样式类,则执行 remove 操作,若没有则执行 add 操作
contains(className)	检测 HTML 元素对象的 class 属性中是否包含指定的样式类

【例 5-15】 classList 对象使用示例,代码如下:

```
< body >
    < div id = "mydiv2" class = "mystyle1">
    </div >
    < span id = "desc1"></span>< br />
    < span id = "desc2"></span>
    < script >
        var oDiv = document.getElementById("mydiv2");
        var oSpan1 = document.getElementById("desc1");
        var oSpan2 = document.getElementById("desc2");
        //获取样式类个数
        oSpan1.innerText = "div 的样式类数目:" + oDiv.classList.length;
        //检测是否包含 mystyle1 样式
        oSpan2.innerText = "包含 style1 样式类:"
                + oDiv.classList.contains("mystyle1");
        setTimeout(function(){
                //移除样式 mystyle1
                oDiv.classList.remove("mystyle1");
                //添加样式 mystyle2
                oDiv.classList.add("mystyle2");
                setInterval(function(){
                        //切换样式 mystyle2,有则去掉,无则加上
                        oDiv.classList.toggle("mystyle2");
                },500);
        },1000);
    </script >
</body >
```

代码运行后,先在页面上显示一个黄色的带边框的矩形 div,1s 后自动去除黄色背景,然后每隔 0.5s 加上或去除边框,效果如图 5-9 所示。

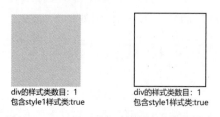

图 5-9　classList 对象动态添加、移除样式

className 属性和 classList 对象在修改样式时,都是对 HTML 元素对象的 class 属性进行修改,可以使用 Chrome 浏览器中的"开发者工具"进行查看,并将其作为界面调试的重要手段。

5.3.3　style 对象

使用 className 和 classList 对象已经可以很方便地修改 HTML 元素对象的样式,但这种方式只适合于样式的值是固定不变的,如果样式的值需要引入变量形式,则必须借助于每个 HTML 元素对象的 style 对象,用它来访问 HTML 元素对象的样式信息。

style 对象包含了与每个 CSS 样式对应的属性,只是格式略有不同:

（1）对于单个单词的 CSS 样式，以相同的名字属性来表示（例如，color 样式通过 style
.color 表示）。

（2）对于两个单词的 CSS 样式，则是通过去除横杠，将第一个单词加上首字母大写的第
二个单词（例如：background-color 样式对应 style. backgroundColor）。表 5-5 列出了一些
常用的 CSS 样式以及它们对应的 JavaScript 中 style 对象的属性表示。

表 5-5　CSS 样式与 JavaScript 中 style 对象属性的对应示例

CSS 样式	style 中的属性
background-color	style. backgorundColor
color	style. color
font	style. font
font-family	style. fontFamily
font-weight	style. fontWeight

使用 style 对象可以方便地获取 HTML 元素对象的 style 属性所定义的 CSS 样式值，
但它无法获取在外部定义的 CSS 样式。

【例 5-16】　style 对象修改样式使用示例，代码如下：

```
<body>
    <div id = "mydiv3" style = "background - color: red;">
        Hello HTML5
    </div>
    <span id = "desc3"></span><br />
    <span id = "desc4"></span>
    <script>
        var oDiv = document.getElementById("mydiv3");
        var oSpan1 = document.getElementById("desc3");
        var oSpan2 = document.getElementById("desc4");
        oSpan1. innerText = "div 的背景色为"
                + oDiv. style. backgroundColor;
        oSpan2. innerText = "div 中的字体颜色为:"
                + oDiv. style. color;    //color 是在外部定义的,无法读取
        var w = 300;
        setTimeout(function(){
            oDiv. style. width = w + "px";
            oDiv. style. height = w + "px";
            oDiv. style. backgroundColor = "yellow";
            oDiv. style. color = "#000";
            oDiv. style. fontSize = "40px";
            oSpan1. innerText = "div 的背景色为"
                    + oDiv. style. backgroundColor;
        },5000);
    </script>
</body>
</html>
```

程序运行后，页面上出现一个红色的 div，里面含有白色的文字，5s 后使用 style 对象修
改 div 的大小和背景色，内部文字的大小和颜色也作了修改，如图 5-10 所示。

图 5-10　style 对象读取和设置样式

使用 style 对象设置样式时，实际就是修改 HTML 元素对象的 style 属性，同样地，对它读取时也只能读取到 style 属性中的定义，如果要取到最终的 CSS 样式值，可以使用类似 window.getComputedStyle(odiv).backgroundColor 这样的代码。

5.4　事件

JavaScript 是基于对象(object-based)的语言，基于对象的基本特征，就是采用事件驱动(event drive)。事件是在浏览器中可以被 JavaScript 检测到的行为，例如用户单击了按钮、移动了手指，都会触发相应的事件。用来响应某个事件的函数则称为事件处理程序，或者称为事件监听函数。

5.4.1　常用的一些事件

在页面浏览过程中，由鼠标或键盘、触摸屏会驱动一系列事件的激发，表 5-6 列出了一些常用的事件。

表 5-6　常用事件举例

归类	事件名称	描述
键盘	onkeydown	某个键盘的键被按下触发
	onkeypress	某个键盘的键被按住触发
	onkeyup	某个键盘的键被松开触发
鼠标	onmousedown	鼠标键按下触发
	onmousemove	鼠标被移动触发
	onmouseout	鼠标从某个 HTML 元素移开触发
	onmouseover	鼠标移动到某个 HTML 元素上触发
	onmouseup	松开鼠标键触发
	onclick	鼠标单击某个 HTML 元素触发
	ondbclick	鼠标双击某个 HTML 元素触发
触摸	ontouchstart	当手指触摸屏幕时候触发，即使已经有一个手指放在屏幕上也会触发
	ontouchmove	当手指在屏幕上滑动的时候连续地触发
	ontouchend	当手指从屏幕上离开的时候触发
	ontouchcancel	当系统停止跟踪触摸的时候触发(例如有电话或短信时)

续表

归类	事 件 名 称	描　　述
其他	onabort	图像加载中断后触发
	onblur	HTML 元素失去焦点时触发
	onchange	内容发生改变时触发
	onerror	当加载文档或图像时发生错误时触发
	onfocus	HTML 元素获得焦点时触发
	onload	加载页面或图像时触发
	onresize	窗口调整尺寸时触发
	onunload	退出页面时触发

5.4.2 内联属性监听事件

这种方法是指在 HTML 元素里面直接填写事件有关属性,属性值为相关 JavaScript 代码,即可在触发该事件的时候,执行属性值里面的代码。

【例 5-17】 使用 HTML 元素内联属性监听事件使用示例,代码如下:

```
< body >
    < input type = "button" value = "运行 JS 语句"
onclick = "alert('hello');"/>
    < input type = "button" value = "运行 JS 函数"
onclick = "eventTest();"/>
    < script >
        function eventTest(){
            alert("函数运行");
        }
    </script >
</body >
```

在这个例子中,当单击按钮时,就会触发 click 事件,执行 onclick 属性中的 JavaScript 语句。显而易见,使用这种方法时,JavaScript 代码与 HTML 代码耦合在了一起,不便于维护和开发,所以要尽量避免使用这种方法。

5.4.3 DOM 属性监听事件

使用 DOM 属性绑定事件可以解决代码的耦合问题,使用也比较简单,只需要在相应的节点对象上直接使用表 5-6 中的事件名称作为属性,赋予匿名函数或函数名即可。它比较简单易懂,而且有较好的兼容性。但是也有缺陷:因为直接赋值给对应事件属性,如果在后面代码中再次为节点对象绑定一个回调函数,会覆盖之前回调函数的内容。

【例 5-18】 使用 DOM 属性监听事件使用示例,代码如下:

```
< body >
    < input type = "button" value = "使用匿名函数" id = "mybutton1"/>
    < input type = "button" value = "使用函数名" id = "mybutton2"/>
```

```
<script>
    var oInput1 = document.getElementById("mybutton1");
    var oInput2 = document.getElementById("mybutton2");
    oInput1.onclick = function(){
        alert("hello world");
    }
    //再次使用DOM属性监听,覆盖以前的监听事件
    oInput1.onclick = function(){
        alert("hello html5");
    }
    oInput2.onclick = sayHello;
    function sayHello(){
        alert("hello");
    }
</script>
</body>
```

使用 DOM 属性监听事件时，最容易犯错的地方是赋予的值不是函数名，而是执行函数，造成无法触发相应的事件，例如：

```
oInput2.onclick = sayHello(); //错误,sayHello 返回值是 undefined
```

5.4.4 标准的事件监听函数

在 HTML5 App 开发中，一般都是使用标准的事件监听函数来实现对某个事件的触发，它的语法格式为：

```
addEventListener(eventName,callback,usecaptuer);
```

事件监听函数同样是对于 HTML 元素对象使用，当监听到有相应事件发生的时候，调用 callback 回调函数。至于 usecapture 这个参数，表示该事件监听是在"捕获"阶段中监听(设置为 true)还是在"冒泡"阶段中监听(设置为 false)。usecapture 一般设置为 false。

标准的事件监听函数和前面的内联方式以及 DOM 方式都不同，如果对同一个 HTML 元素多次添加回调函数，这些回调函数会按先后次序依次执行。

如果想解除监听函数绑定，则需要使用 removeEventListener 方法：

```
removeEventListener (eventName,callback,usecapture);
```

需要注意的是，如果要移除监听函数绑定，绑定事件时的回调函数不能是匿名函数，必须是一个声明的函数，因为解除事件绑定时需要传递这个回调函数的引用(即函数名)，才可以解开绑定。

【例 5-19】　使用标准的监听函数使用示例,代码如下:

```
<body>
    <div id = "mydiv">
    </div>
    <span id = "desc"></span><br /><br />
    <input type = "button" value = "实现绑定" id = "btnAdd"/>
    <input type = "button" value = "解除绑定" id = "btnRemove"/>
    <script>
        var oInput1 = document.getElementById("btnAdd");
        var oInput2 = document.getElementById("btnRemove");
        var oDiv = document.getElementById("mydiv");
        var oSpan = document.getElementById("desc");
        //对 btnAdd 添加 click 事件监听 1
        oInput1.addEventListener("click",function(){
            //对 div 添加 mouseover 和 mouseout 事件监听
            oDiv.addEventListener("mouseover",changeBkColor,false);
            oDiv.addEventListener("mouseout",changeBkColor,false);
        },false);
        //对 btnAdd 添加 click 事件监听 2
        oInput1.addEventListener("click",function(){
            desc.innerText = "绑定成功,请将鼠标放在 div 上或移出 div";
        },false);
        //对 btnRemove 添加 click 事件监听 1
        oInput2.addEventListener("click",function(){
            //对 div 移除 mouseover 和 mouseout 事件监听
oDiv.removeEventListener("mouseover",changeBkColor,false);
oDiv.removeEventListener("mouseout",changeBkColor,false);
        },false);
        //对 btnRemove 添加 click 事件监听 2
        oInput2.addEventListener("click",function(){
            desc.innerText = "解除绑定";
        },false);
        //对 div 的样式类 newBk 实现 toggle
        function changeBkColor()
        {
            oDiv.classList.toggle("newBk");
        }
    </script>
</body>
```

在这个例子中,单击“实现绑定”按钮后,鼠标放在黄色的 div 上,div 会自动变成红色,鼠标移出 div,会恢复为黄色;当单击“解除绑定”按钮后,鼠标移动或移出 div 不再有效果出现,如图 5-11 所示。

图 5-11　标准的事件监听函数

5.4.5　事件触发过程

前文大体介绍了事件是什么、如何监听并执行某些操作,但还未涉及事件触发的整个过程,下面来讨论事件的触发过程,它分为捕获阶段、目标阶段、冒泡阶段,如图 5-12 所示。

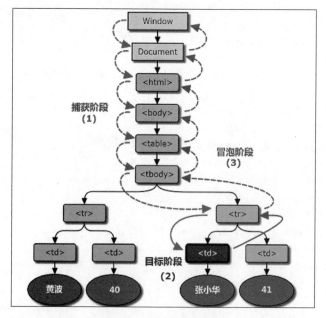

图 5-12　事件触发过程

1. 捕获阶段

当 DOM 树的某个节点发生了一些操作(例如单击、鼠标移动上去),就会有一个事件被触发。这个事件从 Window 发出,不断经过下级节点直到目标节点。在到达目标节点之前的过程,就是捕获阶段(Capture Phase)。

所有经过的节点,都会触发这个事件。捕获阶段的任务就是建立这个事件传递路线,以便后面冒泡阶段顺着这条路线返回 Window。

监听某个在捕获阶段触发的事件,需要在将标准的事件监听函数的参数 usecapture 设置为 true。

2. 目标阶段

当事件流到达事件触发目标节点那里,最终在目标节点上触发这个事件,这就是目标阶段(Target Phase)。需要注意的是,事件触发的目标总是最底层的节点。例如单击表格中的一段文字,以为事件目标节点在<td>上,但实际上触发在它的文字子节点上。

3. 冒泡阶段

当事件达到目标节点之后,就会沿着原路返回,由于这个过程类似水泡从底部浮到顶部,所以称作冒泡阶段(Bubbling Phase)。在实际使用中,并不需要把事件监听函数准确绑定到最底层的节点也可以正常工作。例如为<td>绑定单击时的回调函数时,无须为它下面的所有子节点全部绑定单击事件,只需要为<td>这一个节点绑定即可。因为发生它子节点的单击事件,都会冒泡上去,发生在<td>上。

所以在使用标准的事件监听函数时,usecapture参数一般设为false,这样监听事件时只会监听冒泡阶段发生的事件。

因为事件有冒泡机制,所有子节点的事件都会顺着父级节点传递回去,所以可以通过监听父级节点来实现监听子节点的功能,这就是事件代理。使用事件代理主要有两个优势:

(1)减少事件绑定,提升性能。以前需要绑定一堆子节点,而现在只需要绑定一个父节点即可,减少了绑定事件监听函数的数量。

(2)动态变化的DOM结构,仍然可以监听。当一个DOM动态创建之后,不会带有任何事件监听,除非重新执行事件监听函数,而使用事件监听无须担忧这个问题。

5.4.6 事件的 Event 对象

当一个事件被触发的时候,会创建一个事件对象(Event Object),这个对象里面包含了一些有用的属性或者方法。事件对象会作为第一个参数,传递给回调函数。事件对象包含了很多有用的信息,例如事件触发时,鼠标在屏幕上的坐标、被触发的DOM详细信息等,表5-7列出了一些在HTML5 App中常用的事件对象属性和方法。

表 5-7 Event 对象常用的一些属性和方法

属性/方法	类型	可读/可写	描 述
cancelable	Boolean	只读	表示事件能否取消
cancelBubble	Boolean	只读	表示事件冒泡是否取消
clientX	Number	只读	事件发生时,鼠标或触摸点在客户端区域(不包含工具栏、滚动条等)的 x 坐标
clientY	Number	只读	事件发生时,鼠标或触摸点在客户端区域(不包含工具栏、滚动条等)的 y 坐标
currentTarget	Object	只读	触发事件的 HTML 元素对象
eventPhase	Number	只读	事件所处阶段,0—捕获阶段,1—目标阶段,2—冒泡阶段
pageX	Number	只读	鼠标或触摸点相对于页面的 x 坐标
pageY	Number	只读	鼠标或触摸点相对于页面的 y 坐标
preventDefault()	Function	只读	阻止事件的默认行为
screenX	Number	只读	相对于屏幕的鼠标 x 坐标
screenY	Number	只读	相对于屏幕的鼠标 y 坐标
stopPropagation()	Function	只读	阻止事件冒泡

续表

属性/方法	类型	可读/可写	描　　述
target	Object	只读	引起事件的 HTML 元素对象
type	String	只读	触发的事件类型
isTrusted	Boolean	只读	事件是浏览器触发(用户真实操作触发),还是 JavaScript 代码触发的

在这个表格中,我们看到有很多相关的坐标属性,这些坐标很容易混淆,图 5-13 示意了各属性的具体含义,可以进行相应的参考。

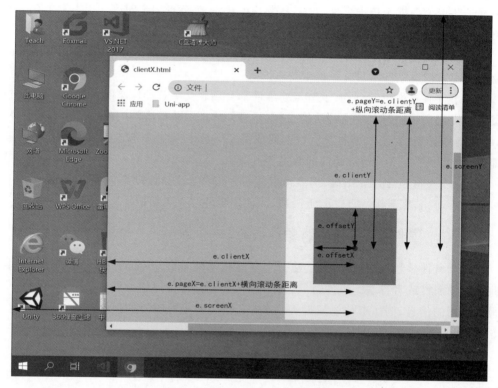

图 5-13　Event 对象中各坐标示意

【例 5-20】　事件代理和 Event 对象使用示例,代码如下:

```html
<body>
  <ul id="data_list">
  </ul>
  <button id="btnAdd">添加项目</button>
  <script>
    var obtn = document.getElementById("btnAdd");
    var list = document.getElementById("data_list");
    var count = 0;
    //每单击一次按钮,增加 1 个项目
    obtn.addEventListener("click",function(){
      var oli = document.createElement("li");
```

```
                oli.innerText = "Item" + (++count);
                list.appendChild(oli);
            },false);
            //事件代理
            list.addEventListener("click",function(e){
                if(e.target.nodeName.toLowerCase() == "li"){
                    alert(e.target.innerText);
                }
            },false);
        </script>
    </body>
```

运行代码后,效果如图 5-14 所示,每单击 1 次按钮,就会自动增加一条项目,使用事件代理,我们将 onclick 事件附加到了其父容器 ul 上,这样就避免了添加新的 li 后必须在 li 上重新添加事件监听的麻烦,这里借助 click 事件的 Event 对象,很轻松地"拿"到了相应的 li 对象。

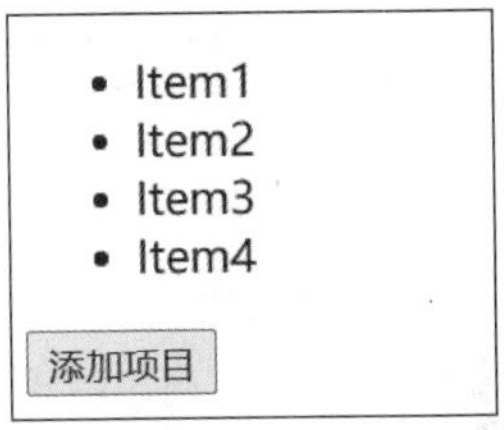

- Item1
- Item2
- Item3
- Item4

添加项目

图 5-14 事件代理和 Event 对象效果图

【例 5-21】 触摸事件和 Event 对象使用示例,代码如下:

```
<body>
    <div id = "showDiv"></div>
    <div id = "objDiv"></div>
    <script>
        //开始触摸时的 x 和 y 坐标
        var sx;
        var sy;
        var oDiv = document.getElementById("showDiv");
        var obj2 = document.getElementById("objDiv");
        function touches(ev) {
          switch(ev.type) {
            case 'touchstart':
                //阻止出现滚动条
                ev.preventDefault();
                oDiv.innerHTML = 'Touch start';
                sx = ev.touches[0].clientX - obj2.offsetLeft;
                sy = ev.touches[0].clientY - obj2.offsetTop;
                break;
            case 'touchmove':
                oDiv.innerHTML = 'Touch move(' +
                        ev.changedTouches[0].clientX + ', ' +
                        ev.changedTouches[0].clientY + ')';
                //阻止出现滚动条
                ev.preventDefault();
                var mx = ev.changedTouches[0].clientX - sx;
```

```
                var my = ev.changedTouches[0].clientY - sy;
                obj2.style.marginLeft = mx - 200 + "px";
                obj2.style.marginTop = my - 200 + "px";
                break;
            case 'touchend':
                oDiv.innerHTML = 'Touch end';
                break;
                }
        }
        window.addEventListener("load", function() {
            document.addEventListener('touchstart', touches, false);
            obj2.addEventListener('touchmove', touches, false);
            document.addEventListener('touchend', touches, false);
        }, false);
    </script>
</body>
```

代码运行后,在Chrome中打开"开发者工具",把它切换成"移动设备模式",鼠标自动模拟手指触点,按下鼠标左键,单击页面,页面显示触摸的touchstart事件被触发,按住鼠标左键对红色的div实现拖放操作,触发touchmove事件,当松开鼠标左键后,将自动触发touchend事件,效果如图5-15所示。

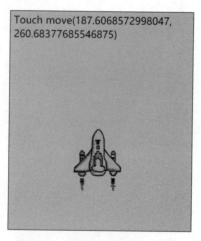

图5-15 触摸事件和Event对象

5.5 实战演练:表格DOM操作

【例5-22】 如图5-16所示,在这个例子中,表中的"平均分"这列是使用DOM动态生成的列,另外平均成绩≥87分的同学中,若是党员的女同学全用黄色实现标注,这是DOM样式的动态附加,数据可以单行删除。也可以实现批量删除。最后还示范了目前项目开发中常见的checkbox的全选和取消全选功能。请用手机扫描对应二维码,结合本书的配套源代码,参看本例的讲解。

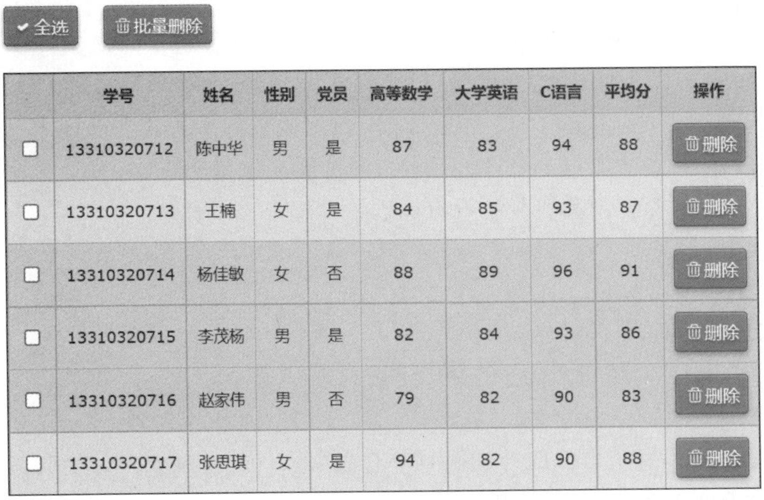

✔全选　🗑批量删除

	学号	姓名	性别	党员	高等数学	大学英语	C语言	平均分	操作
☐	13310320712	陈中华	男	是	87	83	94	88	🗑删除
☐	13310320713	王楠	女	是	84	85	93	87	🗑删除
☐	13310320714	杨佳敏	女	否	88	89	96	91	🗑删除
☐	13310320715	李茂杨	男	是	82	84	93	86	🗑删除
☐	13310320716	赵家伟	男	否	79	82	90	83	🗑删除
☐	13310320717	张思琪	女	是	94	82	90	88	🗑删除

图 5-16　表格 DOM 操作效果

小结

本章主要讲解 JavaScript DOM 和事件的编程基础，介绍 DOM 概念、document 对象的使用，详细讲解 DOM 查找节点的各种方法，使用 DOM 进行属性操作、修改节点内部 HTML 和文字内容，创建节点、添加、插入、删除、替换、复制节点的各种方法，介绍了事件和一些常用事件以及如何实现事件监听。本章所讲解的内容主要应用在 HTML5 App 交互编程中，需要重点掌握。

习题

一、选择题

1. document 对象中查找节点最有效的方法是(　　)。

   A. getElementsByTagName　　B. getElementById
   C. getElementsByClassName　　D. querySelectorAll

2. 要动态改变 div 节点对象中的内容，可以使用的方法有(　　)。

   A. innerText　　B. innerHTML　　C. split　　D. join

3. 对于手指在触摸屏上移动，应该监听 HTML 节点对象的(　　)事件。

   A. ontouchstart　　B. ontouchmove　　C. ontouchend　　D. ontouchcancel

4. 当使用 DOM 进行样式编程时，如果样式的值需要使用变量，应该使用(　　)对象。

   A. className　　B. classList　　C. style　　D. css

5. 当需要频繁添加子节点时，创建子节点应该采用(　　)方法，再一次性附加到父节点。

   A. createElement　　B. createTextNode
   C. createNode　　D. createDocumentFragment

二、判断题

1. document. querySelector 会返回所有匹配 CSS 选择器的节点对象集合。　　(　　)

2. 使用 style 对象不能读取 HTML 元素对象 style 属性中定义的样式。　　(　　)

3. 为提高效率,查找固定的 HTML 元素节点对象最好不要放在循环中。　　(　　)

4. 为 HTML 元素增加自定义 data-属性,浏览器会报错。　　(　　)

5. cloneNode 的深复制和浅复制没有区别。　　(　　)

三、填空题

1. DOM 的英文全称是_____,中文意思是_____。

2. 使用 DOM 编程,可以对节点对象_____、_____、_____、_____、_____。

3. 使用 classList 对象可以为 HTML 元素对象_____、_____、_____样式类。

4. 事件的触发过程分为_____、_____、_____三个阶段。

5. JavaScript 中,每个事件的处理函数都有一个_____对象作为参数,它代表事件的状态,例如发生事件中的元素、触点的位置等。

四、简答题

1. 常用的事件有哪些? 如何实现事件监听?

2. 请解释什么是 DOM,它有何用处?

五、编程题

1. 模拟实现上滑刷新和下拉加载效果(见图 5-17),每次生成新的 3 条列表项,其中上滑附加到列表头部,而下拉加载追加到列表尾部,单击每个列表项,还能取出其中的文字(注：请使用触摸事件,并使用 Chrome 的移动设备模式测试)。

2. 实现 tab 选项卡和频道内容切换,完成如图 5-18 所示的效果。

图 5-17　上滑刷新和下拉加载效果　　　　图 5-18　tab 选项卡切换效果

第 6 章

Vue.js 框架

学习目标

- 熟练掌握 Vue.js 框架的数据绑定和事件处理。
- 熟练掌握 Vue.js 框架中的列表渲染和条件渲染。
- 熟练掌握 Vue.js 框架中 CSS 样式的动态绑定。
- 熟练掌握 Vue.js 框架中的计算属性和侦听器。
- 熟练掌握 Vue.js 框架的单文件组件。
- 掌握 Vue.js 的生命周期。

作为前端开发框架三剑客之一,Vue.js 相对于其他前端框架更易上手,而且还可以与第三方库或者已有项目整合。自 2014 年发布以来,它已经成为很多前端开发者必备的工具之一。本章主要介绍了 uni-app 开发中常用的 Vue.js 语法,为后面的学习打下坚实的基础,同时也能帮助我们转变前端开发的思维方式。

6.1　Vue.js 框架介绍

随着前端技术的不断发展,前端开发能够处理的业务越来越多,网页也变得越来越强大和动态化,这些进步都离不开 JavaScript。在目前的开发中,已经把很多服务端的功能转移到浏览器中来执行,JavaScript 代码也越来越多和更复杂,但是缺乏正规的组织形式。这也是为什么越来越多的前端开发者使用 JavaScript 框架的原因,目前比较流行的前端框架有 Angular、React、Vue.js 等。

Vue.js 框架的作者是尤雨溪,一位杰出的中国人,这个框架是他在谷歌公司工作的时候,为了方便自己的工作而开发出来的一个库。目前 Vue.js 框架的最新版本是 3.2.24,它在 GitHub 上的 Star 已达到 186k(一个受欢迎程序衡量指标),在国内外都越来越受到程序员们的欢迎。它的官方网址是 https://v3.cn.vuejs.org/,Dcloud 公司是它的特别赞助商。

Vue.js 框架是一款友好的、多用途且高性能的 JavaScript 框架,能够帮助我们创建可维护性和可测试性更强的 JavaScript 代码。Vue.js 并不像很多其他框架一样晦涩难懂,"所见即所得"是其基本特点,正是由于这一特点,很多初学者也会将其作为入门语言。Vue.js 是一套渐进式的 JavaScript 框架,它采用自底向上增量开发的设计。Vue.js 的核心库只关心视图层,并且非常容易学习。

Vue.js 最大的两个优势:一是它基于 MVVM 模式的数据绑定;二是它的组件化开发

思想。

1. MVVM 模式

在传统的网页开发方式中,数据和视图(页面)会全部混合在 HTML 中,处理起来相对麻烦。例如实现一个购物车,哪怕用户只修改一个商品的数量,如果我们使用 DOM 编程就非常麻烦,并且结构之间还存在依赖或依存关系,代码上会出现很多问题。特别是产品升级速度越来越快,修改变得越来越多,页面中 DOM 元素多得数不清,令程序员们最崩溃的是如果突然页面的设计修改甚至推翻,基本上代码也得重来。

Vue.js 是一个高效、轻量级的 MVVM 框架。MVVM 是 Model-View-ViewModel 的缩写,它是一种设计思想。Model 层代表数据模型,也可以在 Model 中定义数据修改和操作的业务逻辑;View 代表 UI 组件,它负责将数据模型转化成 UI 展现出来,ViewModel 是一个同步 View 和 Model 的对象,结构如图 6-1 所示。

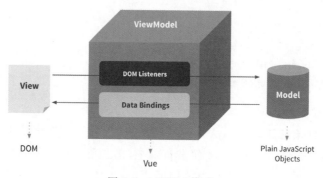

图 6-1　MVVM 模式

在 MVVM 架构下,View 和 Model 之间并没有直接的联系,而是通过 ViewModel 进行交互,Model 和 ViewModel 之间的交互是双向的,因此 View 数据的变化会同步到 Model 中,而 Model 数据的变化也会立即反映到 View 上。ViewModel 通过双向数据绑定把 View 层和 Model 层连接起来,而 View 和 Model 之间的同步工作完全是自动的,无须人为干涉。从 View 侧看,ViewModel 中的 DOM Listeners 工具会帮我们监测页面上 DOM 元素的变化,如果有变化,则更改 Model 中的数据;从 Model 侧看,当更新 Model 中的数据时,Data Bindings 工具会帮我们更新页面中的 DOM 元素。

2. Virtual DOM

在图 6-1 中,当修改数据时,视图会立刻同步更新,Vue.js 中采用了一种叫 Virtual DOM(虚拟 DOM)的技术来实现。

浏览器在处理 DOM 操作时是存在性能问题的,这也是我们在使用原生 JavaScript 或 jQuery 框架去频繁操作 DOM 进行数据渲染的时候,页面经常出现卡顿的原因。

Virtual DOM 会预先通过 JavaScript 的各种运算,把最终需要生成的 DOM 计算出来,并且进行优化,在计算完成之后才会将计算出的 DOM 放到页面的 DOM 树中。由于这种操作的方式并没有进行真实的 DOM 操作,所以才会叫它"虚拟 DOM"。

Vue.js 采用了 Virtual DOM 的方式,就可以完全避免对 DOM 的复杂操作,大大地加快了应用的运行速度。

3. 组件化开发

在前端开发过程中,经常出现多个网页的功能是重复的,而且很多不同的页面之间也存在同样的功能。如果将一个页面中所有的处理逻辑全部放在一起,处理起来就会变得非常复杂,也不利于后续的管理以及扩展,但如果将一个页面拆分成一个个小的功能块,每个功能块完成属于自己这部分独立的功能,那么之后整个页面的管理和维护就变得非常容易了,就像图 6-2 展示的那样。

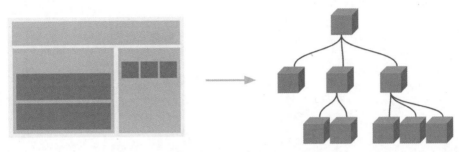

图 6-2 组件化开发思想

组件系统是 Vue.js 中一个非常重要的概念,它提供了一种抽象,让我们可以使用独立可复用的小组件来构建大型应用。任意类型的应用界面都可以抽象为一个组件树,使用组件化开发的好处也是非常明显的:

- 提高开发效率;
- 方便重复使用;
- 简化调试步骤;
- 提升整个项目的可维护性;
- 便于多人协同开发。

4. Vue.js 的引入

既然 Vue.js 是一套 JavaScript 框架,那么它就正如我们前面学习过的 JavaScript 文件一样,可以下载下来后,使用< script >标签在页面中引入。为了简化,本章的 Vue.js 讲解都采用 cdn 加速方式,在 HTML 页面中通过如下方式引入(读者也可以从配套资源包下载后引入):

```
<!-- 开发环境版本,包含了有帮助的命令行警告 -->
< script src = "https://cdn.jsdelivr.net/npm/vue@2/dist/vue.js"></script>
```

或者:

```
<!-- 生产环境版本,优化了尺寸和速度 -->
< script src = "https://cdn.jsdelivr.net/npm/vue@2"></script>
```

在开发过程中最好使用开发版本,在控制台有错误信息提示,方便调试。

6.2　数据绑定

1. 单向绑定

Vue.js 的核心是采用简洁的模板语法来声明式地将数据渲染进 DOM,这个模板的绑定语法形式是"{{数据}}",这种方式主要用于页面标签内容插值,让我们来看下面的代码(假设在页面中已经引入了 Vue.js框架):

```
<div id="mydiv">{{message}}</div>
<script>
    var app = new Vue({
        el:"#mydiv",
        data:{
            message:"Hello Vue"
        }
    });
</script>
```

在使用 Vue.js 时,都是通过 Vue 的构造器进行实例化,实例化时需要传递一个 JavaScript 选项对象,选项对象包括挂载元素(el)、数据(data)、方法(methods)、生命周期钩子函数等选项。上面的代码中,构造器中的 el 对应了 div 的 CSS3 语法的 id 选择器,数据是 data 中定义的 message 属性,并且在页面中使用{{message}}进行绑定。所以当这个页面启动后,会在页面上显示文本"Hello Vue"。

Vue 在背后做了大量工作,现在数据中 message 和 View 中的 id 属性为"mydiv"的 div 已经被建立了关联,所有元素都是响应式的。我们不再使用 HTML 的 DOM 直接交互了。一个 Vue 实例会将其挂载到一个 DOM 元素上(对于这个例子是 #mydiv),然后对其进行完全控制。

打开 Chrome 浏览器的控制台,如图 6-3 所示,输入"app.message",控制台会立即自动打印出"Hello Vue",输入"app.$data.message"也能输出相同的结果;当我们修改 app.message="Hello HTML5",页面上的文本也立即刷新成"hello html5"。

图 6-3　响应式变化

选项对象 data 中定义的原始数据属性,在 Vue 对象实例化成功后,所有属性会自动添加到 Vue 实例化对象中,Vue 实例对象也可以通过 $data 属性访问原始数据对象属性。

　　Vue 在数据绑定的过程中,除了可以支持绑定简单的数据属性,实际上对于所有的数据绑定,还提供了完全的 JavaScript 表达式支持,例如下面的绑定代码中,这些表达式会在所属 Vue 实例的数据作用域下作为 JavaScript 被解析。

```
{{ number + 1 }}
{{ ok ? 'YES' : 'NO' }}
{{ message.split('').reverse().join('') }}
```

　　但是要注意的是,在绑定表达式时,每个绑定都只能包含单个表达式,所以下面的例子都不会生效:

```
{{ var a = 1 }}                    //这是语句,不是表达式
{{ if (ok) { return message } }}  //流控制不会生效,要用三元表达式
```

2. 双向绑定

　　Vue.js 使用 v-model 指令在表单 < input >、< textarea > 及 < select > 等元素上创建双向数据绑定。它会根据控件类型自动选取正确的方法来更新元素,负责监听用户的输入事件以更新数据,并对一些极端场景进行特殊处理。

　　v-model 在内部为不同的输入元素使用不同的属性,并触发不同的事件:

- input 文本输入框和 textarea 元素使用 value 属性和 input 事件;
- checkbox 和 radio 使用 checked 属性和 change 事件;
- select 标签使用 value 属性和 change 事件。

　　例如实际的 App 开发中经常有这样一个场景,用户在< input >文本框中输入银行卡号,下面有个文本加粗显示并格式化(每 4 位自动加个空格),如果使用传统的 DOM 编程,可以思考下这需要多少代码量,DOM 操作相对是比较烦琐的,而下面的代码演示了如何使用 v-model 指令进行双向绑定,代码非常简洁。

　　【例 6-1】　双向绑定示例。

```
< div id = "card_input">
    < input type = "text" v - model = "cardNo"/>
    < p class = "card_no">
        {{cardNo.replace(/\s/g, '').replace(/(\d{4})(? = \d)/g, " $ 1 ")}}
    </ p>
</ div >
< script >
    var app2 = new Vue({
        el:" # card_input",
        data:{
            cardNo:""
        }
    });
</ script >
```

执行效果如图 6-4 所示,在输入框中输入银行卡数字后,下面会自动显示银行卡号,并在每 4 个数字后加上一个空格。

v-model 会忽略所有表单元素的 value、checked、selected 属性的初始值,而总是将 Vue 实例的数据作为数据来源,所以应该在 data 数据选项中声明初始值。

3. 属性绑定

属性绑定指的是将数据绑定在 HTML 标签的属性上,HTML 标签的属性一般格式都是:属性名="值"这样的形式,所以属性绑定的语法格式为:

```
v-bind:属性名 = "数据属性"
```

或直接简化为:

```
:属性名 = "数据属性"
```

下面的代码演示了如何实现属性的绑定,我们对一个超链接 a 标签的 href 属性和 title 属性分别进行数据绑定,运行效果如图 6-5 所示。

```
< a id = "hy1" :href = "navi" :title = "desc">成都东软学院</a>
< script >
    var app3 = new Vue({
        el: "#hy1",
        data:{
            navi:"http://www.nsu.edu.cn",
            desc:"始建于 2003 年,现位于四川成都都江堰市青城山下"
        }
    });
</script>
```

```
6228480099402436 0977
```

6228 4800 9940 2436 0977

图 6-4　v-model 使用示例

成都东软学院
始建于2003年, 现位于四川成都都江堰市青城山下

图 6-5　属性绑定使用示例

6.3　事件处理

Vue.js 提供了事件处理机制,事件监听采用 v-on 指令作为 DOM 事件来触发 JavaScript 代码,以常见的 click 事件为例,它的语法形式为:

```
v - on:click = "JavaScript 代码"
```

或直接简化为：

```
@click = "JavaScript 代码"
```

下面是一个简单的例子，运行后的效果如图 6-6 所示。

```
< div id = "mydiv">
    < button @click = "counter += 1"> Add 1 </button>
    < p > The button above has been clicked {{ counter }} times.</p>
</div>
< script >
    var app = new Vue({
            el:"#mydiv",
            data:{
                counter:0
            }
    });
</script>
```

　　在开发过程中，由于一般事件的处理逻辑都比较复杂，所以直接把 JavaScript 代码写在 v-on 或@指令中是不可行的，因此需要设计事件处理方法，也就是在实例化配置对象的 methods 属性中添加一个方法，上面这个示例代码修改后，如下所示：

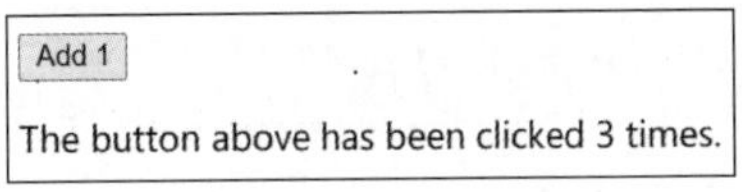

```
Add 1
The button above has been clicked 3 times.
```

图 6-6　事件处理示例

```
< div id = "mydiv">
    < button @click = "addCounter"> Add 1 </button>
    < p > The button above has been clicked {{ counter }} times.</p>
</div>
< script >
    var app = new Vue({
            el:"#mydiv",
            data:{
                counter:0
            },
            methods:{
                addCounter(){
                    this.counter++;    //this 代表当前的 Vue 实例
                }
            }
    });
</script>
```

　　如果 addCounter 方法调用时需要参数，则调用时和 JavaScript 的内联处理方法一样，采用的语法形式改为：

```
@click = "addCounter(参数值)"
```

在前面的讲解中,我们一直强调内容(HTML)和行为(JavaScript)的分离,但是 Vue.js 这种监听事件的方式违反了这个原则,因为所有的 Vue.js 事件处理方法和表达式都严格绑定在当前视图的 ViewModel 上,不会导致任何维护上的困难。实际上,使用这种方式有几个好处:

- 扫一眼 HTML 模板便能轻松定位在 JavaScript 代码里对应的方法;
- 因为无须在 JavaScript 里手动绑定事件,Vue 实例中可以是非常纯粹的逻辑,和 DOM 完全解耦,更易于测试;
- 当一个 Vue 实例被销毁时,所有事件处理器都会自动被删除。

6.4 列表渲染

Vue.js 使用 v-for 指令基于一个数组来渲染一个列表。v-for 指令需要使用 item in items 形式的特殊语法,其中 items 是源数据数组,而 item 则是被迭代的数组元素的别名,例如下面的代码会在页面上自动生成 4 条无序列表,效果如图 6-7 所示。当然,这种情况一般用于页面设计中的测试,比我们经常使用的复制粘贴简单快捷。

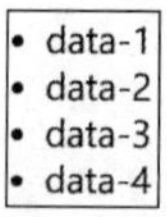

- data-1
- data-2
- data-3
- data-4

图 6-7　生成 4 条无序列表

```
< ul id = "dataList1">
    < li v - for = "item in 4"> data - {{item}}</li>//
</ul >
< script >
    var app1 = new Vue({
        el: "#dataList1"
    });
</script >
```

在实际开发过程中,一般使用一个数组作为数据源,它会自动生成一个课程列表,例如下面的代码:

```
< ul id = "dataList2">
    < li v - for = "(item,index) in courses" :key = "index">
        {{index}} - {{item}}
    </li>
</ul >
< script >
    var app2 = new Vue({
        el: "#dataList2",
        data:{
            courses:["HTML5","Android","iOS"]
        }
    });
</script >
```

这里在使用 v-for 指令时使用了一个 key 属性,它和当前数据元素在数组中的序号(从 0 开始)进行了绑定。

当 Vue 正在更新使用 v-for 指令渲染的元素列表时,它默认使用"就地更新"的策略。如果数据项的顺序被改变,Vue 将不会移动 DOM 元素来匹配数据项的顺序,而是就地更新每个元素,并且确保它们在每个索引位置正确渲染。为了给 Vue 一个提示,以便跟踪每个节点的身份,从而重用和重新排序现有元素,所以需要为每项提供一个唯一的 key 属性,以便提高程序性能,它的值一般为字符串或数值类型。

也可以使用 v-for 指令来遍历一个对象数组,下面这个例子演示了如何使用 v-for 指令来生成一张数据表。

【例 6-2】 使用 v-for 指令生成 table 表。

```
<table class="hovertable">
    <tr>
        <th>教师</th>
        <th>职称</th>
        <th>年龄</th>
    </tr>
    <tr v-for="(teacher, index) in teachers" :key="index">
        <td>{{teacher.name}}</td>
        <td>{{teacher.ranks}}</td>
        <td>{{teacher.age}}</td>
    </tr>
</table>
<script>
    var app3 = new Vue({
        el: ".hovertable",
        data: {
            teachers:[{name:"张三丰",ranks:"教授",age:59},
                    {name:"黄波",ranks:"副教授",age:45},
                    {name:"李小龙",ranks:"助教",age:28}]
            }
    });
</script>
```

运行后,得到一张表格,效果如图 6-8 所示。

教师	职称	年龄
张三丰	教授	59
黄波	副教授	45
李小龙	助教	28

图 6-8 使用 v-for 指令生成 table 表

6.5 条件渲染

1. v-if 指令

v-if 指令用于条件性地渲染一块内容。这块内容只会在指令的表达式返回 true 时被渲染,如下代码中,当数据属性 awesome 为 true 时,h1 标签才会在页面中显示出来。

```
< h1 v - if = "awesome">Vue is awesome!</h1 >
```

教师	职称	年龄	段位
张三丰	教授	59	老年
黄波	副教授	45	中年
李小龙	助教	28	青年

图 6-9　使用 v-if 指令实现年龄分段

和我们学过的编程语言相似,Vue. js 框架中还有 v-else 指令和 v-else-if 指令,这两个指令都要紧跟在带 v-if 或者 v-else-if 的元素的后面,否则将不会被识别。

如果我们需要在例 6-2 的表格中多一列,效果如图 6-9 所示,加上教师的年龄段(20～35 岁,36～49 岁,50 岁及以上 3 个年龄段,即青年组、中年组和中老年组)可以把 HTML 代码部分修改如下。

【例 6-3】　v-if 实现年龄分段。

```
< table class = "hovertable">
    < tr >
        < th >教师</th >
        < th >职称</th >
        < th >年龄</th >
        < th >段位</th >
    </tr >
    < tr v - for = "(teacher,index) in teachers" :key = "index">
        < td >{{teacher.name}}</td >
        < td >{{teacher.ranks}}</td >
        < td >{{teacher.age}}</td >
        < td v - if = "teacher.age > 20&&teacher.age < 35">青年</td >
        < td v - else - if = "teacher.age > 36&&teacher.age < 49">中年</td >
        < td v - else >老年</td >
    </tr >
</table >
```

2. v-show 指令

另一个用于根据条件展示元素的选项是 v-show 指令。用法大致一样:

```
< h1 v - show = "ok">Hello!</h1 >
```

不同的是,带有 v-show 的元素始终会被渲染并保留在 DOM 中。v-show 指令只是简单地切换元素中 CSS 的 display 属性。

v-if 是"真正"的条件渲染,因为它会确保在切换过程中条件块内的事件监听器和子组件适当地被销毁和重建。 相比之下,v-show 就简单得多,不管初始条件是什么,元素总是会被渲染,并且只是简单地基于 CSS 进行切换,进行隐藏或显示。

6.6　CSS 样式动态绑定

操作 HTML 元素的 class 属性和内联样式 style 属性是页面样式动态修改的一个常见需求，正因为这两个都是属性，所以可以用属性绑定来进行处理。只需要通过表达式计算出字符串结果即可。不过，字符串拼接麻烦且易错，Vue.js 做了专门的增强。表达式结果的类型除了字符串之外，还可以是对象或数组。

例如在下面的代码中，class 属性是否使用 active，这取决于 data 中定义的 isActive 的值是否为 true。

```
/* 定义了个.active 样式 */
.active{border:2px solid black;}

//样式动态绑定
< div id = "mydiv" :class = "{active:isActive}" @click = "isActive = !isActive">
</div>

< script >
    var app = new Vue({
        el: "#mydiv",
        data: {
            isActive: true
        }
    });
</script>
```

当然，我们也可以使用三元表达式，根据条件切换列表中的 class。

```
< div id = "mydiv" :class = "isActive?'active':''"></div>
```

class 属性修改比较适用样式值固定的情况，如果样式中需要出现变量值，这就需要使用标签的 style 对象。Vue.js 的 :style 语法非常直观——看着非常像 CSS，但其实是一个 JavaScript 对象。CSS 属性名可以用驼峰式（camelCase）或短横线分隔（kebab-case）（注：记得用引号括起来）来命名，就如下面的代码：

```
< div id = "mydiv2" :style = "{fontSize:size + 'px',color:color}">
    hello Vue
</div>
< script >
    var app2 = new Vue({
        el: "#mydiv2",
        data: {
            size: 30,
            color:"red"
```

```
        }
    });
</script>
```

甚至直接绑定到一个样式对象,这会让模板更清晰,代码如下:

```
<div id = "mydiv" :style = "styleObject"> hello Vue </div>

data: {
    styleObject:{
        color:"red",
        fontSize:"30px"
    }
}
```

6.7 计算属性和侦听器

1. 计算属性

模板语法的表达式非常便利,但是设计它们的初衷是用于简单运算的。在模板中放入太多的逻辑会让模板过“重”且难以维护,例如下面的代码:

```
<div id = "example">
    {{ message.split('').reverse().join('') }}
</div>
```

在这个地方,模板不再是简单的声明式逻辑。你必须看一段时间才能明白,这里是想要显示变量 message 的翻转字符串。如果要在模板中的多处包含此翻转字符串时,就会更加难以处理。所以对于任何复杂的逻辑,都应当使用计算属性,我们可以像绑定普通的数据属性那样在模板中绑定计算属性,正如下面的修改:

```
<div id = "mydiv1">
    <p>原始字符串: "{{ message }}"</p>
    <p>反转后的字符串: "{{ reversedMessage }}"</p>
</div>
<script>
    var app1 = new Vue({
        el: "#mydiv1",
        data: {
                message:"Hello Vue"
            },
            //定义相应的计算属性
            computed:{
                reversedMessage:function(){
                    //this指向当前Vue实例
                    return this.message.split('').reverse().join('');
```

```
            }
        }
    });
</script>
```

当然,其实我们自定义一个方法,在模板中绑定这个方法也可以达到同样的结果,就像这样的语法:

```
<p>反转后的字符串: "{{ reversedMessage() }}"</p>
```

计算属性是基于它们的响应式依赖进行缓存的。 只在相关响应式依赖发生改变时,它们才会重新求值。 这就意味着只要上例 message 的值没有发生改变, 多次访问 reversedMessage 计算属性会立即返回之前的计算结果, 而不必再次执行函数, 而使用方法则会每次都执行。

2. 侦听器

虽然计算属性在大多数情况下适合,但有时也需要一个自定义的侦听器。Vue 通过 watch 选项提供了一个更通用的方法,来响应数据的变化。当需要在数据变化时,执行异步或开销较大的操作时,这个方式是最有用的,例 6-4 演示了如何使用侦听器实现单位的自动换算,执行后的效果如图 6-10 所示。

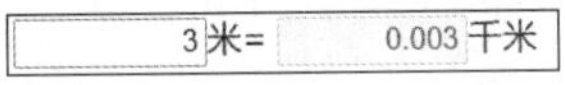

3米=	0.003 千米

图 6-10　watch 侦听器效果

【例 6-4】 使用侦听器实现单位换算。

```
<div id="mydiv2">
    <input type="text" placeholder="输入数值" v-model="meter"/>米 =
    <input type="text" disabled v-model="kilometer"/>千米
</div>
<script>
    var app2 = new Vue({
        el:"#mydiv2",
        data:{
            meter:0,
            kilometer:0
        },
        watch:{
            meter(newVal,oldVal){
            //newVal 获得 meter 当前的新值,oldVal 是上次的值
            this.kilometer = this.meter/1000;
            }
        }
    });
</script>
```

6.8 单文件组件

在大型应用开发中,为了分工和代码复用,不可避免地需要将应用抽象为多个相对独立的模块。组件是 Vue.js 最强大的功能之一。组件可以扩展 HTML 标签元素,封装可重用的代码。在较高的层面上,组件是自定义元素,Vue.js 为它添加了一些特殊的功能。由于篇幅限制,本节只介绍在 App 开发中使用最广泛的单文件组件。

1. 组件定义及使用

单文件组件,顾名思义,一个文件就代表一个组件,它的后缀名是 .vue。下面详细演示了如何使用单文件组件。

【例 6-5】 使用单文件组件。

(1) 在 HBuilderX 中,单击鼠标右键,新建"vue 文件"(例如我们创建了一个"helllo.vue")。创建成功后,修改代码如下:

```
<template>
    <div class = "mydiv"> hello {{name}}</div>      HTML 内容
</template>
<script>
    module.exports = {
        data:function(){
            return {name:"huangbo"}     JavaScript 代码
        }
    }
</script>
<style scoped>
    .mydiv{color:red;}     CSS 样式
</style>
```

从上面的代码段可以看出,一个单文件组件分成 3 部分:HTML 内容、JavaScript 代码、CSS 样式,它们各司其职,style 中的"scoped"属性代码的意思是这里定义的样式仅限于当前组件使用。

(2) 在父级 HTML 页面(也可以看作父组件)中,除了引入 Vue.js,再引入 Vue.js 的另一个工具库:

```
<script src = "https://cdn.jsdelivr.net/npm/http-vue-loader"></script>
```

(3) HTML 页面的代码如下:

```
<div id = "container">
    <say-hello></say-hello>
</div>
<script>
    var app1 = new Vue({
```

```
        el:"#container",
        components:{
            "say-hello":httpVueLoader('hello.vue')
        }
    });
</script>
```

这样,我们就实现了一个单文件组件。这个组件我们给了一个自定义标签名< say-hello >,它是加载"hello.vue",由 Vue.js 解析这个组件并在页面上实现渲染。

实际开发中都是使用 WebPack 这样的工具实现项目打包,在这里,为了简化,采用了 httpVueLoader 工具,这样就不需要安装和了解 WebPack,所以在.vue 文件中没有采用 ES6 的模块导出方式,而是 Node.js 的 module.exports 方式。

单文件组件的 data 选项必须为函数,因为组件可以复用,如果是对象方式,所有的组件实例都会显示相同的内容,就失去了组件的意义。

2. 组件通信

组件的作用域是独立的,也就是说,父组件的数据和子组件数据之间是独立的,如果要实现数据传递,可以参看图 6-11,在子组件中使用选项 props 来声明需要从父级组件接受的数据。当子组件需要向父组件传递数据时,就要用到自定义事件,Vue 组件有一套类似观察者模式的方式,子组件用 $emit()来触发事件,父组件用@自定义事件名来监听子组件的触发。

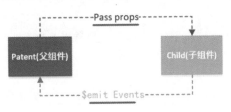

图 6-11　组件通信示意图

【例 6-6】 组件通信示例。

```
//单文件组件 mylist.vue 内容
<template>
    <ul class="dataList">
        <li v-for="(item,index) in listdatas" :key="index"
            @click="liClick(item)">{{item}}</li>
    </ul>
</template>
<script>
    module.exports = {
        props:{
            listdatas:{type:Array,default:() =>[]}
        },
        methods:{
            liClick(item){this.$emit("click",item);}
        }
    }
</script>
<style scoped>/*略*/</style>
```

在组件中,使用 props 定义了一个叫 listdatas 的数据属性,它的类型是数组,默认值是个空数组;当单击 li 时,调用 liClick 方法并把当前选项传入;在 liClick 中,使用了 Vue 实例的 $emit 方法调用父组件上监听的自定义 click 方法。

```
//父页面(组件)内容
<div id = "contentContainer">
    <data-list :listdatas = "list" @click = "itemClick"></data-list>
    <p>You Clicked:{{res}}</p>
</div>
<script>
    var app2 = new Vue({
        el: "#contentContainer",
        data: {
            list: ["HTML5", "CSS3", "JavaScript"],
              res: ""
        },
        components: {
            "data-list": httpVueLoader('mylist.vue')
        },
        methods:{
            itemClick(result){ this.res = result;}
        }
    });
</script>
```

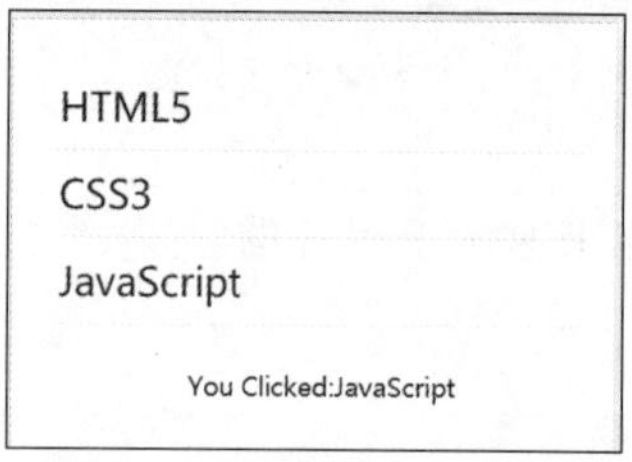

HTML5

CSS3

JavaScript

You Clicked:JavaScript

图 6-12　组件通信示例

在父组件中,使用 httpVueLoader 加载子组件后,命名为 data-list,这时它就可以使用 listdatas 属性进行数据传递了,并且为该组件写了一个监听事件@click,当子组件中触发这个事件时,实际调用父组件的 itemClick 方法,并将得到的参数赋值给 res 属性。

最终的运行效果如图 6-12 所示。

定义 props 的默认值时,如果是 Object 或 Array 类型,它的值必须以函数形式返回默认值,Array 可以用箭头函数:()=>[],Object 可以用:()=>{}。

3. ref 和 $refs

到目前为止,你会发现这章的代码中,那些曾经熟悉的标准的 DOM 操作 JavaScript 语句都没有出现,这是学习 Vue.js 框架时需要注意的最大不同点,它的核心就是去操作数据,由 ViewModel 去自动更新界面。对于获取/操作 DOM 元素,Vue.js 提供了 ref 和 $refs 两个关键字。

ref 被用来给元素或子组件注册引用信息,引用信息将会注册在父组件的 $refs 对象上。如果在普通的 DOM 元素上使用,引用指向的就是 DOM 元素;如果用在子组件上,引用就指向组件实例,例如下面的代码:

```
//HTML 元素对象
< p ref = "p"> You Clicked:{{res}}</p>
//子组件
< data - list :listdatas = "list" @click = "itemClick" ref = "mylist">
</data - list >
```

this. $refs. p 可以访问到这个 p 标签对象,this. $refs. mylist 可以访问到子组件 Vue
实例对象,如果子组件的 methods 中定义了一个 childMethod 方法,则可以在父组件中使用
下面的代码直接调用这个方法:

```
this. $refs.mylist.childMethod();
```

6.9　生命周期钩子

每个 Vue 实例在被创建时都要经过一系列初始化过程——例如,需要设置数据监
听、编译模板、将实例挂载到 DOM 并在数据变化时更新 DOM 等。同时,在这个过程中
也会运行一些叫作生命周期钩子的函数,这给了用户在不同阶段添加代码的机会。生命
周期钩子就是生命周期事件的别名,也叫生命周期函数,分为三个阶段:创建期间、运行
期间、销毁期间。下面列举了一些常用的生命周期函数,例 6-7 演示了这些生命周期函数
的用法。

1. 创建期间

- beforeCreate:实例刚在内存中被创建出来,此时还没有将 data 和 methods 属性初
  始化。
- created:实例已经在内存中创建完成。此时 data 和 methods 已经在内存中创建完
  成,但是还没有开始编译模板。
- beforeMount:此时已经完成了模板的编译,但是还没有加载到页面中显示。
- mounted:此时已经将编译好的模板加载到页面指定的容器中显示。

2. 运行期间

- beforeUpdate:状态更新之前执行该函数,此时 data 中的状态值是最新的,但是界
  面上显示的数据还是旧的,因为此时还没有开始重新渲染 DOM 节点。
- updated:实例更新完毕之后将会调用此函数,此时 data 中的状态值和界面上显示
  的数据都已经完成了更新,界面已经被重新渲染好了。

3. 销毁期间

- beforeDestroy:实例销毁之前调用。在这一步,实例仍然完全可用。
- destroyed:Vue 实例销毁后调用。调用之后,Vue 实例指示的所有元素都会解绑,
  所有的事件监听器会被移除,所有的子实例也会被销毁。

【例 6-7】 Vue. js 生命周期函数使用,执行效果如图 6-13 所示。

```html
<div id = "app">
    <input type = "button" value = "updated" @click = "message = 'vue'">
    <h3 id = "h3">{{message}}</h3>
</div>
<script>
    // 创建 Vue 实例,得到 ViewModel
    var vm = new Vue({
        el: '#app',
            data: {
                message:"hello"
            },
            methods: {
                show() {
                        console.log('show 方法执行');
                }
            },
            beforeCreate() {
                console.log('beforeCreate - 数据: ${this.message}');
                this.show();
            },
            created() {
                console.log('created - 数据值: ${this.message}');
                this.show();
            },
            beforeMount() {
                console.log('beforeMount - 界面上:
                        ${document.getElementById('h3').innerText}');
            },
            mounted() {
                console.log('mounted - 界面上:
                        ${document.getElementById('h3').innerText}');
            },
            beforeUpdate() {
                console.log('beforeUpdate - 界面上:
                        ${document.getElementById('h3').innerText},
                        数据: ${this.message}');
            },
            updated() {
                console.log('updated - 界面上:
                        ${document.getElementById('h3').innerText},
                        数据: ${this.message}');
            },
            beforeDestroy() {
                console.log("beforeDestroy");
            },
            destroyed() {
                console.log("destroyed");
            }
        });
</script>
```

```
                setTimeout(() = >{
                    vm. $ destroy();
                },10000);
            </script>
```

图 6-13　生命周期各函数执行结果

6.10　实战演练：购物车

如图 6-14 所示，这个例子是我们非常熟悉的"购物车"，如果用传统的 DOM 编程实现，不管是列表的生成，还是数量的增减和全选问题，代码都非常复杂，但是使用 Vue.js 框架，代码就非常简洁。在这个例子中，我们综合应用了 Vue.js 的数据绑定、事件处理、计算属性等知识点。请用手机扫二维码，结合本书的配套源代码，参看本例的讲解。

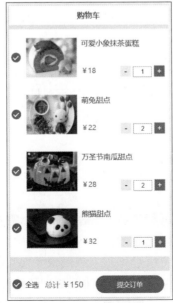

图 6-14　购物车

小结

本章重点讲解了 Vue.js 框架的各种指令,包括数据绑定、属性绑定、事件处理、列表渲染、条件渲染、样式动态绑定、计算属性和侦听器、组件及通信等内容,最后讲解了一个购物车的综合实例。Vue.js 作为近几年发展最快的 JavaScript 框架,已经是现在前端程序员必备的技能之一。本章所讲解的内容比较实用,也为后面的 uni-app 讲解做好了铺垫,读者在学习过程中一定要勤于练习和实践。

习题

一、选择题

1. Vue 中哪个实例属性可以帮助我们获取原生的 DOM 对象(　　　)。

　A. $ data　　　　　B. $ el　　　　　C. $ destroy　　　　D. $ log

2. Vue 实例销毁之后会调用哪个钩子函数?(　　　)

　A. destroyed　　　B. created　　　C. ready　　　　　D. beforeDestroy

3. 在 Vue 的生命周期中,下列执行顺序正确的是(　　　)。

　A. beforeCreate→init→create→mount→destroy

　B. mount→beforeCreate→create→destroy

　C. beforeCreate→create→init→mount→destroy

　D. beforeCreate→created→mounted→destroyed

4. 子组件通过哪种方式通知父组件的触发通信机制(　　　)。

　A. this. emit　　　B. this. $ pros　　　C. this. event　　　D. this. $ emit

5. 下列语法中,Vue 的模板语法正确的是(　　　)。

　A. < div > data1 </ div >　　　　　　　B. < div >{data1}</ div >

　C. < div >{{data1}}</ div >　　　　　D. < div >{{{data1}}}</ div >

二、判断题

1. Vue.js 中自定义的组件没有任何生命周期钩子函数。　　　　　　　　　(　　　)

2. Vue.js 使用计算属性必须要用返回结果,否则报错。　　　　　　　　　(　　　)

3. Vue.js 使用计算属性结果不能是布尔值。　　　　　　　　　　　　　　(　　　)

4. Vue.js 使用计算属性结果可以被缓存。　　　　　　　　　　　　　　　(　　　)

5. Vue 实例的 data 选项中定义的数据可以和普通变量一样,不用设置默认值。　(　　　)

6. Vue 子组件的 data 选项必须是函数返回对象的形式。　　　　　　　　　(　　　)

三、填空题

1. 为了实现数据属性与 input 标签输入值的双向绑定,需要使用 Vue.js 指令_____。

2. Vue.js 中进行事件绑定,简写形式是在事件名前面加符号_____。

3. Vue.js 中用于根据条件使用 CSS 展示或隐藏元素的指令是_____。

4. 在 Vue.js 单文件组件中,为了限制某个组件中设计的样式仅限于其内部使用,会对组件的 style 标签加上_____属性。

5. _____属性用来给元素或子组件注册引用信息。

四、简答题

1. 什么是 MVVM 架构?

2. 请列举 Vue 中常用的生命周期钩子函数及其作用。

3. Vue.js 中计算属性与 methods 的区别是什么?

五、编程题

如图 6-15 所示,要求使用 Vue.js 框架实现一个通讯录管理功能,输入相应姓名和电话,单击"添加"按钮后,内容自动出现在列表中,输入框自动清空。

图 6-15 通讯录管理功能

第 7 章

AJAX 通信技术

学习目标

- 了解 AJAX 通信技术。
- 掌握 Fiddler 工具的使用,并通过它熟练掌握 HTTP 协议。
- 掌握 AJAX 核心对象 XMLHttpRequest 的使用。
- 掌握使用 FormData 对象。
- 熟练掌握使用 Fetch API 实现 AJAX 通信。
- 了解 RESTFul API 的概念及使用。

和传统网页开发不同,HTML5 App 手机客户端与服务端的数据交互不再依靠 form 表单。本章将针对 HTML5 App 移动应用和小程序开发时,用于与服务端交互的 AJAX 通信技术作详细讲解。

7.1 AJAX 技术介绍

AJAX(Asynchronous JavaScript and XML,异步 JavaScript 和 XML)极大地发掘了 Web 应用程序的潜力,开启了大量新的可能性,缩短了 Web 程序与 Windows 程序在可用性上的差距。AJAX 应用程序的优势在于:

- 通过异步模式,提升了用户体验;
- 优化了浏览器和服务器之间的传输,减少不必要的数据往返,减少了带宽占用;
- AJAX 引擎在客户端运行,承担了一部分本来由服务器承担的工作,从而减少了大用户量下的服务器负载。

传统的 Web 开发技术中,浏览器和服务器之间的通信和数据交互主要依赖于 form 表单,这不可避免地带来整个页面的刷新。图 7-1 和图 7-2 所展示的两个常见的 Web 效果都是 AJAX 技术的典型应用,可以想象,如果这两个效果采用传统的 form 表单交互,页面不断地刷新,用户的体验会有多糟糕,而 AJAX 通信技术可以实现页面局部刷新,就是能在不更新整个页面的前提下维护数据,这使得 Web 应用程序更为迅捷地回应用户动作,并避免了在网络上发送那些没有改变过的信息,这对于 HTML5 App 的开发尤为重要,App 的用户体验要求较高,利用 AJAX 技术,可以避免页面切换的白屏,提高页面的快速反应能力。

图 7-1　Baidu 的输入智能提示效果　　　　　　图 7-2　三维电子地图效果

AJAX 由 4 种主要技术集合而成，每种技术在其中都有一定的职责，如表 7-1 所示。

表 7-1　AJAX 的技术组成

名　　称	职　　责
JavaScript	通用的脚本语言，嵌入到 Web 应用中。浏览器自带的解释器允许通过与浏览器的很多内建功能进行交互。AJAX 程序都是由 JavaScript 完成的
CSS	CSS 为页面提供一种可重用的可视化样式的定义方法，它提供简单而强大的方法，以一致的方式定义和使用可视化样式。在 AJAX 应用程序中，用户界面的样式通过 CSS 来独立修改
DOM	使用 JavaScript 来修改页面，AJAX 程序在页面运行时动态修改页面，或高效重绘页面中的某一部分
XMLHttpRequest 对象	XMLHttpRequest 对象允许 Web 程序以异步方式获取数据，数据格式目前流行使用 XML 或 JSON，也可以支持其他文本格式。目前所有的浏览器都支持这个对象

从表 7-1 可以看出，AJAX 并不是一种全新的技术，它仅仅是"新瓶装老酒"，是对于一些基于 Web 标准的传统技术的重新包装，是对传统技术的发展和增值。图 7-3 展示了 AJAX 技术的工作原理，JavaScript 在其中就像"胶水"一样，把各技术黏合在了一起。

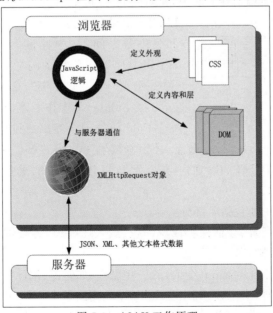

图 7-3　AJAX 工作原理

7.2 HTTP 协议分析

协议是指计算机通信网络中两台计算机之间进行通信时所必须共同遵守的规定或规则。HTTP 协议(HyperText Transfer Protocol,超文本传输协议)是互联网上应用最为广泛的一种网络协议。AJAX 技术的核心思想其实就是使用 XMLHttpRequest 对象模拟传统的 form 表单与服务器进行数据交互,这就要求必须熟练掌握 HTTP 协议。只要牢牢掌握了 HTTP 协议,在 HTML5 App 的数据交互编程中就会无往而不利。

7.2.1 HTTP 协议介绍

HTTP 协议用于从 Web 服务器将超文本传输到本地浏览器的传输协议。它可以使浏览器更加高效,使网络传输减少。它不仅保证计算机正确快速地传输超文本文档,还能确定传输文档中的哪一部分,以及哪部分内容首先显示(如文本先于图形)等。HTTP 协议是客户端浏览器或其他程序与 Web 服务器之间的应用层通信协议。在 Internet 上的 Web 服务器上存放的都是超文本信息,客户机需要通过 HTTP 协议传输所要访问的超文本信息。HTTP 包含命令和传输信息,不仅可用于 Web 访问,也可以用于其他因特网/内联网应用系统之间的通信,从而实现各类应用资源超媒体访问的集成。

HTTP 协议是由请求和响应两部分构成,一个请求对应于一个响应,称为一次会话,这是标准的客户端服务器模型。它是无状态协议,无状态是指不能进行用户状态的跟踪,也就是说,在客户端与服务器之间的请求和响应结束后,在服务器上并不保存任何客户端的信息。下面将使用工具 Fiddler 来熟悉 HTTP 协议。

7.2.2 Fiddler 抓包神器

Fiddler 是一个功能相当强大的 Web 调试工具,它是一个 C♯实现的抓包和调试工具。

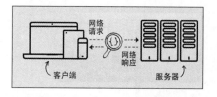

Fiddler 启动后作为一个 Proxy(代理)存在于客户端和服务器之间,从中监测客户端与服务器之间的 HTTP/HTTPS 级别的网络交互,目前可以支持各种主要浏览器,例如 IE、Chrome、Firefox、Safari、Opera。Fiddler 的工作原理如图 7-4 所示。

图 7-4 Fiddler 工作原理图

Fiddler 能记录客户端和服务器的所有 HTTP 和 HTTPS 请求,允许用户监视,设置断点,甚至修改输入输出数据。它还可以用来监控手机与服务器之间的 HTTP/HTTPS 通信,是开发 HTML5 App 的重要调试工具,Fiddler 启动后的界面如图 7-5 所示。

Fiddler 的主界面主要包括 4 部分:

- 菜单栏:包括配置、会话保存成压缩包、载入压缩包、各种浏览器的 User-Agent 模拟、设置捕获规则等。
- 工具栏:针对当前 session(会话)的一些操作,如暂停、删除、清除缓存等。
- session 列表:界面左边会列出 Fiddler 抓取到的每次 HTTP 会话(每一条称为一个 session),主要包含了会话的编号、URL 地址、响应状态码、所用协议等信息,session

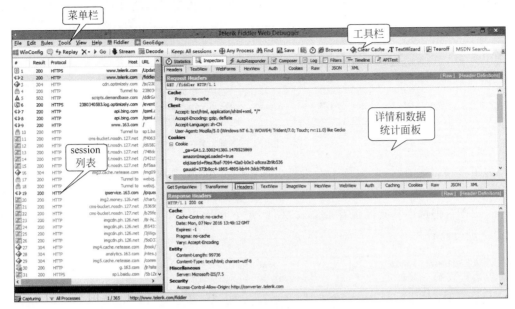

图7-5 Fiddler启动后的界面

列表可以使用鼠标左键控制宽度显示,标题上的字段含义如表7-2所示。

表7-2 session标题各字段含义

名 称	举 例
#	HTTP会话编号,从1开始,按HTTP的请求顺序递增
Result	HTTP的响应状态码
Protocol	HTTP或HTTPS
Host	请求地址的域名
URL	请求的服务器路径和文件名
Body	响应内容主体的字节数
Cache	缓存或过期的时间控制
Content-Type	响应消息的类型
Process	发出此请求的Windows进程及进程ID

- 详情和数据统计面板:界面右边是针对每条会话的一些具体统计(例如发送/接收字节数、发送/接收时间)和数据包分析等。

启动Fiddler后会发现,在session列表中会不断出现HTTP会话,这是因为机器上的某些软件在后台会不断向服务器发送某些数据(有些时候用户的隐私就是这样被窃取的),你可以鼠标左键单击某个session,按Delete键进行删除,也可以按Ctrl+A组合键选中所有的session,按Delete键进行全部删除。

Fiddler界面的左下角有个图标 ⫿⫿⫿ Capturing ,表示Fiddler目前处于抓取状态,可以用鼠标左键单击关闭抓取,图标会消失,再次单击会再次恢复抓取。

在会话列表中,为了方便查看,可以用鼠标左键选中某个会话,单击鼠标右键,选择"Mark"菜单中的颜色,对会话进行标注,如图7-6所示,编号4和24的会话分别以红色和蓝色进行了标注(编辑注：由于印刷的原因,图中仅以不同灰度以示区分)。

#	Result	Protocol	Host	URL
3	200	HTTP	eclick.baidu.com	/a.js?tu=u27
4	**200**	**HTTP**	**www.163.com**	**/**
5	200	HTTP	web.stat.ws.126.net	/stat/?projec
6	200	HTTP	pagead2.googlesyndication.com	/activeview?a
7	204	HTTP	pagead2.googlesyndication.com	/pagead/gen
24	**200**	**HTTP**	**ipservice.163.com**	**/ipquery**

图 7-6　标记会话

　　为了方便以后查看和分析,不希望每次都使用 Fiddler 抓取,可以先选中会话,如图 7-7 所示,单击鼠标右键,选择"Save"菜单,再选择"Selected Sessions"菜单,选中"in ArchiveZIP",把选中的会话保存成 .saz 文件,需要再次查看时,可以直接双击该文件导入 Fiddler 进行查看。

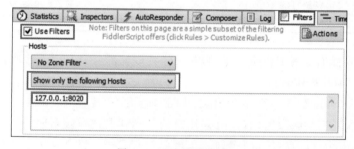

图 7-7　保存会话

　　由于 Fiddler 会抓取本机的所有程序的 HTTP 请求,为了更清晰地查看结果,我们经常希望 Fiddler 只抓取指定的 HTTP 会话,这需要使用相应的过滤器功能。如图 7-8 所示,在"详情和数据统计面板"中,单击 Tab 项"Filters",切换到过滤器设置界面,选中"Use Filters"选项后,可以根据需求指定主机名、系统进程、请求/响应报头、响应码等的各种过滤功能。设置好后,如图 7-9 所示,单击 Actions 按钮,单击 Run Filterset now 便可以立即实现相应的过滤。

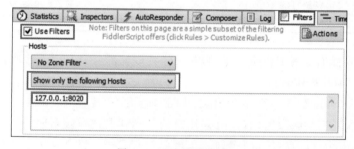

图 7-8　过滤器设置界面

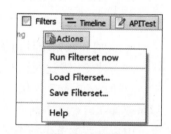

图 7-9　执行过滤

　　Fiddler 有时在使用时设置了过滤器后忘了关闭,会造成无法抓取其他 HTTP 请求数据,可以通过"Filters"前面的复选框选中与否知道是否打开了过滤器,也可以对图 7-8 中的"Use Filters"选项进行关闭。

下面将用一个简单的例子说明 Fiddler 工具的使用,用它来抓取 HTTP 请求,再用它来熟悉 HTTP 协议。

【例 7-1】 Fiddler 抓取 HTTP 会话使用示例,方法如下:

(1) 设计好相应的测试网页,相应的页面代码如下:

```html
<!DOCTYPE html>
<html>
    <head>
        <meta charset="UTF-8">
        <title>Fiddler 抓取 HTTP 请求示例</title>
        <link rel="stylesheet" href="css/example-7.1.css" />
    </head>
    <body>
        <div id="mydiv">
            <img src="../img/baidu.png" />
        </div>
        <form method="get" action="example-7.1.html">
            姓名:<input type="text" name="myname"/><br />
            密码:<input type="password" name="mypass"/><br />
            <input type="submit"/>
        </form>
        <script src="http://lib.sinaApp.com/js/jquery/3.1.0/jquery-3.1.0.min.js">
        </script>
    </body>
</html>
```

(2) 所用到的.css 文件设计内容如下:

```css
body{
    margin: 0 auto;
    text-align: center;
}
img{
    width: 180px;
    height: 60px;
}
form input{
    margin-bottom: 15px;
}
```

(3) 打开 Fiddler,配置相应的过滤器,如图 7-8 所示,对"Hosts"进行过滤,在下拉框中选择"Show only the following Hosts"后,在文本框中输入"127.0.0.1:8020"(这是 HBuilder 中自带 Web 服务器运行页面的 URL 和端口号)。

(4) 在 HBuilder 中启动测试页面后在 Chrome 中浏览,效果如图 7-10 所示。

图 7-10　在 Chrome 中浏览的界面

（5）切换到 Fiddler 会发现，虽然只有一张页面，但实际上这张页面一共有 3 次请求，首先是对页面.html 的请求，接着是.css，最后是图片，在会话列表中使用了不同的图标进行标示，如图 7-11 所示。

#	Result	Protocol	Host	URL	Body	Caching	Content-Type
◁▷6	200	HTTP	127.0.0.1:8...	/BookExercise/Chapter7/example-7.2.html	536		text/html
css7	200	HTTP	127.0.0.1:8...	/BookExercise/Chapter7/css/example-7...	130		text/css
8	200	HTTP	127.0.0.1:8...	/BookExercise/img/baidu.png	3,706		image/png

图 7-11　测试页面的 HTTP 请求

HTTP 协议是基于请求/响应的协议，页面以及页面所引用的资源（图片、音频、.css 文件、.js 文件）都是浏览器根据解析结果向服务器发送新的请求得到的。所以 Web 前端性能优化的第一条原则就是——尽量减少页面的 HTTP 请求次数。

7.2.3　HTTP 请求与响应

在如图 7-11 所示的 Fiddler 所抓取的请求中，单击选中编号为"6"的.html 的请求，在右边"详情和数据统计面板"中，选中 Tab 项"Inspectors"后，再把出现的上下两个面板的 Tab 选项的"Raw"都选中，这时上下面板出现的内容就是一个 HTTP 会话对应的 HTTP 请求和 HTTP 响应内容，如图 7-12 所示。

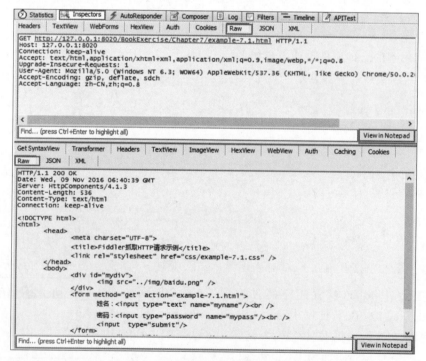

上半部分——请求消息；下半部分——响应消息

图 7-12　页面的 HTTP 请求与响应

为了方便查看,可以单击每个面板中的 View in Notepad 按钮,用"记事本"软件查看。

1. HTTP 请求

下面对照图 7-12 上半部分的 HTTP 请求的内容来讲解 HTTP 协议。HTTP 请求由 3 部分组成,分别是请求行、请求报头、请求正文。

1) 请求行

请求消息的第一行就是请求行,它的格式是:

```
Method Request-URI HTTP-Version CRLF
```

- Method：HTTP 请求的方法；
- Request-URI(Uniform Resource Identifier,统一资源标识符)：请求的资源地址；
- HTTP-Version：协议的版本；
- CRLF：代表回车。

在图 7-12 中,HTTP 请求行的内容为:

```
GET http://127.0.0.1:8020/BookExercise/Chapter7/example-7.1.html HTTP/1.1
```

它表示对"http://127.0.0.1:8020/BookExercise/Chapter7/example-7.1.html"发出了 GET 请求,协议版本是 HTTP 1.1。常用的 HTTP 请求方法及作用见表 7-3。

表 7-3 常用的 HTTP 请求方法

方　法	作　用
GET	请求获取由 URI 所标识的资源
POST	向 URI 所标识的资源通过请求正文发送附加的数据
HEAD	请求获取由 URI 所标识的资源消息报头
PUT	请求服务器存储一个资源
DELETE	请求服务器删除由 URI 所标识的资源
TRACE	请求服务器回送的请求信息,主要用于测试或诊断
CONNECT	HTTP/1.1 协议中预留给能够将连接改为管道方式的代理服务
OPTIONS	请求查询服务器的性能,或查询与资源相关的选项和需求

2) 请求报头

报头有一定的格式,它包含许多有关的客户端环境和请求正文的有用信息,即报头名字+"："+空格+值,图 7-12 中请求消息的报头如下,各报头的具体含义将会在下文介绍。

```
Host: 127.0.0.1:8020
Connection: keep-alive
Accept:text/html,Application/xhtml+xml,Application/xml;q=0.9,image/webp,*/*;q=0.8
Upgrade-Insecure-Requests: 1
User-Agent: Mozilla/5.0 (Windows NT 6.3; WOW64) AppleWebKit/537.36 (KHTML, like Gecko)
Chrome/50.0.2661.102 Safari/537.36
Accept-Encoding: gzip, deflate, sdch
Accept-Language: zh-CN,zh;q=0.8
```

3）请求正文

请求报头和请求正文之间是一个空行,这个行非常重要,它表示请求报头已经结束,接下来的是请求正文。请求正文主要用来包含客户端向服务端发送的数据,下面用一个例子来解释请求正文。

【例 7-2】 HTTP POST 方法的请求正文传递数据,方法如下:

（1）例 7-1 运行之后,输入用户名和密码,再单击图 7-10 中的"提交"按钮,会再次出现页面 example-7.1.html,虽然这张页面和图 7-10 的效果完全一样,但是它已经不再是前面那张页面了。用 Fiddler 抓取消息,你会发现又抓取了 3 次请求(也就意味着这张页面被浏览器重新加载了)。

（2）注意浏览器地址栏中显示的地址,如果 form 表单采用 get 方式提交,数据是附加在 URL 后面+"?"+键值对传递的。

URL 地址为:

```
http://127.0.0.1:8020/BookExercise/Chapter7/example - 7.1.html?myname = huangbo&mypass
= 1234
```

用 Fiddler 抓取到的请求信息的请求行为如下:

```
GET http://127.0.0.1:8020/BookExercise/Chapter7/example - 7.1.html?myname = huangbo&mypass
= 1234 HTTP/1.1
```

结合 form 表单的输入可知,这里 myname＝huangbo&mypass＝1234 是要发送给服务器的数据。

（3）修改例 7-1 中 form 表单的 method 属性,将其修改成"post",代码如下:

```
< form method = "get" action = "example - 7.1.html">
```

再次运行,输入用户名和密码后,再单击图 7-10 中的"提交"按钮,页面会出现"内部服务器错误",不用担心,这只是因为 HBuilder 内置的服务器对于.html 页面无法处理 POST 请求造成的,只需要关心它的 HTTP 请求消息:

```
POST
http://127.0.0.1:8020/BookExercise/Chapter7/example - 7.1.html HTTP/1.1
Host: 127.0.0.1:8020
Connection: keep - alive
Content - Length: 26
Cache - Control: max - age = 0
Accept:text/html,Application/xhtml + xml,Application/xml;q = 0.9,image/webp, * / * ;q = 0.8
Origin: http://127.0.0.1:8020
Upgrade - Insecure - Requests: 1
User - Agent: Mozilla/5.0 (Windows NT 6.3; WOW64) AppleWebKit/537.36 (KHTML, like Gecko)
Chrome/50.0.2661.102 Safari/537.36
Content - Type: Application/x - www - form - urlencoded
```

```
Referer: http://127.0.0.1:8020/BookExercise/Chapter7/example - 7.1.html
Accept - Encoding: gzip, deflate
Accept - Language: zh - CN,zh;q = 0.8

myname = huangbo&mypass = 1234
```

（4）请求消息中的"myname＝huangbo&mypass＝1234"就是 form 表单 POST 方法传递过去的数据,它出现在请求正文中,与请求报头之间隔了一行。

对于 HTTP 协议,无论是通过 GET 方式还是 POST 方式,数据的传递都是明文传递,安全性极差,所以需要 HTTPS(Hyper Text Transfer Protocol over Secure Socket Layer)。

HTTPS 是在 HTTP 的基础上加入了 SSL(Secure Socket Layer)协议,SSL 依靠证书来验证服务器的身份,并为浏览器和服务器之间的通信加密。苹果公司已在 2016 年推出措施,要求未来所有的 iOS App 必须通过 HTTPS 实现通信。

2. HTTP 响应

在接收和解释 HTTP 请求消息后,服务器会返回一个对应的 HTTP 响应消息,如图 7-12 下半部分所示。与 HTTP 请求类似,HTTP 响应消息也是由 3 部分组成,分别是:状态行、响应报头、响应正文。

1) 状态行

状态行由协议版本、数字形式的状态码以及相应的状态描述组成,各元素之间以空隔分隔,格式是:

```
HTTP - Version Status - Code Reason - Phrase CRLF
```

* HTTP-Version:服务器 HTTP 协议的版本;
* Status-Code:服务器的响应代码;
* Reason-Phrase:服务器响应状态的描述;
* CRLF:表示回车。

在图 7-12 中,HTTP 状态行的内容为:

```
HTTP/1.1 200 OK
```

作为 HTML5 程序员,对于一些常用的状态码和状态描述是需要了解的。状态码由 3 位数字组成,表示请求是否被理解或满足,而状态描述则给出了关于状态代码的简短文本描述。

状态代码的第 1 个数字状态代码定义了响应的类别,后面两位没有具体的分类。第 1 个数字有 5 种可能取值,见表 7-4。

表 7-4　状态代码的几种可能取值

可能取值	含　义
1xx	指示信息——表示请求已接收,继续处理
2xx	表示请求已被成功接收、理解、接受
3xx	重定向,要完成请求必须进一步操作
4xx	客户端错误,请求有语法错误或请求无法实现
5xx	服务器端错误,服务器未能实现合法的请求

在 AJAX 程序中经常会用到的状态代码和状态描述见表 7-5。

表 7-5　常见状态代码和状态描述

状态代码	状态描述	说　明
200	OK	客户端请求成功
400	Bad Request	由于客户端请求有语法错误,不能被服务器所理解
401	Unauthorized	请求未经授权,这个状态码必须和 WWW-Authenticate 报头域一起使用
403	Forbidden	服务器收到请求,但是拒绝提供服务,服务器通常会在响应正文中给出不提供服务的原因
404	Not Found	请求的资源不存在
500	Internal Server Error	服务器发生错误,导致无法完成客户端的请求
503	Service Unavailable	服务器当前不能处理客户端的请求

2) 响应报头

和请求报头类似,响应消息在状态行下面都会出现一些响应报头。在这里会允许服务器出现一些不能放在状态行中的附加响应信息,以及服务器的信息和对 Request-URI 所标识的资源进行下一步访问的信息,图 7-12 中的响应报头如下:

```
Date: Wed, 09 Nov 2016 08:07:40 GMT
Server: HttpComponents/4.1.3
Content-Length: 537
Content-Type: text/html
Connection: keep-alive
```

3) 响应正文

与图 7-12 所抓取的 HTTP 请求对应的响应消息,响应正文和响应报头之间隔了一行,正文的内容恰好就是之前设计好的 .html 页面内容。和请求正文不同的是,响应正文不会永远是文本,有时会是图片或其他格式,在 Fiddler 中查看响应正文的方式需要基于返回的资源类型作调整,如图 7-13 所示。

| Transformer | Headers | TextView | ImageView | HexView | WebView | Auth | Caching | Cookies | Raw | JSON | XML |

图 7-13　Fiddler 中不同格式查看的切换

如果将图 7-13 中的 Tab 项切换到 WebView,就可以看到该页面在不使用 CSS 时的响

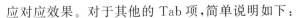

应对应效果。对于其他的 Tab 项,简单说明如下:

- Transformer:如果接收到的 HTTP 响应消息是经过服务器 gzip 和 deflate 压缩的,可以在这里解压查看。
- Headers:HTTP 响应消息的响应报头。
- TextView:HTTP 响应正文的内容(适合文本格式)。
- ImageView:HTTP 响应正文的内容(适合图片格式)。
- HexView:HTTP 响应正文的十六进制。
- WebView:HTTP 响应正文的在浏览器中的单独效果(适合网页格式)。
- Auth:HTTP 响应消息中的授权内容。
- Caching:HTTP 响应消息中的缓存内容。
- Cookies:HTTP 响应消息中对于 Cookie 的处理。
- Raw:原始的 HTTP 响应消息。
- JSON:HTTP 响应正文的内容(适合 JSON 格式)。
- XML:HTTP 响应正文的内容(适合 XML 格式)。

3. 消息报头

在前面的例子中,对于 Fiddler 所抓取的 HTTP 请求以及对应的响应中,会发现有很多报头。HTTP 消息报头包括普通报头、请求报头、响应报头、实体报头。消息报头的名字与大小写无关。不要小看消息报头,浏览器的一些行为就是由报头控制的,例如 Cookie 的生成、页面的跳转等。下面就一些常见的报头作以说明,如表 7-6～表 7-9 所示。

表 7-6 常见的普通报头

报头名字	说 明
Cache-Control	用于指定缓存指令,该指令将被请求/响应链中所有的缓存机制所遵循,它会覆盖默认的缓存规则。缓存指令是单向的,在请求中出现的缓存指令,并不意味着响应中就要出现。另外,在一个消息(请求/响应消息)中指定的缓存指令,不会影响一个消息处理的缓存机制。缓存指令包括请求时的缓存指令和响应时的缓存指令。其中最常用的是 no-cache,用于指示请求或响应消息不能缓存,即:Cache-Control:no-cache
Connection	允许发送者指定连接的选项,例如指定连接是持续的,或者"close"选项,通知服务器,在响应完成后,关闭连接
Date	消息产生的日期和时间

表 7-7 常见的请求报头

报 头 名 字	说 明
Accept	指定客户端能够处理的 MIME 类型
Accept-Charset	用于标明客户端接受的字符集,默认则可以接受任何字符集,可用来处理某些乱码的情况
Accept-Encoding	用于标明可接受的内容编码,如 gzip 和 deflate 压缩编码
Accept-Language	用于标明浏览器支持的语言,如中文
Cookie	用于向服务器发送属于该网站的 Cookie
Host	用于指定被请求资源的 Internet 主机和端口号,它通常是从 HTTP URL 中提取出来的

续表

报 头 名 字	说 明
Upgrade-Insecure-Requests	让浏览器不再显示 HTTPS 页面中的 HTTP 请求警报
User-Agent	标明客户端的操作系统、浏览器和其他相关信息,服务器根据这个报头判断浏览器类型,可以利用这个报头对不同的浏览器作相应的处理
Range	用于标明请求资源的字节范围,可用来实现断点续传功能

表 7-8　常见的响应报头

报头名字	说 明
Location	用于重定向到一个新的位置,常见的服务器端控制页面跳转实际就是在响应消息中用这个报头控制
Server	包含了服务器用于处理请求的 Web 服务器软件信息
Set-Cookie	服务器指示浏览器生成并存储 Cookie,如服务器端编程 Session 的 SessionId 就是靠这个报头生成的

表 7-9　常见的实体报头

报 头 名 字	说 明
Content-Encoding	标明正文的压缩方式,客户端在使用前必须解压
Content-Language	描述资源所用的自然语言,允许用户按自身的语言来识别和区分实体
Content-Length	用于标明完全的正文长度,以十进制的字节方式表示
Content-Type	用于指明发送给浏览器的实体正文的媒体类型,浏览器会根据该报头调用不同内置引擎进行渲染
Last-Modified	用于标明资源的最后修改日期和时间
Expires	给出响应过期的日期和时间,针对浏览器的缓存,为了让其在一段时间后更新页面,可使用该报头

7.2.4　Fiddler 手机数据抓包

在移动应用开发中,程序员比较头疼的事情是真机运行时的数据抓包,Fiddler 绝对称得上是"抓包神器",Fiddler 不但能截获各种浏览器发出的 HTTP 请求,也可以截获各种智能手机发出的 HTTP/HTTPS 请求。它的原理实现也比较简单,让智能手机与运行 Fiddler 的 PC 位于同一网段,将智能手机的网关设置为 PC 的 IP 地址,所有网络通信实际是借助于 Fiddler 这个网络代理实现通信的。

PC 端 Fiddler 的配置需要在打开 Fiddler 后,单击"Tools"菜单,选中"Telerik Fiddler Options",弹出对话框,切换 Tab 项到"Connections",选中"Allow Remote Computers To Connect",如果监听端口和其他软件或服务有冲突,需要手工修改,如图 7-14 所示。

对于手机端的配置,需要查看安装 Fiddler 程序的 PC 的 IP 地址,例如:192.168.1.6,记录下来后设置手机上网所用的代理,图 7-15 和图 7-16 分别示范了在 MIUI 8.0 和 iOS 9.3 中的代理设置。

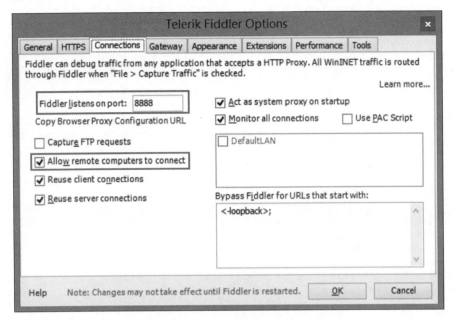

图 7-14　Fiddler 手机抓包配置

图 7-15　MIUI 8.0 代理配置　　　　　　　图 7-16　iOS 9.3 代理配置

7.2.5　Fiddler 模拟 HTTP 请求

在移动应用开发中，经常涉及服务器 API 通信测试，Fiddler 之所以称为"神器"，原因在于可以使用 Fiddler 很方便地模拟各种 HTTP 请求。

使用方式是打开 Fiddler 后，在"详情和数据统计面板"中切换 Tab 项到"Compose"，如图 7-16 所示，在这里可以切换请求的方法，输入 API 地址，切换 HTTP 协议版本，手工输入 HTTP 请求报头，还可以输入请求正文。这里要注意的是：请求正文如果是灰色的，则代表不能输入正文，例如 HTTP 的 GET 请求是没有正文的。构建 HTTP 请求后，单击 Execute

按钮后,可以模拟出不同的 HTTP 请求。

在图 7-17 中,有个请求报头 User-Agent,它的值是"Fiddler",实际开发中,有可能需要使用它来模拟各种移动设备。这里以模拟 iPhone6 为例,单击 Fiddler 的"Rules"菜单,选择"User-Agents"菜单项后,选中"iPhone6",再次模拟 HTTP 请求后,可以发现 Fiddler 模拟出了 iPhone6 手机的 User-Agent:

```
User – Agent: Mozilla/5.0 (iPhone; CPU iPhone OS 8_3 like Mac OS X)AppleWebKit/600.1.4
(KHTML, like Gecko) Version/8.0 Mobile/12F70 Safari/600.1.4
```

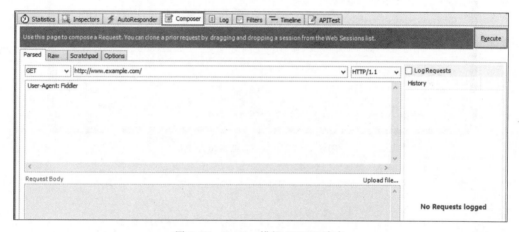

图 7-17　Fiddler 模拟 HTTP 请求

使用 Fiddler 模拟 HTTP 请求正确调用 API 时需要注意以下 4 点:

- 请求的方法:即使对于同一个 API 采用不同的 HTTP 请求方法也可能会得到不同的结果,必须与 API 的说明完全对应。
- 请求的 URL:要仔细阅读 API 的 URL 说明,特别是看数据是否需要 URL 传递。
- 请求的正文:注意 API 正文格式的要求。
- 请求的报头:这点是最容易忽略的,特别要注意某些 API 是否要求传递一些特殊的报头。

7.2.6　图片验证码

目前大多数网站在注册或登录时都会使用图片验证码,图片验证码都是随机的字符动态生成的图片,主要目的是强制人机交互来抵御机器自动化攻击,客户端可以随时单击图片验证码进行刷新,下面以客户端使用图片验证码为例。

【例 7-3】　页面使用图片验证码,代码如下:

```
< body >
    < div class = "container">
      < div >
        < input type = "text" placeholder = "邮箱/手机号" />
      </div>
```

```
    <div>
      <input type = "password" placeholder = "6 - 16 位密码,区分大小写" />
    </div>
    <div>
      <input type = "text" class = "verifycode" />
      <img src = "https://www.meishihui.xyz/VerifyCode.aspx"
          title = "单击刷新验证码" class = "vcodeimg" id = "imgcode" />
    </div>
    <div>
      <a href = "javascirpt:void(0);">注  册</a>
    </div>
  </div>
  <script>
    var oimg = document.getElementById("imgcode");
    oimg.onclick = function() {
      this.src += "?" + Math.random();
    }
  </script>
</body>
```

页面运行后的效果如图 7-18 所示,每当单击图片验证码时,图片验证码都会刷新一次。注意,这个例子中 img 标签的 src 属性,并不像以前会使用类似.png、.gif 这样的图片路径(相对路径或网络的),而是指向了一个 API 接口的 URL 地址。如果这个 URL 地址复制到浏览器的地址栏中,同样也能得到一张验证码图片,按 F5 键也可以实现刷新。

图 7-18 图片验证码

使用 Fiddler 抓取 HTTP 请求后,每单击一次图片验证码,就会向相应的服务器端发送一次 HTTP GET 请求,在返回的 HTTP 响应中,HTTP 的响应消息中有一个比较重要的报头:

```
Content - Type: image/jpeg; charset = utf - 8
```

这是由服务器端控制的 HTTP 响应消息输出,当浏览器接收到这个报头时,它会知道正在接收的消息是一张 JPEG 图片,所以 IMG 图片是可以正常渲染出来的。

本例中,src 属性设置为服务器端 API URL 时,必须加上随机数。 这是因为有些浏览器内核会缓存 HTTP GET 请求。在 HTML5 App 与服务器端交互时也要注意避免这个问题。

7.3 XMLHttpRequest 对象

AJAX 技术中最核心的就是 XMLHttpRequest 对象,它最初的名称叫作 XMLHTTP,

是微软公司为了满足 Web 开发者的需要,于 1999 年在 IE5.0 浏览器中率先推出的。后来这个技术被规范命名为 XMLHttpRequest。它正是 AJAX 技术所以与众不同的地方。简而言之,XMLHttpRequest 为运行在浏览器中的 JavaScript 脚本提供了一种在页面之内与服务器通信的手段。

目前常见的浏览器(PC 端或移动端)基本上都已经内置了这个对象。下面详细介绍这个对象在数据交互方面的使用。

7.3.1 使用方法

XMLHttpRequest 对象提供了一些常用的属性和方法,见表 7-10 和表 7-11。

表 7-10 **XMLHttpRequest 对象的常用属性**

属　性	说　明
onprogress	分成上传和下载两种情况:下载的 progress 事件属于 XMLHttpRequest 对象;上传的 progress 事件属于 XMLHttpRequest.upload 对象。可以设置文件上传或下载的进度处理事件
ontimeout	HTTP 请求超时事件触发器
onreadystatechange	状态改变的事件触发器,每个状态改变都会触发这个事件触发器
readyState	数值,代表 XMLHttpRequest 对象的 5 个状态
responseText	服务器的响应,字符串
responseXML	服务器的响应,XML DOM 对象
status	服务器返回的 HTTP 状态码
statusText	HTTP 状态码的相应文本
timeout	设置 HTTP 请求的时限,单位为 ms,超过时限自动停止 HTTP 请求
abort()	停止当前请求
getResponseHeader(header)	返回指定响应头的字符串值

表 7-11 **XMLHttpRequest 对象的常用方法**

方　法	说　明
abort()	停止当前请求
getAllResponseHeaders()	将 HTTP 请求的所有响应头作为键/值对返回
getResponseHeader(header)	返回指定响应头的字符串值
open (method, URL [, asyncFlag [,"userName" [, "password"]]])	建立对服务器的请求,method 参数是 HTTP 请求方法,URL 参数可以是相对或绝对 URL。该方法还有以下 3 个可选参数 asyncFlag:是否非同步标记,userName:用户名 password:密码
setRequestHeader(header, value)	把指定请求报头设置为所提供的值,在调用该方法之前必须先调用 open 方法
send(content)	向服务器发送请求(空字符串必须是 null)

XMLHttpRequest 对象的使用可以按图 7-19 分为 5 个步骤。

1. 创建 XMLHttpRequest 对象

所有现代浏览器均支持 XMLHttpRequest 对象(IE5 和 IE6 使用 ActiveXObject),本书

主要讲解 HTML5 App 开发方面的知识,所以不涉及 ActiveXObject 的用法,创建 XMLHttpRequest 对象的代码如下:

```
var xhr = new XMLHttpRequest();
```

2. 创建 HTTP 请求

在发送 HTTP 请求之前,需要调用 open()方法初始化 HTTP 请求的参数,这个方法并不真正发送 HTTP 请求。它的语法如下:

```
open(method,URL[,asyncFlag[,"userName" [, "password"]]])
```

参数说明如下:

- method:HTTP 请求方法;
- URL:请求的 URL 地址,可以是网址或本地文件;
- asyncFlag:布尔型,指定此请求是否为异步方式,默认为 true;
- userName,password:是指服务器验证需要的用户名和密码,可省略。

3. 设置状态改变时的事件

XMLHttpRequest 对象有一个属性 readyState,它有 5 个值,分别对应了 5 个状态:

- 0,未初始化,对象已创建,但还未使用 open 方法;
- 1,正在加载,还未使用 send 方法;
- 2,已加载,send 方法已使用,但当前的状态未知;
- 3,交互中,接收了部分数据;
- 4,完成,数据接收完毕。

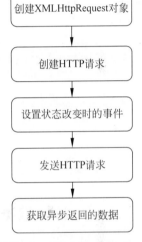

图 7-19 XMLHttpRequest 对象使用步骤

当 readyState 属性值发生改变时,XMLHttpRequest 对象会激发一个 readyStateChange 事件,所以需要使用 onreadystatechange 事件来处理数据。常用的状态处理事件的代码结构如下:

```
xhr.onreadystatechange = function(){
    if(xhr.readyState == 4){        //服务器已响应
        …
    }
}
```

4. 发送 HTTP 请求

XMLHttpRequest 对象的 send()方法负责发送 HTTP 请求,若请求中不包含请求正文,则使用:

```
xhr.send(null);
```

若请求包含正文,则将请求正文作为参数,例如:

```
xhr.send("a = 2&b = 3");
```

5. 获取异步返回的数据

XMLHttpRequest 对象在数据接收完成后,需要使用 status 或 statusText 属性,来判断请求是否成功,status 和 statusText 属性返回当前请求的响应状态代码和状态描述,这里与 HTTP 协议是一个完全对应的关系。

要取出异步返回的数据,可以使用 responseText 属性,它返回对应的就是 HTTP 响应正文,如果要对应处理 XML 数据,则需要用到 responseXML 属性,结合第 3 步,一般代码结构如下:

```
xhr.onreadystatechange = function(){
        if(xhr.readyState == 4){              //服务器已响应
            if(xhr.status == 200){            //请求成功
                var res = xhr.responseText;   //处理响应正文
                var xmldom = xhr.responseXML; //处理 XML 数据
            }
        }
}
```

7.3.2 读取数据

这里将用一个完整的例子展现 XMLHttpRequest 对象的使用,效果如图 7-20 所示。

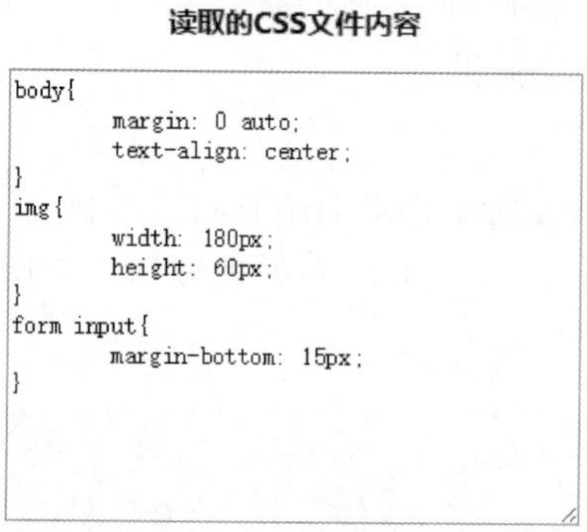

读取的CSS文件内容

```
body{
        margin: 0 auto;
        text-align: center;
}
img{
        width: 180px;
        height: 60px;
}
form input{
        margin-bottom: 15px;
}
```

图 7-20　XMLHttpRequest 异步读取.css 文件内容并显示

【例 7-4】　网页启动时,从服务器获取并显示一个.css 文件内容在 textarea 中,代码如下:

```
< body >
    < div id = "container">
```

```
        <p>
            读取的 CSS 文件内容
        </p>
        <textarea id = "csscontent" cols = "40" rows = "15">
    </textarea>
    </div>
    <script>
        var odiv = document.getElementById("csscontent");
        //1.创建 XMLHttpRequest 对象
        var xhr = new XMLHttpRequest();
        //2.构建 Http 请求
        xhr.open("GET",
            "https://www.meishihui.xyz/css/example - 7.1.css", true);
        //3.设置状态改变时的事件
        xhr.onreadystatechange = function() {
            if(xhr.readyState == 4) {
                //5.处理异步返回的数据
                if(xhr.status == 200) {
                    odiv.innerHTML = xhr.responseText;
                }
                else{
                    alert("请求失败");
                }
            }
        }
        //4.发送请求
        xhr.send(null);
    </script>
</body>
```

对于向服务器端的 GET 请求，有时需要在 URL 地址后面加上"？"＋随机数防止被缓存。

7.3.3　提交数据

使用 XMLHttpRequest 对象向服务器发送数据要相对复杂一点，因为有可能要构建请求正文数据。

【例 7-5】　使用 XMLHttpRequest 对象模拟 form 表单向服务器端提交数据，具体步骤如下：

```
<!-- 页面设计 -->
<form method = "post" action = "https://www.meishihui.xyz/FormAjax.ashx">
    <fieldset>
        <legend>健康信息</legend>
        <div class = "data">
            身高：<input type = "text" name = "myheight" id = "myheight" />cm
```

```
            </div>
            <div class = "data">
                体重：<input type = "text" name = "myweight" id = "myweight" /> kg
            </div>
            <input type = "submit" value = "表单提交" />
            <div class = "container2" id = "btnGet">
                XMLHttpRequest GET 提交
            </div>
            <div class = "container2" id = "btnPost">
                XMLHttpRequest POST 提交
            </div>
        </fieldset>
    </form>
    <!-- 代码设计 -->
    <script>
        var heig = document.getElementById("myheight");
        var wei = document.getElementById("myweight");
        var xhr = new XMLHttpRequest();
        document.getElementById("btnGet").onclick = function() {
            PostDataToServer("GET");
        }
        document.getElementById("btnPost").onclick = function() {
            PostDataToServer("POST");
        }


        function PostDataToServer(type) {
            var data = heig.name + " = " +
                    heig.value + "&" + wei.name + " = " + wei.value;
            var url = "https://www.meishihui.xyz/FormAjax.ashx";
            url = type == "GET" ? url = url + "?" + data : url;
            xhr.open(type, url, true);
            xhr.onreadystatechange = function() {
                if (xhr.readyState == 4) {
                  if (xhr.status == 200) {
                        alert(xhr.responseText);
                    }
                }
            }
            if (type == "GET") {
                xhr.send(null);
            } else if (type == "POST") {
                xhr.setRequestHeader("Content - Type",
                    "application/x - www - form - urlencoded");
                xhr.send(data);
            }
        }
    </script>
```

页面运行后，显示的效果如图 7-21 所示，可以切换表单的 method 为"get"或"post"，提交数据成功后,页面会跳转,并显示结果;也可以使用 XMLHttpRequest 对象模拟出数据提交(AJAX 程序不会跳转,所以用 alert 弹出了结果):

你的身高是 167cm,体重是 60kg

图 7-21　XMLHttpRequest 模拟 form 表单提交

 使用 Fiddler 抓取 form 表单通信时,你会发现 form 表单使用"post"方法提交时,会自动附加一个请求报头:

Content - Type:application/x - www - form - urlencoded

所以在代码中进行 HTTP 的 POS 请求时,必须加上:

```
xhr.setRequestHeader("Content - Type",
                       "application/x - www - form - urlencoded");
```

7.3.4　FormData 对象

从例 7-5 可以看出,使用 XMLHttpRequest 对象模拟 form 表单提交数据给服务器时,无论是 GET 方法还是 POST 方法,都涉及了数据的拼接问题,因为是字符串,如果数据项较多时,由于数据的键值必须和 form 表单完全统一,否则服务器端无法处理,所以太容易出错了。HTML5 新标准中提供了一个 FormData 对象,可以用来轻松模拟表单对象中的数据。

1. 创建 FormData 对象

可以使用两种方法创建 FormData 对象。一种是使用 new 关键字创建,页面上不需要form 表单,数据需要使用手工方式逐一附加,方法如下:

```
var formData = new FormData();
formData.append(key,value);                    //key 是键,value 是对应的数据值
```

另一种方法是直接借助于页面上的 form 表单,在使用 new 关键字实例化时,将 form表单对象直接作为参数,方法如下:

```
var oform = document.getElementById("myForm");
Var formdata = new FormData(oform);
```

2. 发送 FormData 数据

对例 7-5 进行改造,示范如何使用 FormData 数据。

【例 7-6】 向服务器端提交 FormData 数据,核心代码如下:

```html
<script>
    var url = "https://www.meishihui.xyz/FormAjax.ashx";
    var xhr = new XMLHttpRequest();
    var oform = document.getElementById("myform");
    document.getElementById('btnPost').onclick = function() {
        xhr.open("POST", url, true);
        xhr.onreadystatechange = function() {
            if (xhr.readyState == 4) {
              if (xhr.status == 200) {
                alert(xhr.responseText);
              }
            }
        }
         var formdata = new FormData(oform);
         xhr.send(formdata);
    }
</script>
```

页面运行后,显示的效果如图 7-22 所示,当数据被 FormData 正确传递后,弹出的结果和例 7-5 是完全一样的。

图 7-22　XMLHttpRequest 发送 FormData 数据

 这个页面的 HTTP 请求在底层处理时和手工发送数据有所不同。

首先,请求报头不需要手工配置,它会自动增加如下报头:

```
Content-Type: multipart/form-data;
boundary= ----WebKitFormBoundaryLhQlPkb1hYSdkmD1
```

发送的请求正文数据是这样包装的:

```
------WebKitFormBoundaryLhQlPkb1hYSdkmD1
Content-Disposition: form-data; name="myheight"
```

```
167
------ WebKitFormBoundaryLhQlPkb1hYSdkmD1
Content - Disposition: form - data; name = "myweight"

60
------ WebKitFormBoundaryLhQlPkb1hYSdkmD1 --
```

3. 使用 FormData 对象上传文件

在例 7-6 中，我们看到了一个熟悉的"multipart/form-data"的报头值，这是 form 表单在上传文件时必须使用的 enctype 属性值，也可以使用 XMLHttpRequest 对象借助于 FormData 对象向服务器上传文件。表 7-12 列举了一些与上传数据相关的事件，我们会使用它们完成一个异步上传文件的例子。

表 7-12　XMLHttpRequest 对象与上传文件相关的事件

事　件	说　明
progress	进度监测事件，在传送数据的过程中会定期触发，用于返回传送数据的信息。在监测中可以使用该事件的属性计算并显示传送数据的百分比。事件参数 event 中包含了以下几个有用的属性： • lengthComputable：布尔值，标明是否可以计算传送数据长度，如果是 false，无法计算传送数据百分比； • loaded：已经传送的数据量 • total：待传送的数据总量
load	传送数据成功事件
abort	传送数据中断事件
error	传送数据发生错误事件
loadstart	开始传送数据事件

【例 7-7】　使用 FormData 对象实现可以显示进度的文件上传，核心代码如下：

```javascript
var xhr = new XMLHttpRequest();
var formdata = new FormData();
formdata.append("fileToUpload", ofile.files[0]);
var xhr = new XMLHttpRequest();

//为 XMLHttpRequest 对象的 upload 对象配置进度事件监听
xhr.upload.addEventListener("progress", function(event) {
    if(event.lengthComputable) {
        //处理进度显示
        var per = Math.round(event.loaded * 100 / event.total);
        perimg.style.width = per + "%";
        pertxt.innerText = per + "%";
    }
}, false);
```

```
//上传完成监听
xhr.addEventListener("load", function() {
    alert("文件上传成功了!");
}, false);

//上传错误监听
xhr.addEventListener("error", function() {
    console.log("上传有错误!");
}, false);

//上传取消监听
xhr.addEventListener("abort", function() {
    console.log("上传取消!");
}, false);

//配置超时处理
xhr.timeout = 5000;              //设置超时时间为 5 分钟
xhr.ontimeout = function() {
    console.log("已超时!");
};
xhr.open("POST", "https://www.meishihui68.xyz/SaveImg.ashx", true);
xhr.send(formdata);
```

页面运行后,可以选择本机的文件向指定的 API 地址进行上传,上传过程中会以进度条动态显示上传进度,如图 7-23 所示。

图 7-23　XMLHttpRequest 上传文件

用 Fiddler 抓取这个例子的 HTTP 请求，会发现 XMLHttpRequest 实际发出了两次请求，第一次使用的是 OPTIONS 请求方法，用于探测 API 是否可用，第二次才是 POST 方法，用于上传数据。所以服务器端 API 一定要配置允许 OPTIONS 请求。

7.3.5　解析 XML 数据

当前的移动应用开发更倾向于使用 JSON 格式的数据,AJAX 的缩写即为 Asynchronous JavaScript and XML,过去的 API,特别是 Web Services 大都返回 XML 数据。XML 数据也有一些明显的优势,例如信息检索较方便、可扩展性较强等,如图 7-24 所示,在 taobao 提供的 API 中,数据返回格式是可以根据需要设定为 XML 或 JSON 格式的。

当使用 XMLHttpRequest 请求数据,返回的是 XML 格式时,就需要用到它的另一个属性 responseXML,这个属性代表一个 XML DOM 对象,可以专门用来解析 XML 格式数据,这个 XML DOM 对象提供了一个 getElementsByTagName 方法(和 HTML DOM 的方法一样),可以根据标签名来得到数据(还可以使用 XPath 查询,限于篇幅,本书不作介绍)。下面来看一个解析 XML 格式数据的例子。

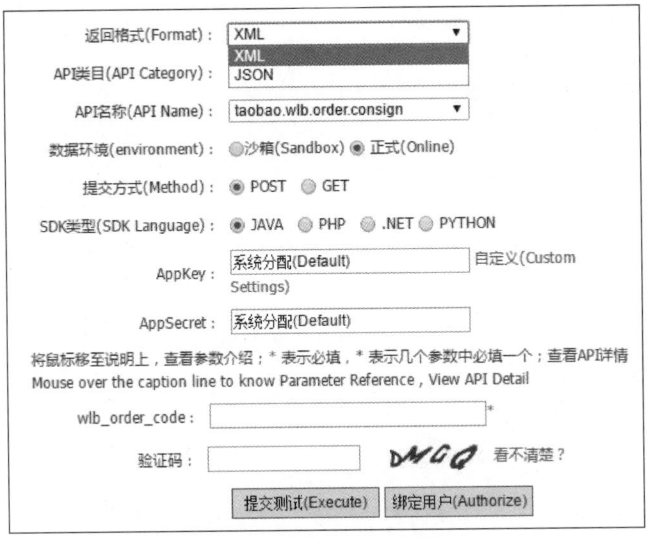

图 7-24 taobao API 数据返回格式设定

【例 7-8】 使用 XMLHttpRequest 对象实现请求并解析 XML 格式数据,先来看需要请求得到的 XML 数据,代码如下:

```
<?xml version = "1.0" encoding = "utf - 8" ?>
<bookstore>
  <book category = "烹饪">
    <title>家常菜精选 1288 例</title>
    <price>29.80</price>
  </book>
  <book category = "魔幻">
    <title>哈利·波特</title>
    <price>22</price>
  </book>
  <book category = "Web 开发">
    <title>JavaScript 高级程序设计</title>
    <price>59.00</price>
  </book>
  <book category = "Web 开发">
    <title>AJAX 程序设计</title>
    <price>49</price>
  </book>
</bookstore>
```

从这个 XML 数据中,可以看出 4 本书的信息。下面我们使用 XMLHttpRequest 请求远程数据,结合 Vue.js 框架,生成表格进行展示,页面的核心代码如下:

```
var xhr = new XMLHttpRequest();
xhr.open("GET", "https://www.meishihui.xyz/books.xml", true);
var that = this;
```

```
xhr.onreadystatechange = function() {
    if (xhr.readyState == 4) {
        if (xhr.status == 200) {
            //获得 XML DOM 对象
            var oxmldom = xhr.responseXML;
            var books = oxmldom.getElementsByTagName("book");
            for(var i = 0;i < books.length;i++){
                var bName = books[i].getElementsByTagName("title")[0]
                                .childNodes[0].nodeValue;
                var bPrice = books[i].getElementsByTagName("price")[0]
                                .childNodes[0].nodeValue;
                that.books.push({
                    bookName:bName,
                    bookPrice:bPrice
                });
            }
        }
    }
}
```

页面运行效果如图 7-25 所示。

书籍名称	价格
家常菜精选1288例	￥29.80
哈利·波特	￥22
JavaScript高级程序设计	￥59.00
AJAX程序设计	￥49

图 7-25 XMLHttpRequest 请求并解析 XML 数据

要想使用 responseXML 处理 XML 格式的数据，服务器端返回数据时，响应报头必须这样设置：

```
Content-Type: text/xml
```

或者

```
Content-Type: application/xml
```

7.4 CORS 跨域问题

使用 AJAX 进行数据通信时，不可避免地会遇到跨域(Cross-origin resource sharing，CORS)问题。什么是跨域问题呢？将例 7-4 中请求地址直接修改成 http://www.baidu.com，会发现程序不再运行，打开 Chrome 浏览器的控制台，会发现报错信息：

```
XMLHttpRequest cannot load https://www.baidu.com/. No
'Access - Control - Allow - Origin' header is present on the requested resource. Origin 'null' is
therefore not allowed access.
```

从报错信息中大概可以看出对于请求的网址,服务器的响应少了报头。本书提供的所有外网 API 都做了允许跨域的处理,使用 Fiddler 抓取后,会发现每个 API 加了以下 3 个特殊的响应报头:

```
Access - Control - Allow - Origin: *
Access - Control - Allow - Headers: Content - Type
Access - Control - Allow - Methods: GET, POST, PUT, DELETE, OPTIONS
```

- Access-Control-Allow-Origin:用来控制请求来自哪个源(源的信息包括协议、域名和端口),根据这个值,服务器决定是否同意这次请求。 * 表示所有,也可以单独设定某些网站,在许可范围内,服务器会返回一个正常的 HTTP 回应。如果响应的报头信息没有包含 Access-Control-Allow-Origin 报头,就知道不能跨域,从而抛出一个错误。
- Access-Control-Allow-Headers:可选报头。CORS 请求时,XMLHttpRequest 对象的 getResponseHeader() 方法只能得到 6 个基本字段:Cache-Control、Content-Language、Content-Type、Expires、Last-Modified、Pragma。 如果想得到其他字段,就必须在 Access-Control-Expose-Headers 里面指定。
- Access-Control-Allow-Methods:逗号分隔的一个字符串,表明服务器支持的所有跨域请求的方法。

对于跨域的判断,Web 浏览器对于相同的域只是通过 URL 的首部来识别,不会去尝试判断相同的 IP 地址是否对应两个域。以下是一些跨域的实际例子,见表 7-13,假设在源上负责生成 XMLHttpRequest 对象,向目标地址发出请求。

表 7-13 跨域的一些实例

请求的源及目标	结 论
源:http://www.mysite.com/1.html 目标:http://www.mysite.com/2.html	同域名同端口,同域
源:http://www.mysite.com:8080/1.html 目标:http://www.mysite.com/2.html	端口不一致,跨域
源:http://www.mysite.com/1.html 目标:https://www.mysite.com/2.html	协议不匹配,跨域
源:http://www.mysite.com/1.html 目标:http://192.168.0.1/2.html	跨域,即使 www.mysite.com 的 IP 地址是 192.168.0.1,但浏览器不会知道
源:http://www.mysite.com/1.html 目标:http://scripts.mysite.com/2.html	跨域,子域被视为其他域
源:http://www.mysite.com/1.htm 目标:http://www.myasp.com/2.htm	跨域,即使 www.mysite.com 和 www.myasp.com 是同一个网站,但浏览器不会知道

7.5 新一代 AJAX-Fetch API

Fetch API 是 XMLHttpRequest 的升级版,是 W3C 的正式标准,可以将它看作对 XMLHttpRequest 对象使用的封装,用于简化 HTTP 请求通信,只有较新版的浏览器支持这个对象。它包含以下类和方法。

- Fetch 方法:用于发起 HTTP 请求。
- Request 类:用来描述请求。
- Response 类:用来表示响应。
- Headers 类:用来表示 HTTP 头部信息。

Fetch API 的功能与 XMLHttpRequest 基本相同,但有几个主要的差异。

(1) Fetch API 使用 Promise,不使用回调函数,因此大大简化了写法,写起来更简洁;

(2) Fetch API 采用模块化设计,API 分散在多个对象上(Response 对象、Request 对象、Headers 对象),更合理一些;相比之下,XMLHttpRequest 的 API 的输入、输出、状态都在同一个接口管理,容易写出非常混乱的代码;

(3) Fetch API 通过数据流(Stream 对象)处理数据,可以分块读取,有利于提高网站性能表现,减少内存占用,对于请求大文件或者网速慢的场景相当有用,而原生的 XMLHttpRequest 对象不支持数据流,所有数据必须放在缓存里,不支持分块读取,必须等待全部拿到后,再一次性取出来;

(4) Fetch API 不支持同步请求,而 XMLHttpRequest 在执行 open()方法时,是可以配置为同步请求的;

(5) Fetch API 无法得到请求的进度,而 XMLHttpRequest 可以通过 onprogress 回调来动态更新请求的进度。

> 这里涉及 Promise 期约这个新的 ECMAScript 语法,建议可以先阅读 9.13 节熟悉一下。

1. fetch 方法

fetch 方法接受一个表示 url 的字符串或者一个 Request 对象作为参数,返回 Promise 对象。请求成功后将结果封装为 Response 对象。Response 对象上具有 json、text 等方法,调用这些方法后可以获得不同类型的结果。Response 对象上的这些方法同样返回 Promise 对象。

它的基本用法如下。

```
fetch(url).then(…).catch(…)
```

下面是一个例子,从服务器获取 JSON 数据,默认采用 GET 方法,因为 github 的服务端已经配置了跨域,所以可以直接请求成功:

```
fetch("https://api.github.com")
.then(function(res){ return res.json();})
.then(function(data){ console.log(data); })
.catch(function(err){ console.log("请求失败:" + err); })
```

上面示例中,fetch()接收到的 res 是一个 Response 对象,res.json()方法返回一个将响应正文解析成 JSON 的 Promise,可以在后面继续使用.then 方法解析相应的数据。

fetch 方法的第一个参数除了使用 url 字符串,还可以用 Request 对象,这个方法使用如下(第二个参数可选,包含一些配置信息),相关的参数请见表 7-14,该函数返回一个 Promise 对象,若请求成功会用 Response 的实例作为参数调用 resolve,若请求失败会用一个错误对象来调用 reject。

```
fetch(String url [, Object options]);
fetch(Request req [, Object options]);
```

表 7-14　fetch 方法参数配置

配 置 参 数	说　　　明
method	HTTP 请求的方法
headers	请求头部信息,Headers 对象的实例或简单 object 对象
body	请求正文,可以是 Blob、BufferSource、FormData、USVStringURLSearchParams
mode	• same-origin:只允许同源的请求,否则直接报错; • cors:允许跨域,但必须服务端支持; • no-cors:可跨域请求,服务端不需配合,但响应正文无法读取
credentials	• omit:不发送 Cookie; • same-origin:仅在同源时发送 Cookie; • Include:发送 Cookie
cache	表示处理缓存的策略,可选值为 default、no-store、reload、no-cache、force-cache、only-if-cached
redirect	发生重定向时的策略: • follow:跟随; • error:发生错误; • manual:用户手动跟随
referrer	一个字符串,可以是 no-referrer、client,或者是一个 URL。默认值是 client
integrity	包含一个用于验证子资源完整性的字符串

fetch()发出请求以后,有一点很重要:只有网络错误,或者无法连接时,fetch()才会报错,其他情况下都不会报错,而是认为请求成功。也就是说,即使服务器返回的状态码是 4xx 或 5xx,fetch()也不会报错(即 Promise 不会变为 rejected 状态),可以通过判断返回的 Response 对象的 ok 属性是否为 true,示例代码如下:

```
if (res.ok) { return res.json(); 或 return res.text();}
else {throw 自定义报错信息字符串 }
```

2. Headers 类

Headers 类主要用来构造/读取 HTTP 数据包的头信息。在实际的 App 开发过程中,我们主要使用它来为 HTTP 请求添加一些必要的报头,下面是它的常见语法:

```
var reqHeaders = new Headers();
reqHeaders.append("Content - Type","application/json");
```

3. Request 类

Request 类用于描述请求内容。它的构造器接受的参数和 fetch 函数的参数形式一样，实际上 fetch 方法会使用传入的参数构造出一个 Request 对象来。下面例子从 github 抓取到的 uni-app 的 star 数并打印出来：

```
var req = new Request('https://api.github.com/repos/dcloudio/uni-app',{
  method:'GET'
});
fetch(req).then(function(res){
  return res.json();
}).then(function(data){
  console.log(data.stargazers_count);
});
```

4. Response 类

fetch()方法返回 Response 对象实例，它有以下属性：

- status：整数值，表示响应状态码；
- statusText：字符串，表示状态信息描述；
- ok：布尔值，表示状态码是否在 200~299 的范围内；
- headers：Headers 对象，表示 HTTP 回应的头信息；
- url：字符串，表示 HTTP 请求的网址；
- type：字符串，合法的值有 basic、cors、default、error、opaque；basic 表示正常的同域请求；cors 表示 CORS 机制的跨域请求；error 表示网络出错，无法取得信息，status 属性为 0，headers 属性为空，并且导致 fetch 函数返回 Promise 对象被拒绝；opaque 表示非 CORS 机制的跨域请求，受到严格限制。

要想从 Response 的实例中拿到最终数据需要调用下面这些方法，这些方法都返回一个 Promise 并且使用对应的数据类型来 resolve。

- arrayBuffer()：把响应数据转化为 arrayBuffer 来 resolve；
- blob()：把响应数据转换为 Blob 来 resolve；
- formData()：把响应数据转化为 formData 来 resolve；
- json()：把响应数据解析为对象后 resolve；
- text()：把响应数据当作字符串来调用 resolve。

7.6 Chrome 跟踪 AJAX 通信

Fiddler 工具对于 HTTP 请求通信的捕捉、查看、API 调试、手机抓包已经做得足够强大，但毕竟需要额外的安装。如果只是简单查看 HTTP 请求通信的内容，Chrome 内置的工具也完全够用。如图 7-26 所示，使用方法是打开 Chrome 的"开发者工具"，切换到 NetWork 选项卡。当前页面的所有 HTTP 请求会出现在"请求列表"中。在实际 HTML5 App 开发中，我们主要关心 AJAX 通信的内容，可以在"请求类型过滤条"上选中 Fetch/XHR，把当前页面的 AJAX 通信相关的请求单独过滤出来。

图 7-26　Chrome 中的 Fetch/XHR 查看

从请求列表中选中某个请求,可以打开右侧的"请求/响应信息查看面板",依次查看相关选项的信息:

- Headers:查看请求的方法、响应代码和描述、请求和响应报头、请求正文数据(如果有,在最下面);
- Preview:查看响应正文的预览;
- Response:查看响应正文消息;
- Inrtiator:查看请求的调用栈和请求链信息;
- Timling:请求时序。

7.7　RESTful API 介绍

移动应用程序分为前端和后端两部分。当前的发展趋势,就是前端设备层出不穷,例如手机、平板、台式计算机、其他专用设备……因此,必须有一种统一的机制,方便不同的前端设备与后端进行通信。这导致 API 架构的流行,甚至出现"API First"的设计思想。RESTful 架构就是目前最流行的一种互联网软件架构。它结构清晰,符合标准,易于理解,扩展方便,所以正得到越来越多网站的采用。

RESTful 可以认为是一种建立在 HTTP 协议之上的设计模式,充分地利用了 HTTP 协议的特点,使用 URL 来表示资源,用各个不同的 HTTP 动词来表示对资源的各种行为。这样做的好处就是资源和操作分离,让资源的管理更加规范。REST 的核心是资源,并且资源是用统一资源定位符 URLs 来标识的。从概念上来讲,资源和它的状态(提供给客户的格式)是分开的。REST 不做任何格式上的要求,但是一般包含 XML 和 JSON。

RESTful API 是目前比较成熟的一套互联网应用程序的 API 设计理念,API 与用户的通信协议总是使用 HTTP 协议。对于资源的具体操作类型,由 HTTP 动词表示,通过

GET、DELETE、POST、PUT 来请求 URL 资源,由它来对应业务对象的查询、删除、生成、修改,数据也由 URL 地址或请求正文进行传递。

 RESTFul API 返回的数据格式是 XML 或 JSON,取决于 HTTP 请求消息的报头 Content-Type 的设置是 application/xml 或 application/json。

7.8 实战演练:收货地址管理

如图 7-26 所示是一个收货地址管理的实例。这个例子中的数据存储在服务端上,客户端和服务端通过 AJAX 进行通信。服务端采用典型的 RESTFul API,API 的说明如表 7-15 所示。在这个实例中使用 Fetch API 和服务端 API 交互,完成了收货地址的增、删、查、改。请用手机扫描二维码,结合本书的配套源代码,参看本例的讲解。

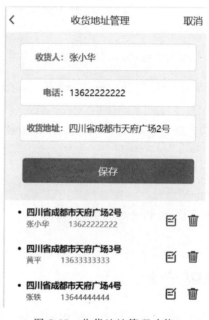

图 7-27 收货地址管理功能

表 7-15 RESTFul API 示例

请求方法	资 源 URL	说 明
GET	https://www.meishihui.xyz/api/RESTFul	得到所有收货地址,一个 JSON 数组
POST	https://www.meishihui.xyz/api/RESTFul	新增一个收货地址,请求正文要求 JSON 格式字符串,格式为{"Receiver":收货人,"Tel":电话,"Address":地址}
PUT	https://www.meishihui.xyz/api/RESTFul/{id}	修改一个编号为 id 的收货地址,请求正文要求 JSON 格式字符串,格式为{"No":id 编号,"Receiver":收货人,"Tel":电话,"Address":地址}
DELETE	https://www.meishihui.xyz/api/RESTFul/{id}	删除编号为 id 的收货地址

小结

本章主要讲解了 AJAX 通信技术。先简单介绍 AJAX 技术,并借助强大的工具 Fiddler 熟悉了通信的底层——HTTP 协议,讲解了 AJAX 通信中的核心对象——XMLHttpRequest 对象,以及如何使用它来读取和发送数据,还包括 FormData 的使用和 AJAX 通信中遇到的 CROS 跨域问题。还特别介绍了新一代的 AJAX——Fetch API 以及现在流行的 RESTFul API 接口设计。

习题

一、选择题

1. 以下(　　)技术不是 AJAX 通信技术的组成部分。
   A. XMLHttRequest　B. DHTML　　　　C. CSS　　　　　　D. JavaScript
2. XMLHttpRequest 对象有(　　)个状态返回值。
   A. 3　　　　　　　B. 4　　　　　　　C. 5　　　　　　　D. 6
3. 下面代码中,存在错误的选项是(　　)。

```
var url = "?operate = doCheckUserExists&uname = " + uname;
Var xmlHttpRequest = new XMLHttpRequest();
xmlHttpRequest. onreadystatechange = dealRes;
xmlHttpRequest. open("POST",url,false);
xmlHttpRequest. send(url);
```

   A. onreadystatechange 应为 onReadyStateChange
   B. 发送请求的方式应为 GET
   C. open 方法的第 3 个参数应该是 true,因为要异步发送请求
   D. send 方法应该传入 null 参数,而不是将 url 当作参数
4. 在 AJAX 模式中,客户端的请求是(　　)完成的。
   A. 同步　　　　　　B. 并发　　　　　　C. 异步　　　　　　D. 单向
5. 在创建请求代码片段,如下:

```
xhr.open("GET","http://www.meishihui68.com.cn/wa.aspx?b = 1",true),
```

传递的参数值为(　　)。
   A. get　　　　　　B. b　　　　　　　C. wa. aspx　　　　D. 1
6. 在 AJAX 技术中,关于 HTTP 协议向服务器传送数据的方式,描述正确的是(　　)。
   A. 包括 POST、GET 两种方式
   B. 如果传输数据包含机密信息,建议采用 MD5 数据提交方式
   C. GET 执行效率和 POST 方法一样

D. POST 方式传送的数据量较小,不能大于 1B

7. 使用 XMLHttpRequest 发送请求不包括(　　)选项。

A. 验证数据的有效性　　　　　　　　B. 创建 XMLHttpRequest 对象

C. 设置回调函数　　　　　　　　　　D. 使用 send()方法发送请求

8. 在 AJAX 技术中,获取服务器端回传的响应正文,应该采用 XMLHttpRequest 对象的(　　)。

A. responseXML 属性　　　　　　　　B. responseText 属性

C. responseValue 属性　　　　　　　D. getXml

9. 在 AJAX 中可以使用 FormData 传递数据,下面(　　)选项是正确的。

A. 可以使用 FormData 上传文件

B. 使用 FormData 处理数据,类似 form 表单中 enctype="multipart/form-data"

C. FormData 数据的添加既可以直接使用 form,也可以使用 Append 方法

D. 以上说法全部正确

10. 在 Fetch API 中,Request 的配置对象中使用(　　)属性来配置要发送的数据。

A. dataType　　　　B. data　　　　C. formdata　　　　D. body

二、判断题

1. AJAX 程序可以向任何 API 或网址无障碍进行通信。　　　　　　　　　　(　　)

2. AJAX 是全新的技术,和以前的 JavaScript 没什么关系。　　　　　　　　(　　)

3. 使用 AJAX 把数据发送给服务器,数据必须使用请求正文。　　　　　　　(　　)

4. XMLHttpRequest 对象只能实现异步请求。　　　　　　　　　　　　　　(　　)

5. RESTFul API 返回的数据格式既可以是 XML,也可以是 JSON。　　　　　(　　)

6. Fetch API 中支持同步请求。　　　　　　　　　　　　　　　　　　　　(　　)

三、填空题

1. AJAX 的英文全称是_____。

2. 要使用 XMLHttpRequest 对象的 responseXML 属性处理 XML 格式的数据,响应正文的 Content-Type 必须为_____或_____。

3. HTTP 协议的响应状态表示资源没找到的代码是_____。

4. HTTP 协议是由_____和_____两部分构成的,是_____的协议。

5. Fetch API 的 Response 对象的_____方法可以将响应数据解析为 JSON 对象。

6. 在 RESTFul API 调用中,一般通过 HTTP 请求_____方法实现删除。

7. 如果在浏览器中希望 AJAX 实现 CROS(跨域)通信,服务器端必须进行配置,保证响应消息中有报头_____、_____和_____。

四、简答题

1. 简述 AJAX 的工作原理。

2. 简述 XMLHttpRequest 对象的使用步骤。

3. 什么是 CORS 跨域问题?

4. 什么是 RESTFul API? 这种 API 有哪些特点?

五、编程题

对第 2 章中的"实战演练：注册表单"进行改造，使用 Fetch API 和 FormData，以 AJAX 通信方式提交注册数据，并将返回结果显示在右侧，如图 7-28 所示。

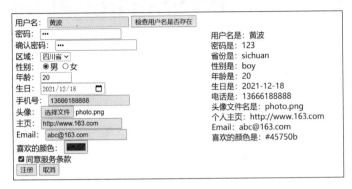

图 7-28　AJAX 实现注册

第 8 章

WebSocket 基础

学习目标
- 了解 WebSocket 的由来。
- 了解 WebSocket 技术的基本原理。
- 熟练掌握 WebSocket 的 API。

作为新一代 Web 标准,HTML5 拥有许多引人注目的新特性,其中有"Web 的 TCP"之称的 WebSocket 格外吸引开发人员的注意,WebSocket 使得客户端和服务器之间的数据交换变得更加简单,并允许服务端主动向客户端推送数据。本章将介绍 HTML5 WebSocket 的基本原理和 API 的使用。

8.1　WebSocket 的发展历程

众所周知,Web 应用的交互过程通常是客户端通过浏览器发出一个请求,服务器端接收请求后进行处理并返回结果给客户端,客户端浏览器将信息呈现,这种机制对于信息变化不是特别频繁的应用尚可,但对于实时要求高、海量并发的应用来说显得捉襟见肘,尤其在当前业界移动互联网蓬勃发展的趋势下,高并发与用户实时响应是 Web 应用经常面临的问题,例如金融证券的实时信息,Web 导航应用中的地理位置获取,社交网络的实时消息推送等。

传统的请求/响应的 HTTP 协议模式的 Web 开发在处理此类业务场景时,通常采用的技术方案有两种。

(1) 轮询。原理简单易懂,就是客户端通过一定的时间间隔以频繁请求的方式向服务器发送请求,来保持客户端和服务器端的数据同步。问题很明显,当客户端以固定频率向服务器端发送请求时,服务器端的数据可能并没有更新,带来很多无谓请求,浪费带宽,效率低下。

(2) 基于 Flash。Adobe Flash 通过自己的 Socket 实现完成数据交换,再利用 Flash 暴露出相应的接口为 JavaScript 调用,从而达到实时传输目的。此方式比轮询要高效,且因为 Flash 安装率高,应用场景比较广泛,但移动互联网终端对于 Flash 的支持并不好。iOS 系统中没有 Flash 的存在,在 Android 中虽然有 Flash 的支持,但实际的使用效果差强人意,且对移动设备的硬件配置要求较高。2012 年 Adobe 官方宣布不再支持 Android4.1＋系统,宣告了 Flash 在移动终端上的死亡。

传统 Web 模式在处理高并发及实时性需求的时候,会遇到难以逾越的瓶颈,需要一种高效节能的双向通信机制来保证数据的实时传输。在此背景下,基于 HTML5 规范的、有"Web TCP"之称的 WebSocket 应运而生。

HTML5 WebSocket 的设计目的就是要取代轮询和 Flash 技术,使客户端浏览器具备像 C/S 架构下桌面系统的实时通信能力。浏览器通过 JavaScript 向服务器发出建立 WebSocket 连接的请求,连接建立以后,客户端和服务器端就可以通过 TCP 连接直接交换数据。因为 WebSocket 连接的本质就是一个 TCP 连接,所以在数据传输的稳定性和数据传输量的大小方面,和轮询以及 Comet 技术比较,它具有很大的性能优势。

8.2 HTML5 WebSocket 简介

WebSocket 是 HTML5 一种新的协议,它实现了浏览器与服务器全双工通信,能更好地节省服务器资源和带宽并实现实时通信,它建立在 TCP 之上,同 HTTP 一样通过 TCP 来传输数据,但是它和 HTTP 协议最大的不同在于:

(1) WebSocket 是一种双向通信协议,在建立连接后,WebSocket 服务器和浏览器或其他客户端都能主动地向对方发送或接收数据,就像 Socket 一样;

(2) WebSocket 需要类似 TCP 的客户端和服务器端通过握手连接,连接成功后才能相互通信。

相对于传统 HTTP 每次请求和响应都需要客户端与服务器端建立连接的模式,WebSocket 是类似 Socket 的 TCP 长连接的通信模式,一旦 WebSocket 连接建立后,后续数据都以帧序列的形式传输。在客户端断开 WebSocket 连接或服务器端断掉连接之前,不需要客户端和服务器端重新发起连接请求。在海量并发及客户端与服务器交互负载流量大的情况下,极大地节省了网络带宽资源的消耗,有明显的性能优势,且客户端发送和接收消息是在同一个持久连接上发起,实时性优势明显。如图 8-1 所示,这两者的交互有很大不同。

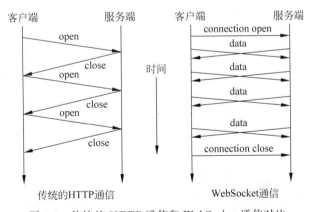

图 8-1 传统的 HTTP 通信和 WebSocket 通信对比

WebSocket 协议可以在现有的 Web 基础结构下很好地工作,它定义 WebSocket 连接的生命周期开始于 HTTP 连接,从而保证了与之前的 Web 应用程序的兼容性。在经过

WebSocket 握手后,协议才从 HTTP 切换到 WebSocket。下面使用 Fiddler 抓取客户端和服务器端交互的报文查看 WebSocket 通信与传统 HTTP 通信的不同:

```
GET http://127.0.0.1:7999/ HTTP/1.1
Host: 127.0.0.1:7999
Connection: Upgrade
Pragma: no-cache
Cache-Control: no-cache
Upgrade: websocket
Origin: http://localhost:63342
Sec-WebSocket-Version: 13
User-Agent: Mozilla/5.0 (Windows NT 10.0; WOW64) AppleWebKit/537.36 (KHTML, like Gecko)
Chrome/53.0.2785.143 Safari/537.36
Accept-Encoding: gzip, deflate, sdch
Accept-Language: zh-CN,zh;q=0.8
Sec-WebSocket-Key: p947dnotLEAaxiOEEcBTBw==
Sec-WebSocket-Extensions: permessage-deflate; client_max_window_bits
```

可以看到,客户端发起的 WebSocket 连接报文类似传统 HTTP 报文,其中的请求报头"Upgrade:websocket"表明这是 WebSocket 类型请求,"Sec-WebSocket-Key"是客户端发送的一个 base64 编码的密文,要求服务器端必须返回一个对应加密的响应报头"Sec-WebSocket-Accept"应答,否则客户端会抛出"Error during WebSocket handshake"错误,并关闭连接。

服务器端收到报文后返回的响应消息格式类似:

```
HTTP/1.1 101 Switching Protocols
Upgrade: WebSocket
Connection: Upgrade
Sec-WebSocket-Accept: JIK21sSenzmiRDegToT4ZpDtrC8=
```

此时,HTTP 连接将终止,并被 WebSocket 连接替代。WebSocket 连接与之前的 HTTP 连接都基于相同的 TCP 连接。一旦建立好连接,WebSocket 数据帧就可以在客户端和服务器之间以全双工模式发送和传回。文本和二进制数据帧可以同时传输。数据帧最少包含 2 字节数据。如果是文本数据帧,则以 0x00 开头,以 0xFF 结束,中间包含 UTF-8 数据。

8.3 WebSocket 实现

WebSocket 的实现分为客户端和服务器端两部分,客户端(通常为浏览器)发出 WebSocket 连接请求,服务器端响应,实现类似 TCP 握手的动作,从而在浏览器客户端和 WebSocket 服务器端之间形成一条 HTTP 长连接快速通道。两者之间后续将直接进行数据互相传送,不再需要发起连接和响应。

WebSocket 服务器端在各个主流应用服务器厂商中已基本获得支持,以下列举了部分常见的商用及开源应用服务器对 WebSocket 服务器端的支持情况,如表 8-1 所示。

表 8-1　WebSocket 服务器端支持情况

应用服务器	支 持 情 况
WebSphere	WebSphere 8.0 以上版本支持,7.X 之前版本结合 MQTT 支持类似的 HTTP 长连接
WebLogic	WebLogic 12c 支持,11g 及 10g 版本通过 HTTP Publish 支持类似的 HTTP 长连接
IIS	IIS 7.0＋支持
Tomcat	Tomcat 7.0.5＋支持,7.0.2X 及 7.0.3X 通过自定义 API 支持
Jetty	Jetty 7.0＋支持
Node.js	需要加载外置的 WebSocket 库支持

对于 WebSocket 客户端,主流的浏览器(包括 PC 和移动终端)现已都支持标准的 HTML5 的 WebSocket API,这意味着客户端的 WebSocket JavaScript 脚本具备良好的一致性和跨平台特性,以下列举了常见的浏览器厂商对 WebSocket 的支持情况,如表 8-2 所示。

表 8-2　主流的浏览器对 WebSocket 支持情况

浏 览 器	WebSocket 支持情况
Chrome	4.0 及以上版本
Firefox	5.0 及以上版本
Internet Explore	10.0 及以上版本
Opera	10.0 及以上版本
Safari	iOS 5.0 及以上版本
Android Browser	Android 4.5 及以上版本

以下以一段代码示例说明 WebSocket 的客户端实现:

```
//创建 WebSocket 对象
var ws = new WebSocket("ws://echo.websocket.org");
//连接成功后的回调
ws.onopen = function(){
    //发送数据到服务器端
    ws.send("test data");
};
//收到服务器端数据后的回调
ws.onmessage = function(msg){
    console.log(msg.data);
};
//连接关闭后的回调
ws.onclose = function(){
    console.log("WebSocketClosed!");
};
//连接中发生错误时的回调
ws.onerror = function(){
    console.log("WebSocketError!");
};
```

第一行代码是在生成一个 WebSocket 对象,参数是需要连接的服务器端的地址,同 HTTP 协议开头一样,WebSocket 协议的 URL 使用 ws://开头,另外安全的 WebSocket 协议使用 wss://开头。

第二行到最后一行为 WebSocket 对象注册消息的处理函数,WebSocket 对象一共支持 4 个消息:onopen、onmessage、onclose 和 onerror。有了这 4 个事件,就可以很容易很轻松地驾驭 WebSocket。当浏览器和 WebSocket 服务器连接成功后,会触发 onopen 消息;如果连接失败,发送、接收数据失败或者处理数据出现错误,会触发 onerror 消息;当浏览器接收到服务器发送过来的数据时,就会触发 onmessage 消息,参数 msg 中的 data 属性包含了服务器传输过来的数据;当浏览器接收到服务器发送的关闭连接请求时,就会触发 onerror 和 onclose 消息。可以看出,所有的事件都采用异步回调的方式触发,这样不会阻塞 UI,可以获得更快的响应时间以及更好的用户体验。

8.4　Node.js 介绍

WebSocket 通信涉及客户端和服务器双方,仅编写客户端代码是不够的,还需要准备好相应的 WebSocket 服务器,才能实现客户端和服务器之间的 WebSocket 通信。WebSocket 是 HTML5 标准中的一个协议,从理论上来说,用哪种技术实现服务器端并不重要,现在主流的 Java、C#、PHP 等都能轻松实现 WebSocket 服务器端。本书使用 Node.js 来搭建 WebSocket 服务器。

JavaScript 高涨的人气带来了很多变化,以至于如今使用其进行网络开发的形式也变得截然不同。在 Node.js 出现以前,JavaScript 只能运行于浏览器。过去从前端跨越到后端,前端使用 JavaScript 编程,而后端必须使用其他开发技术,这样开发人员不得不掌握多门语言。

Node.js 是一个 JavaScript 运行环境(Runtime),它实际上是对 Google V8 引擎进行了封装。V8 引擎执行 JavaScript 的速度非常快,性能非常好,而 Node.js 对一些特殊用例进行了优化,提供了替代的 API,使得 V8 在非浏览器环境下运行得更好。

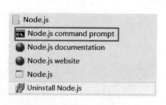

图 8-2　Node.js 安装项

传统的 Web 开发技术在接收每个 HTTP 请求时都会产生一个新线程,占用系统内存并最终受限于可用的最大内存,而 Node.js 是在单线程上运行,使用非阻塞 I/O 调用,它可以支持数以万计的并发连接(在 event loop 中维持),非常适合在分布式设备上运行数据密集型的实时应用。目前国内的天猫、腾讯直播、百度、京东等众多公司都在企业开发中应用了 Node.js。基于 Node.js,我们也可以让 JavaScript 运行在服务器上,充当高效的服务端。

我们先访问 https://nodejs.org/zh-cn/,下载"长期维护版"(目前版本号是 16.3.1),将其安装在 Windows 操作系统中。安装完成后,在开始菜单中找到 Node.js 的安装项,选择 Node.js command prompt,如图 8-2 所示。

在弹出的 Node.js 命令行窗口中输入命令"node -v",如果显示 Node.js 的版本号,则 Node.js 安装成功,如图 8-3 所示。

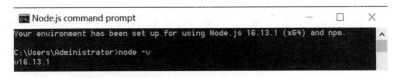

图 8-3　Node.js 版本显示

8.5　HBuilderX 中运行 Node.js 程序

安装好 Node.js 后，我们就可以在 HBuilderX 中直接运行 Node.js 程序了。先在项目中创建一个 test.js 文件，它的内容如下所示：

```
console.log("hello");
```

如图 8-4 所示，创建好文件后，单击工具栏上的运行按钮（在菜单"视图"中打开"显示工具栏"），选择"node 路径设置"，配置 Node.js 的运行路径。

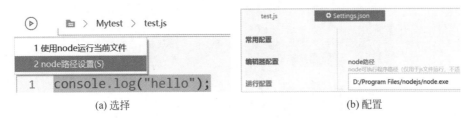

(a) 选择　　　　　　　　　　　　　　　　　(b) 配置

图 8-4　node 路径配置

配置好后，再单击图 8-4 中的"使用 node 运行当前文件"，HBuilderX 会将相应的运行结果或错误信息（例如 console.lo 少了个字母 g）显示在控制台中，如图 8-5 和图 8-6 所示。

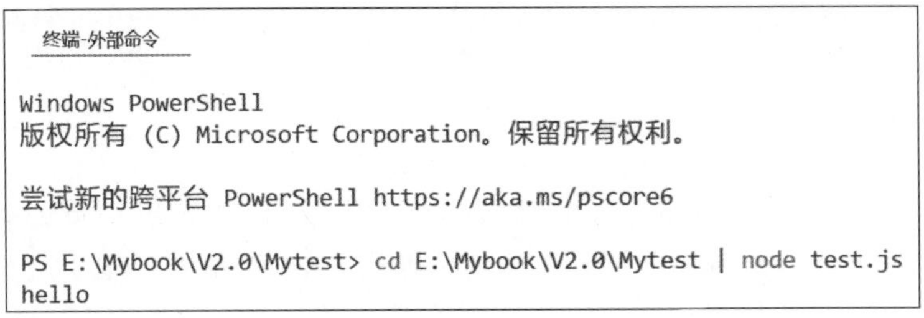

```
终端-外部命令

Windows PowerShell
版权所有 (C) Microsoft Corporation。保留所有权利。

尝试新的跨平台 PowerShell https://aka.ms/pscore6

PS E:\Mybook\V2.0\Mytest> cd E:\Mybook\V2.0\Mytest | node test.js
hello
```

图 8-5　运行结果显示

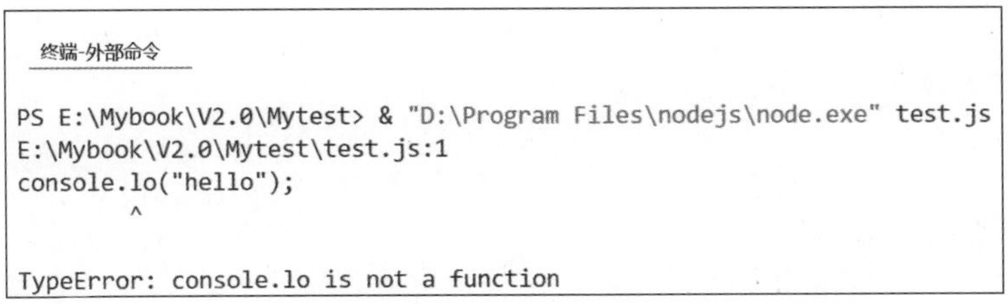

```
终端-外部命令

PS E:\Mybook\V2.0\Mytest> & "D:\Program Files\nodejs\node.exe" test.js
E:\Mybook\V2.0\Mytest\test.js:1
console.lo("hello");
        ^

TypeError: console.lo is not a function
```

图 8-6　出错信息显示

在 Node.js 程序运行时，如果想终止运行，可以按 Ctrl＋C 组合键退出。

8.6 实战演练：聊天室

如图 8-7 所示，以一个"聊天室"为例，来说明 HTML5 标准中的 WebSocket 的优势及具体开发实现，服务端采用一个 Node.js 的 WebSocket 模块，页面采用 Vue.js 框架。用户在聊天室中发言后，其他用户的客户端(Android、iOS、PC 浏览器或手机浏览器端)都会迅速显示聊天内容。请用手机扫描二维码，结合本书的配套源代码，参看本例的讲解。

图 8-7　聊天室运行效果

小结

本章介绍了 HTML5 WebSocket 的"前世"以及它尝试解决的问题，然后介绍了 HTML5 WebSocket 标准和相应的 API。当前我们已经在各种移动设备上看到了 WebSocket 的身影，它将成为未来开发实时 Web 应用的生力军。作为 HTML5 开发人员，关注其中的 WebSocket 标准也应该提上日程了，否则我们在新一轮的软件革新的浪潮中只能成为旁观者。

习题

一、选择题

1. WebSocket 连接服务器时的正确语法形式应该为(　　)。

A. var ws＝new WebSocket("ws://127.0.0.1:3999");

B. var ws＝new WebSocket("http://127.0.0.1:3999");

C. var ws＝new webSocket("http://127.0.0.1:3999");

D. var ws＝new webSocket("ws://127.0.0.1:3999");

2. 通过 WebSocket 技术可以用来实现以下(　　)类型的项目。

    A. 游戏   B. 聊天室   C. 股票行情   D. 以上都可以

3. WebSocket API 中使用(　　)事件对服务器传递过来的消息进行处理。

    A. onopen   B. onclose   C. onmessage   D. onerror

二、判断题

1. JavaScript 只能运行在浏览器上。   (　　)

2. HTML5 的 WebSocket 服务器端只能使用 Node.js 实现。   (　　)

3. WebSocket 通信和 HTTP 通信一点关系都没有。   (　　)

4. WebSocket 通信中只能由服务器推送消息给客户端。   (　　)

5. 目前只有 Chrome 浏览器支持 HTML5 WebSocket。   (　　)

三、填空题

1. 过去 HTML 页面在没有 WebSocket 技术的情况下,我们通常采用＿＿＿＿方式来实现客户端与服务器端数据的同步。

2. 在建立 WebSocket 连接时,服务器端返回报头＿＿＿＿同意终止 HTTP 连接,使用 WebSocket 连接。

3. 一旦建立好 WebSocket 连接,WebSocket 数据帧就可以在客户端和服务器端之间以全双工模式发送和传回,＿＿＿＿数据帧可以同时传输。

四、简答题

简述 HTML5 WebSocket 协议的特点。

第9章

ES 新语法

学习目标

- 掌握一些新的 ECMAScript 语法以及它的新特性。
- 掌握前端框架开发必备的新知识。

随着移动互联网的发展,JavaScript 的应用越来越广泛,ECMAScript(简称 ES)每次标准的诞生(目前最新是 2020 版)都意味着语言的完善和功能的加强。在实际开发时,ES 的新语法应用已经非常普及了,它彻底改变了前端的编码风格,可以说对于前端带来了巨大的影响。本章主要讲解了在实际工作中应用较多的 ES 语法新知识,可以帮助大家轻松地开展进一步学习。

9.1 Symbol——新的数据类型

在过去的团队开发中,有可能会出现程序员 A 为对象设计的属性或方法被程序员 B 的设计或方法覆盖,为了从根本上解决命名问题,我们需要给属性或方法取一个独一无二的名称,这样才能从根本上防止属性名冲突的问题。所以 ES 语法中新增了一种数据类型 Symbol,用它来解决属性的冲突,Symbol 类型的使用代码示例如下:

```
var sm = Symbol();
console.log(sm);                //输出 Symbol()
console.log(typeof(sm));        //输出 symbol
```

 Symbol 类型实例化时,不需要使用 new 关键字,否则会报错。

Symbol 类型变量在定义时,可以使用一个字符串参数,它只是用于对当前 Symbol 对象进行描述,但相同参数的 Symbol 变量并不相等,这有点像人的名字。Symbol 类型的变量可以使用 description 属性获取这个相应的描述值。

```
var sm1 = Symbol("test");
console.log(sm9.description);       //输出 test
var sm2 = Symbol("test");
console.log(sm2.description);       //输出 test
console.log(sm1 == sm2);            //输出 false
```

下面我们来看看 Symbol 类型在处理属性冲突中是如何应用的。

【例 9-1】　使用 Symbol 为对象定义一个唯一的属性。

```
var name = Symbol();
var person = {
        [name]:"张三"
};
console.log(person[name]);
console.log(person.name);              //输出 undefined
```

当 Symbol 值作为对象的属性名的时候，不能用 . 运算符获取对应的值，只能用方括号。

9.2　let 块作用域

let 是新的 ES 语法中声明一个变量的命令，和 var 的作用差不多，但有着非常重要的区别。最明显的区别是，let 声明的范围是块作用域，而 var 声明的范围是函数作用域。我们来看这下面两段代码的区别。

```
//使用 var 定义变量
if(true){
    var myname1 = "huangbo";
    console.log(myname1);        //输出 huangbo
}
console.log(myname1);            //输出 huangbo

//使用 let 定义变量
if(true){
    let myname2 = "huangbo";
    console.log(myname2);        //输出 huangbo
}
console.log(myname2);            //输出:myname2 is not defined
```

块作用域是函数作用域的子集，因此适用于 var 的作用域限制也同样适用于 let。另外，与 var 不同，使用 let 在全局作用域中声明的变量不会成为 window 对象的属性，例如：

```
var myname3 = "huangbo";
console.log(window.myname3);        //输出 huangbo

let myname4 = "huangbo";
console.log(window.myname4);        //输出 undefined
```

在 let 出现之前，for 循环定义的迭代变量会渗透到循环体外部，而改成使用 let 之后，let 的作用域就仅限于 for 循环体的内部，例如下面的代码：

```
for(var i = 0;i < 5;++i){                    for(let i = 0;i < 5;++i){
    //循环体                                      //循环体
}                                            }
console.log(i);    //输出 5                    console.log(i);    //i is not defined
```

9.3 const 定义恒量

新的 ES 语法中,使用 const 命令声明一个只读的常量,和 let 类似,它声明的范围也是块作用域。一旦声明后必须立即初始化值,并且这个值就不能再进行改变了,所以叫做恒量。实际上,它指的是变量指向的那个内存地址所保存的数据不得改动,例如下面的代码:

```
const c;                        //报错,必须马上赋值
const PI = 3.1415926;
console.log(PI);                //输出 3.1415926
PI = 3.14;                      //报错:Assignment to constant variable
```

对于简单类型的数据,例如数值、字符串、布尔值,值就保存在变量指向的那个内存地址,因此等同于常量。但对于复合类型的数据,例如对象和数组,变量指向的内存地址保存的只是一个指向实际数据的指针,const 只能保证这个指针是固定的(即总是指向另一个固定的地址),至于它指向的数据结构是否可变,就完全不能控制了。

```
const student = {};
student. stuName = "huangbo";
console. log(student.stuName);    //输出 huangbo
student = {};                     //报错:Assignment to constant variable
```

尽量使用 let 和 const 声明变量有助于提升代码的质量。优先使用 const,只在提前知道未来会有修改时再使用 let。

9.4 解构

所谓解构,是指按照一定的模式从数组或者对象中取值,对变量进行赋值的过程,通过解构语法,可以减少赋值语句的使用,或者减少通过下标访问数组或对象的方式,使代码更加优雅简洁,可读性更佳。

例如,从一个数组中取前 3 个元素的值,分别赋给 3 个变量,在以前的 JavaScript 语法中,必须手动地一一赋值,而解构语法就非常简洁,示例代码如下:

```
var first = someArray[0];
var second = someArray[1];
var third = someArray[2];
```

```
//使用 ES 新的解构语法,可以简化为
let [first, second, third] = someArray;
```

对于对象的属性取值,也可以使用解构语法,但这里有一点需要注意,数组的元素是按次序排列的,变量的取值由它的位置决定;而对象的属性没有次序,变量必须与属性同名,才能取到正确的值,示例代码如下:

```
let user = {name:"huangbo",age:45};
let {age,name} = user;    //变量名必须与对象属性名一样,否则无法取值
console.log(name,age);
//如果需要取别名,需要
let {age:myage,name:myname} = user;
console.log(myname,myage);
```

9.5 字符串模板

在传统的 JavaScript 编程中,字符串拼接一直是很大的问题,不仅烦琐,而且字符串越长,就越容易出错,例如下面的代码:

```
const stuName = "黄波";
const stuAge = 45;
let info = "姓名:" + stuName + ",年龄:" + stuAge;
console.log(info);    //姓名:黄波,年龄:45
```

新的 ES 语法中引进了一种新的字符串字面量语法“字符串模板”,它是一种能在字符串文本中内嵌变量的字符串字面量。简单来讲,就是增加了变量功能的字符串,可以使用多行字符串和字符串插值功能。字符串模板使用反引号“`”(**数字键 1 左边的键**)来代替普通字符串中使用的双引号或单引号,使用特定语法 $ {expression}的占位符,如果在模板中要使用反引号,需要加转义符\,上面的例子中的 info 变量就可以修改为:

```
let info = `姓名:$ {stuName},年龄:$ {stuAge}`;
```

占位符也可以用于绑定对象的属性:

```
const ostu = {stuName:"黄波",stuAge:45};
let info = `姓名:$ {ostu.stuName},年龄:$ {ostu.stuAge}`;
console.log(info);
```

对于多行字符,它也比以前的 JavaScript 代码更为优雅,不需要再单独附加各种转义字符:

```
const desc = "这是第 1 行,\n 这是第 2 行"; //传统语法
const desc = `这是第 1 行,
这是第 2 行`;                              //使用字符串模板
```

9.6 函数参数默认值

在以前的 JavaScript 语法中,如果想要给某个函数的参数设置参数默认值,需要在函数体中通过逻辑代码来实现,例如下面的代码:

```
function myfunc(myparam){
    myparam = myparam === undefined?true:myparam;
    console.log(myparam);
}
myfunc();
```

新的 ES 语法则简单方便多了,直接在参数后面对它赋默认值,上面的例子可以修改为:

```
function myfunc(myparam = true){
    console.log(myparam);
}
myfunc();
```

如果函数有多个参数,带有默认值的形参一定要出现在参数列表的最后,因为参数是按照次序传递的。

```
function myfunc(a,b = 5){
    return a + b;
}
console.log(myfunc(2));              //输出 7
console.log(myfunc(2,3));            //输出 5
```

9.7 Array 的新方法

新的 ES 语法中,为数组 Array 对象新增了一些方法,我们只选取了其中几个比较典型的用法,分别是 find 方法和 findIndex 方法、includes 方法和 map 方法,在以前实现类似的功能时,通常是使用 for 循环对元素进行遍历处理的。

1. find 和 findIndex 方法

find 方法会为数组中的每个元素都执行 1 次测试(调用 1 次回调函数),当数组中的元素在测试返回 true 时,直接返回符合条件的元素,之后的值不会再调用回调了,如果没有符合条件的元素则返回 undefined。

```
Array.Prototype.find(function(currentValue,[index],[arr]));
```

其中,currentValue 参数是必须选的,代表当前数组的值;index 参数可选,代表当前数组的序号；arr 参数可选，代表当前数组对象。例如下面的实例中，想要从数组中找出第一个 age＞100 的数组元素：

```
let ostudents = [{name:"张三丰",age:102},
                {name:"郭靖",age:51},
                {name:"杨过",age:23}];
let stu = ostudents.find(function(ostu){
    return ostu.age>100
});
console.log(stu);   //输出{name:"张三丰",age:102}
```

findIndex 方法也是查找目标元素，使用方式和 find 方法基本类似，若找到就返回元素在数组中的索引，找不到就返回－1，可以将其与 Array 对象的 splice 方法结合起来，实现数组特定元素的删除，例如将上例中 name 为"杨过"的数据删除，就可以使用：

```
let index = ostudents.findIndex(function(ostu){
    return ostu.name == "杨过";
});
if(index!= -1){
    ostudents.splice(index,1);
}
```

2. includes 方法

includes 方法用来判断一个数组是否包含一个指定的值，如果为是返回 true，否则返回 false，语法格式如下：

```
let names = ['张三丰', '郭靖', '杨过'];
console.log(names.includes('杨过'));        //输出 true
console.log(names.includes('小龙女'));      //输出 false
```

3. map 方法

map 方法返回一个新数组，数组中的元素为原始数组元素调用函数处理后的值。它的语法形式为：

```
Array.Prototype.map(function(currentValue,[index],[arr]));
```

参数和 find 方法完全类似，在下面的实例中，想得到一个新数组，数组中元素的值是原始数组的平方值：

```
let myArray = [1,2,3,4];
let myArray2 = myArray.map(function(item){
        return item * item;
});
console.log(myArray);      //输出 1,2,3,4
console.log(myArray2);     //输出 1,4,9,16
```

9.8　箭头函数

箭头函数在其他语言中(C♯、Java)也叫 Lambda 表达式,相当于匿名函数,主要用于简化函数的定义。

在原有的语法中,通常在定义函数时可以使用如下方法:

```
let myfunc = function(a, b) {
    return a * b;
}
```

箭头函数语法定义函数,其实就是将原来函数定义的 function 关键字和函数名都删掉,并使用"=>"连接参数列表和函数体,上面的函数定义可以改写为:

```
let myfunc = (a, b) => {return a * b;}
```

使用箭头函数定义,请注意以下要点:

- 当函数参数只有一个,小括号可以省略,如果没有参数,小括号不能省略,如下面的代码:

```
let double = a => {return a * a;};
let myfunc = () => {console.log("hello");};
console.log(double(4));        //输出 16
myfunc();                       //输出 hello
```

- 如果整个函数体中只有一句代码,而且是 return 语句,{}和 return 都可以省略,但如果有多条语句,则都不能省略,例如下面的代码:

```
let double = a => a * a;
let myArray2 = myArray.map(item => item * item);
```

- 箭头函数会自动继承上下文的 this 关键字,下例比较典型:

```
let obj = {
    myname:"huangbo",
    sayHello:function(){
        setTimeout(function(){
            console.log(this);   //window 对象
            console.log('hi, my name is ${this.myname}');   //this 是 window
        },1000);
    }
}
obj.sayHello();
```

上面代码中 setTimout 的 this 代表的是 window 对象，this. myname 是 undefined，如果采用箭头函数，this. myname 就可以正确取值了，改造如下：

```
setTimeout(() =>{
    console.log(this);      //obj 对象
    console.log('hi,my name is ${this.myname}');
},1000);
```

9.9　...操作符

... 操作符是新的 ES 语法中引入的，它有两种用法——rest（剩余语法，rest 参数）和 spread（展开语法，展开数组/对象），作为函数、数组、对象的扩展运算符。从某种意义上说，剩余语法与展开语法是相反的：剩余语法将多个元素收集起来并"凝聚"为单个元素，而展开语法则是将数组/对象展开为其中的各个元素。

1. rest 用法

rest 用法主要用于 function 函数的参数赋值，形式为（... 变量名），将一个不定数量的参数表示为一个数组（其他编程语言中叫可变参数）。用于获取函数实参中的多余参数，组成一个数组，这样就不需要使用 arguments 对象了，例如下面的代码：

```
function myfunc(a,b,...args){
    console.log(a);      //输出 2
    console.log(b);      //输出 4
    console.log(args);   //输出 6,8,10
}
myfunc(2,4,6,8,10);
```

rest 参数之后不能再有其他参数（只能是最后一个参数），否则会报错。

2. spread 用法

spread 用法主要针对数组或对象，其实可以简单理解为去掉外层的括号（[ ]或{ }），看下面的几个实例。

- 展开数组。

```
let myArray = [3,5,7,9];
console.log(1,...myArray);   //输出 1,3,5,7,9
```

- 数组转为参数。

```
let doAdd = (a,b) =>a + b;
const myArray = [2,3];
console.log(doAdd(...myArray));   //输出 5
```

- 复制数组。

```
let myArray1 = [1,2,3,4,5];
let myArray2 = [...myArray1];
```

- 解构赋值。

```
const [first, ...rest] = [1, 2, 3, 4, 5];
console.log(rest);              //输出 2,3,4,5
```

- 数组合并。

```
const myArray3 = [1,2,3];
const myArray4 = [4,5,6];
let newArray1 = [...myArray3,...myArray4];
let newArray2 = [...myArray4,...myArray3];
console.log(newArray1);        //输出 1,2,3,4,5,6
console.log(newArray2);        //输出 4,5,6,1,2,3
```

- 为对象新增属性。

```
const obj = { name: 'jack', age: 30 }
const result = { ...obj, gender: '男'}
console.log(result); // {name: "jack", age: 30, gender: "男"}
```

9.10 class、super、extends

对熟悉其他纯面向对象语言的开发者来说,都会对 class(类)有一种特殊的情怀。新的 ES 语法引入了 class,让 JavaScript 的面向对象编程变得更加简单和易于理解。在第 4 章中,我们已经学习了如何使用 function 来定义类,现在有了新语法,就可以使用 class 来完成类的定义,其中 constructor 代表类的构造器。

【例 9-2】 使用 class 定义类。

```
class Person{
    //类的构造器,初始化 name 和 age 属性
    constructor(name, age) {
        this.name = name;
        this.age = age;
    }
    //定义方法,方法间不需要用逗号
    showStuInfo() {
        alert('姓名:${this.name},年龄:${this.age}');
    }
```

```
}
let person = new Person("张三", 22);
person.showStuInfo();
```

class 之间可以通过关键字 extends 实现类的继承，例如下面的代码：

```
class Student extends Person{
    constructor(sno,name,age) {
        super(name,age);    //调用 Person 类的构造器
        this.sno = sno;
    }
}
let ostu = new Student("1001","黄波",45);
ostu.showStuInfo();
```

在子类的 constructor 中，必须先使用 super 访问父类的构造器，才能用 this 关键字对子类属性赋值，否则会报错。

9.11　Set 和 Map 集合

JavaScript 过去只有一种数组的数据结构，现在增加了 Set 和 Map 两种集合。

1. Set 集合

Set 类型是一种有序列表，和数组类似，不同在于不会出现重复元素，开发中可以用于去除重复数据，构造器可以接收一个数组或空值，同时 Set 集合还可以还原成一个数组对象，示例代码如下：

```
const myArray = ["JavaScript","Android","iOS","JavaScript"];
const mySet = new Set(myArray);
console.log(mySet);                   //输出{"JavaScript","Android","iOS"}
console.log(mySet.size);              //输出 3
const myArray2 = Array.from(mySet);   //把 Set 集合还原成数组
console.log(myArray2);                //输出["JavaScript","Android","iOS"]
```

Set 集合的常用方法如表 9-1 所示。

表 9-1　Set 集合的常用方法

方　　法	具　体　描　述
add	添加元素到 Set 集合
delete	删除某个元素
has	判断某个元素在 Set 集合中是否存在
clear	清空 Set 集合

下面的示例代码演示了这些方法的使用：

```
const mySet = new Set();
mySet.add("JavaScript");
mySet.add("Android");
mySet.add("iOS");
mySet.add("JavaScript");
console.log(mySet);                      //输出{"JavaScript","Android","iOS"}
console.log(mySet.has("Android"));       //输出 true
mySet.delete("iOS");
console.log(mySet);                      //输出{"JavaScript","Android"}
mySet.clear();
console.log(mySet.size);                 //输出 0
```

2. Map 集合

Map 类型是键值对的有序集合,和 Object 类型最大的不同点是: Map 集合的键名和值支持所有的数据类型,而 Object 类型只能用字符串当作键名。

Map 的构造器可以接收空值、数组或 Set 集合,示例代码如下:

```
//接收数组
const myMap = new Map([['key1','value1'],['key2','value2']]);
console.log(myMap);                      //输出{"key1" => "value1", "key2" => "value2"}
//接收 Set 集合
const mySet = new Set([['key1','value1'],['key2','value2']]);
const myMap2 = new Map(mySet);
console.log(myMap2);                     //输出{"key1" => "value1", "key2" => "value2"}
console.log(myMap2.size);               //输出 2
```

从上例可以看出,这样的实例化相对比较复杂,所以一般在使用时,还是会使用空构造器,实例化后再调用相应的方法进行添加。Map 集合的常用方法如表 9-2 所示。

表 9-2　Map 集合的常用方法

方　　法	具 体 描 述
set	添加元素到 Map 集合,需要 2 个参数,key 和 value 值
delete	删除指定 key 值元素,需要参数 key
has	判断某个 key 值的元素在 Map 集合中是否存在
clear	清空 Map 集合

下面的示例代码中演示了这些方法的使用:

```
const myMap = new Map();
myMap.set("1001","张三丰");
myMap.set("1002","郭靖");
myMap.set("1003","杨过");
console.log(myMap);
//输出{"1001" => "张三丰", "1002" => "郭靖", "1003" => "杨过"}
console.log(myMap.has("1003"));
myMap.delete("1002");
```

```
console.log(myMap);
//输出{"1001" => "张三丰", "1003" => "杨过"}
myMap.clear();
console.log(myMap);    //输出{}
```

9.12　Module 模块化

随着 HTML5 前端工程的发展,人们越来越重视按软件工程的技术和方法来将前端的开发流程、技术、工具、经验等规范化、标准化。为了解决工程化的问题,在新的 ES 语法中,引入了模块化的概念。所谓前端模块化,主要包含两层含义:

- 将一个复杂的程序依据一定的规范封装成几个块(文件),再按实际进行组合;
- 块的内部数据与实现是私有的,只是向外部暴露一些需要的接口与数据。

在这个新语法之前,最原始的 JavaScript 文件加载方式就是使用 script 标签,如果把每一个 .js 文件看作一个模块,那么它们的接口通常是暴露在全局作用域下(也就是 window 对象中),不同模块的接口调用都在一个作用域中,开发人员只能按照 script 标签的书写顺序进行加载。

1. export 和 import 命令

新的 ES 语法中,一个模块就是一个独立的文件,具有独立的作用域,模块化功能主要由两个命令构成——export 和 import,通过 export 命令可以输出内部变量、函数或类,然后在需要的地方再使用 import 导入模块。

【例 9-3】　使用 export 和 import 实现模块加载。

```
//mymodule.js 文件内容
//先定义再导出(这是推荐使用的写法)
var autotype = "紧凑型车";
var autobrand = "红旗 H9";
function showInfo(){
    console.log("油耗:7.1L/100km");
}
class car{
    constructor(type,brand) {
        this.type = type;
        this.brand = brand;
    }
}
export {autotype,autobrand,showInfo,car}

//另外一种写法,边定义边导出
export var autotype = "紧凑型车";
export var autobrand = "红旗 H9";
export function showInfo(){...};
export class car{...};
```

页面中加载:

```
//在 HTML5 页面中加载 module.js
< script type = "module">
    import {autotype,autobrand,showInfo,car} from "./mymodule.js";
    console.log(autotype,autobrand);
    showInfo();
    var ocar = new car("哈弗","H6");
</script >
```

在 HTML5 页面中使用 import 加载,script 标签 type 属性必须书写为"module", .js 文件的相对路径也必须以"/"、"./"或"../"开头。(其中"/"表示域名根目录,"./"表示当前目录,"../"表示上级目录。)

从上面的例子可以看出,在"module.js"中使用 export 命令,可以控制哪些变量、函数或类可以导出,而 import 则可以根据需要选择性导入。如果在 export 中删除 car 变量,import 导入时会自行报错:The requested module './module.js' does not provide an export named 'car'。

另外,在导出时,可以使用 as 关键字对输出的变量、函数、类进行重命名,实例代码如下:

```
export {autotype as atype,autobrand as abrand,showInfo as sinfo};
```

导入时,也可以使用 as 关键字对模块进行重命名,也可以使用"*"加载整个.js 文件,实例代码如下:

```
import {autotype as atype} from "./mymodule.js";

import * as md from "./mymodule.js";    //导入后 md 是个 Module 对象实例
console.log(md.autotype);
var ocar = new md.car("哈弗","H6");
```

2. export default 命令

从前面的例子可以看出,使用 import 命令加载模块时必须知道导出时的变量名、函数名或类名,或者整个文件,否则无法加载。为了方便,可以使用 export default 命令指定默认输出,import 加载时可以为其指定任意名,实例代码如下:

```
//模块导出
export default{autotype,autobrand,showInfo,car}
//模块加载
import md from "./mymodule.js";    //md 是个 object 对象,封装了模块的导出
console.log(md.autobrand);
```

```
var ocar = new md.car("哈弗","H6");
md.showInfo();

//模块导出
export default function test(){
    console.log("hello");
}
//模块加载
import myfunc from "./module3.js";
myfunc();               //即执行模块导出的函数 test()
```

一个模块只能有一个默认输出，所以 export default 命令只能使用一次。 import 命令加载时后面就可以不用加大括号。

9.13　Promise 期约

在 JavaScript 的世界中，所有代码都是单线程执行的，一次只能执行一个任务，当有一个任务耗时很长时，后面的任务就必须等待。为了解决这个问题，就只有让代码异步执行。在前面的 AJAX 异步通信技术中，我们就是采用典型的 callback 回调函数实现的异步编程。但在实际项目中，有时会碰到回调嵌套的现象，例如从服务端读取数据的过程中要先请求 A 接口，成功后再请求 B 接口，最后再请求 C 接口，回调嵌套层次较多。这种情况下代码可读性很差，很难进行维护和二次开发，如下面的代码：

```
ajax("http://myapiA",function(resA){
    ajax("http://myapiB",function(resB){
        ajax("http://myapiC",function(resC){
            //相应的处理代码
        });
    });
});
```

新的 ES 语法中新增了一个引用类型 Promise，它是异步编程的一种解决方案，比传统的解决方案（回调和事件）更合理和更强大，语法更简洁，能更好地解决回调地狱的问题（避免了层层嵌套的回调函数）。它最早由社区提出和实现，ECMA 将其写进了语言标准，统一了用法，实现了原生提供了对象，可以通过 new 操作符进行实例化。

我们先实例化一个来试试：

```
let p = new Promise();
```

在 Chrome 的控制台下，得到的是一个报错信息，如图 9-1 所示。

Promise 需要一个匿名函数作为参数，并且这个匿名函数需要 2 个参数，例如下面这段典型的代码：

```
⊗ Uncaught TypeError: Promise resolver undefined is not a function
    at new Promise (<anonymous>)
    at index.html:9
```

图 9-1　直接实例化运行报错信息

```
let p = new Promise(function(resolve,reject)){
    if(/*异步操作成功*/){
        resolve(参数值);
    }else{
        reject(参数值);
    }
};
```

那这里的参数 resolve 和 reject 代表什么意思呢？Promise 对象生成后，内部有 3 个状态——pending(等待)、fulfilled(执行完成)、rejected(拒绝未完成)，这三种状态的变化只有两种模式，即 Promise 对象刚创建成功，状态为 pending，pending 状态可以转换为 fulfilled 或者 rejected，并且一旦状态改变，就不会再变化。期约的状态是私有的，不能直接通过 JavaScript 检测，也不能被外部 JavaScript 代码修改，它特意把异步行为封装起来，从而隔离外部的同步代码。这也是 Promise 这个名字的由来，它的英语意思就是"期约"或"承诺"，表示其他手段无法改变。

控制期约状态的转换是通过调用它的两个函数参数实现的。resolve 函数的作用是，将 Promise 对象的状态从 pending 变为 fulfilled，在异步操作成功时调用，并将异步操作的结果作为参数传递出去；reject 函数的作用是，将 Promise 对象的状态从 pending 变为 rejected，在异步操作失败时调用，并将异步操作报出的错误作为参数传递出去。

当传入匿名函数作为构造函数 Promise 的参数时，我们在 new 的时候，匿名函数就已经执行了。

1. then 方法

then 方法是为期约实例添加处理程序的主要方法。这个方法接受两个参数，第一个是成功(fulfilled)的回调，另一个是失败(rejected)的回调(参数可选)，方法执行完成后，返回一个新的 Promise 实例，语法结构如下：

```
Promise.prototype.then(onFullFilled,onRejected);
```

onFullfilled 将接收一个参数，参数值为当前 Promise 实例内部的 resolve()方法传值；onRejected 将接收一个参数，参数值为当前 Promise 实例内部的 reject()方法传值。

【例 9-4】 Promise 对象及 then 方法示例。

```
const p = function() {
    let rnd = Math.random();
    return new Promise((resolve, reject) => {
```

```
        setTimeout(()=>{
            rnd>0.5?resolve(rnd):reject(rnd);
        },400);
    });
};
p().then(rndNum=>{
    alert('fulfilled, ${rndNum}>0.5');
},rndNum=>{
    alert('rejected, ${rndNum}<0.5');
});
```

页面运行后,在 Chrome 中可以试着按 F5 键多刷新几次,可以看到页面会根据生成的随机值与 0.5 比较,弹出 2 种不同的结果。

then 方法返回的是一个新的 Promise 实例,因此可以采用链式写法,即 then 方法后面再调用另一个 then 方法。第 1 个 then 方法执行完成后,会将它的返回值传递给第 2 个 then 方法,以此类推,示例如下:

```
p().then(rndNum=>{
    alert('fulfilled, ${rndNum}>0.5');
    return "大于";
},rndNum=>{
    alert('rejected, ${rndNum}<0.5');
    return "小于";
}).then(res=>{
    alert(res);    //输出大于或小于
});
```

2. catch 方法

Promise. prototype. catch 方法是 Promise. prototype. then(null, rejection)的别名,用于指定发生错误时的回调函数,例如例 9-1 中的代码可以修改为:

```
p().then(rndNum => {
    alert('fulfilled, ${rndNum}>0.5');
}).catch( rndNum => {
    alert('rejected, ${rndNum}<0.5');
});
```

如果 Promise 对象状态变为 fulfilled,则会调用 then 方法指定的回调函数;如果状态变为 rejected,就会调用 catch 方法指定的回调函数,处理这个错误。另外,then 方法指定的回调函数中,如果运行中抛出错误,也会被 catch 方法捕获。

Promise 对象的错误具有"传递"性质,会一直向后传递,直到被捕获为止。 也就是说,错误总是会被下一个 catch 语句捕获,所以尽量不要在 then 方法中定义 rejected 状态的回调函数,而是使用 catch 方法。

与传统的 try/catch 代码块不同的是,如果没有使用 catch 方法指定错误处理的回调函数,Promise 对象抛出的错误不会传递到外层代码,即不会有任何反应。下面的代码如果去除 catch 方法,在运行中控制台有可能会显示错误,如图 9-2 所示。

```
p().then(rndNum => {
alert('fulfilled, ${rndNum}> 0.5');
});
console.log("其他的语句");
```

图 9-2　没有 catch 时 rejected 报错信息

Promise 内部的错误不会影响 Promise 外部的代码,通俗的说法就是"Promise 会吃掉错误"。

3. finally 方法

finally 方法用于指定不管 Promise 对象最后状态如何,都会执行的操作。

```
p().then(rndNum => {
    alert('fulfilled, ${rndNum}> 0.5');
}).catch(rndNum =>{
    alert('rejected, ${rndNum}< 0.5');
}).finally(() =>{
    alert("运行结束");
});
```

finally 方法的回调函数不接受任何参数,这意味着没有办法知道前面的 Promise 状态到底是 fulfilled 还是 rejected。这表明,finally 方法里面的操作,应该是与状态无关的,不依赖于 Promise 的执行结果。

4. all 方法

all 方法用于将多个 Promise 实例对象包装成一个新的 Promise 实例。它接受一个数组作为参数,数组元素都是 Promise 实例对象,同时,成功和失败的返回值是不同的,成功的时候返回的是一个结果数组,而失败的时候则返回最先被 reject 失败状态的值。它在处理多个异步操作时非常有用,例如在游戏启动时,图片资源需要全部加载完成以后再启动游戏场景。

【例 9-5】　使用 Promise 的 all 方法实现 3 张图片的异步加载。

```
const imgPromise = function(imgSrc){
    return new Promise((resolve,reject) =>{
        let loadimg = new Image();
        loadimg.onload = () => resolve(imgSrc);
        loadimg.onerror = () => reject(imgSrc);
        loadimg.src = imgSrc;
```

```
        });
    };
    let imgs = ["https://imagecdn.gaopinimages.com/133134389145.jpg",
        "https://imagecdn.gaopinimages.com/133108552407.jpg",
        "https://imagecdn.gaopinimages.com/133109067869.jpg"]
        .map(function(img){
            return imgPromise(img);
    });
    Promise.all(imgs).then(res =>{
        console.log('${res}加载成功');
    }).catch(err =>{
        console.log('${err}加载出错');
    });
```

成功时获得的结果数组中的数据的顺序和 all 方法接收到的数组顺序是一致的。

5. race 方法

race 方法也是用于将多个 Promise 实例对象包装成一个新的 Promise 实例。也是接受一个数组作为参数,数组元素都是 Promise 实例对象。race 的英文有"赛跑"的意思,顾名思义,一旦参数中的某个 Promise 对象转变成 fulfilled 或 rejected,那么包装后的 Promise 对象就完成 fulfilled 或 rejected,并且 then 方法和 catch 方法中的参数就是最先转变状态的 Promise 对象传出的参数。最常见的场景是把异步操作和定时器放到一起,如果定时器先触发,则认为超时,将提示用户。

以例 9-2 为例,将 all 方法修改成 race 方法后,会打印出最先加载成功或失败的图片路径:

```
Promise.race(imgs).then(res =>{
    console.log('${res}最先加载成功');
}).catch(err =>{
    console.log('${err}最先加载出错');
});
```

9.14　async 和 await

async 关键字放在 function 函数的前面,用于声明一个 function 是异步的,这个关键字有什么作用呢? 请看下面的代码:

```
async function myasyncFun() {
    return "hello html5";
}
console.log(myasyncFun());    //输出一个 Promise 对象
```

将这段代码打印出来,输出结果就是一个 Promise 对象,既然它是 Promise 对象,那就可以使用 then 方法来处理这个返回值:

```
myasyncFun().then(res =>{
    console.log(res);          //输出"hello html5"
});
```

await 用于等待一个异步方法执行完成,await 只能出现在 async 函数中,如果在普通函数中使用这个关键字,会报错。

```
function myasyncFun() {
    let res = await 3 + 2;     //报错,await 只能出现在 async function 中
    return res;
}
```

在有 await 的情况下执行 async 函数,它会立即执行,返回一个 Promise 对象,并且不会阻塞后面的语句,这和普通返回 Promise 对象的函数是没有区别的。

await 在实际应用中,用于等待一个值——一个可以用于 async 函数的返回值的值。await 不仅仅用于等待 Promise 对象,它可以等待任意表达式的结果,这并没有什么特殊的限定。如果它等到的返回结果是非 Promise 对象,那 await 表达式的运算结果就是这个返回值;如果它等到的是一个 Promise 对象,await 就会阻塞后面的代码,等着 Promise 对象的状态变成 fulfilled 后进行 resolve,然后得到 resolve 的值,作为 await 表达式的运算结果。

【例 9-6】 使用 async/await 方法实现掷骰子:

```
function ThrowDice() {
    return new Promise((resolve, reject) => {
        console.log("摇动骰子");
        setTimeout(() => {
            let n = parseInt(Math.random() * 6 + 1);
            resolve(n);
        }, 1000);
    })
}
async function Throw() {
    //await 等待值就是上面 Promise 对象中的 resolve 值
    let n = await ThrowDice();
    console.log('骰子的点数是' + n);
}
Throw();
```

使用 async/await 的优势。

(1) 单一的 Promise 链并不能发现 async/awair 的优势,如果需要处理由多个 Promise 组成的 then 链的时候,优势就体现出来了,假设一个业务分多个步骤完成,每个步骤都是异步的,而且依赖于之前每个步骤的结果,那我们的代码就可以模拟如下。这个代码看起来就

很清晰,几乎跟同步代码一样。

```
async function doWork() {
    let res1 = await work1();
    let res2 = await work2(res1);
    let res3 = await work3(res1,res2);
    return res3;
}
doWork().then(res =>{
    console.log("最终结果:" + res);
});
```

（2）async/await 可以让我们用同样的 try/catch 结构处理异步代码变成可能,下面的代码中,如果 JSON. parse 报错,使用 Promise 对象,则需要调用它的 catch()方法来处理错误,而现在就可以使用 try/catch 进行处理。

```
async function dataRequest() => {
    try {
        let data = JSON.parse(await getJSON());
        console.log(data);
    } catch (err) {
        console.log(err);
    }
}
```

小结

本章主要讲解了一些新的 ES 语法形式和特性。新的 ES 语法涉及现代编程语言概念中的流行思想,对 JavaScript 进行了大量的功能扩展和错误修正。学习和掌握这些新的 ES 语言规范是熟练应用 JavaScript 进行 Web 前端开发的关键,也是未来熟练进行 uni-app 开发必须提前掌握的技能。

习题

一、选择题

1. 关于 Symbol,错误的说法是(　　)。

　　A. 是 ES 新增的一种数据类型

　　B. Symbol() === Symbol()结果为 false

　　C. Symbol('same') === Symbol('same')结果为 true

　　D. 当 symbol 值作为对象的属性名的时候,不能用点运算符获取对应的值

2. 下面不属于关键字 let 的特点的是(　　)。

　　A. 只在 let 命令所在的代码块内有效

　　　B. 会产生变量提升现象

　　　C. 同一个作用域,不能重复声明同一个变量

　　　D. 不能在函数内部重新声明参数

　3. 关于关键字 const,下列说法错误的是(　　　)。

　　　A. 用于声明常量,声明后不可修改

　　　B. 不会发生变量提升现象

　　　C. 不能重复声明同一个变量

　　　D. 可以先声明,不赋值

　4. 在对象的解构赋值中,var{a,b,c}={"c":10,"b":9,"a":8}结果中,a、b、c 的值分别是:(　　　)。

　　　A. 10 9 8 　　　　　　　　　　　　　　B. 8 9 10

　　　C. undefined 9 undefined 　　　　　　　D. null 9 null

　5. 请说出以下代码在控制台的打印结果(　　　)。

```
let b = 200;
let obj = {
  b:100,
  a:() =>{
    setTimeout(() =>{console.log(this.b);},1000);
  }
};
obj.a();
```

　　　A. 100 　　　　　B. 200 　　　　　C. undefined 　　　　　D. 1000

　6. 请说出以下代码在控制台的打印结果(　　　)。

```
let b = 200;
let obj = {
  b:100,
  a(){
    setTimeout(() =>{ console.log(this.b);},1000);
  }
};
obj.a();
```

　　　A. 100 　　　　　B. 200 　　　　　C. undefined 　　　　　D. 1000

　7. 关于模板字符串,下列说法不正确的是(　　　)。

　　　A. 使用反引号标识

　　　B. 插入变量的时候使用 ${}

　　　C. 所有的空格和缩进都会保留在输出中

　　　D. ${}中的表达式不能是函数的调用

　8. 关于箭头函数的描述,错误的是(　　　)。

　　　A. 使用箭头符号=>定义

B. 参数超过 1 个的话,需要用小括号()括起来

C. 函数体语句超过 1 条的时候,需要用大括号{ }括起来,用 return 语句返回

D. 函数体内的 this 对象,绑定使用时所在的对象

9. 关于 Set 集合,下面说法错误的是(　　)。

A. 创建一个实例需要用 new 关键字

B. 结构成员都是唯一的,不允许重复

C. 使用 add 方法添加已经存在的成员会报错

D. 初始化的时候接受数组作为参数

10. 新特性 Promise 对象的设计初衷是(　　)。

A. 更好地实现遍历具有 iterator 接口的数据结构

B. 为对象的操作增加了一层“拦截”

C. 独一无二的值,用于对象属性,避免属性名冲突

D. 让开发者更合理、更规范地用于处理异步操作

11. 关于 Promise 对象的状态,下列说法错误的是(　　)。

A. 三种状态分别是：pending 初始状态、fulfilled 成功、rejected 失败

B. pending 初始状态可以转变成 fulfilled 成功

C. rejected 失败不可以转变成 pending 初始状态

D. rejected 失败可以转变成 fulfilled 成功

12. 下面关于类 class 的描述,错误的是(　　)。

A. JavaScript 的类 class 本质上是基于原型 prototype 的实现方式做了进一步的封装

B. constructor 构造方法是必需的

C. 如果类的 constructor 构造方法有多个,后者会覆盖前者

D. 类的静态方法可以通过类名调用,不需要实例化

13. JavaScript 中类的继承使用的关键字是(　　)。

A. extends　　　　　B. inherit　　　　　C. extend　　　　　D. base

二、判断题

1. 用 const 来声明一个对象类型的常量后,就不能再对对象的属性值进行修改了。(　　)

2. 声明 Symbol 类型的变量语法形式为 let sm＝new Symbol("hello")。(　　)

3. 模板语法中 ${ }中的表达式可以是函数的调用。(　　)

4. module 模块导出时,可以多次使用 export default 语句。(　　)

5. 要给某个函数的参数设置默认值,带有默认值的参数在函数定义时,一定放在最前面。(　　)

6. Map 集合的键值只能是字符串。(　　)

三、填空题

1. JavaScript 中声明常量使用的关键字是＿＿＿＿＿＿。

2. 如果函数内部使用了 await 关键字,则必须在 function 前面加关键字＿＿＿＿＿＿。

3. Promise 期约对象中＿＿＿＿＿＿方法可以实现：等多个异步操作全部完成后,再执行其他任务。

4. 在 HTML5 页面中使用 import 加载模块时,script 标签的 type 属性必须为＿＿＿＿。

5. 箭头函数使用符号_____连接参数列表和函数体。

四、简答题

1. Symbol 的作用是什么?

2. 请简述 var、let、const 三种声明变量的方式之间的具体差别。

五、编程题

1. 使用 ES 语法关键字 class 定义一个 Person 类,包括类实例属性(name、age)方法 say()。该方法返回 name 和 age 字符串的拼接值。

2. 有数组如下,使用 ES 新语法,找出 id 为 3 的数据元素,并输出它的 bookName 值。

```
const bookArr = [ { id:1, bookName:"三国演义" },{ id:2, bookName:"水浒传" },
                  { id:3, bookName:"红楼梦" },{ id:4, bookName:"西游记" }];
```

3. 利用 module,实现 A 模块导出变量 name、age 和 sayHello 方法,在 HTML5 页面中导入 A 模块的 name 和 sayHello 方法,并且将 name 重命名为 nickName。

第 10 章

本 地 存 储

学习目标

- 了解 HTML5 的本地存储技术。
- 熟练掌握 localStorage 和 sessionStorage 的使用。
- 了解 Web SQL 数据库的使用。
- 了解 IndexedDB 数据库的使用。

传统 Web 应用程序的本地存储能力较弱,主要以 Cookie 方式存储。HTML5 的本地存储能力得到了较大提高,不但可以像传统 Web 应用程序那样实现本地数据简单存储,还可以支持本地的轻型数据库。本章介绍 HTML5 开发中的 localStorage、sessionStorage、Web SQL 数据库、IndexedDB 数据库这 4 种本地存储技术,在 HTML5 App 开发中可以灵活选用。

10.1 HTML5 本地存储技术概述

本地存储技术由来已久,使用它可以减少向服务器的请求次数,从而减少用户等待从服务器端获取数据的时间;同时,在网络状态不佳时,仍可以显示离线数据。

传统的 Web 应用中主要采用 Cookie 实现本地存储,Cookie 是由 Web 服务器保存在用户浏览器上的小文本文件,它包含有关用户的信息,会跟随 HTTP 请求一起发送。无论何时用户链接到服务器,Web 站点都可以访问 Cookie 信息。但是 Cookie 只能存储文本信息,有时间限制,会增加网络流量,另外最多也只能存储 4KB 的数据。在当前的移动互联网时代,特别是在 HTML5 App 开发中并不适用,例如使用 Cookie 来存储用户编辑文档时的草稿就是一个问题。

HTML5 标准大大扩充了本地存储的能力,它提供了以下几种新增的本地存储技术:

1. localStorage

localStorage 类似于 Cookie,用于持久化本地存储,但它没有时间限制,除非主动删除和清空内容,否则数据永不过期。另外,它的存储能力也远大于 Cookie,可以存储多达 5MB 的数据。

2. sessionStorage

sessionStorage 类似于 Session,用于本地存储一个会话(session)中的数据。这些数据只有在同一个会话中的页面才能访问,当会话结束后(关掉网站所有浏览的页面或浏览器),

数据也会随之丢失。因此,sessionStorage 不是一种可持久化的本地存储。

3. Web SQL 数据库

localStorage 和 sessionStorage 这两个是以键值对存储的解决方案,用于存储少量数据结构很有用,但是对于大量结构化数据就无能为力了。我们经常在数据库中处理大量结构化数据,HTML5 引入 Web SQL 数据库概念,它使用 SQL 来操纵客户端数据库的 API,这些 API 是异步的,规范中使用的是 SQLlite。SQLite 是一款轻型的数据库,是遵循 ACID(原子性、一致性、隔离性、持久性)的关系型数据库管理系统。它的设计目标是嵌入式的,它占用资源非常低,只需要几百 K 字节的内存就可以了,另外,它的处理速度很快。

4. IndexedDB 数据库

IndexedDB 是一种轻量级 NoSQL(Not Only SQL)数据库,NoSQL 数据库是非关系性的数据库,它不需要使用 SQL 语句去操作数据库,数据的形式采用 JSON 格式,提供了常规的 CRUD(增查改删)操作,并支持事务,所有操作都是异步的,储存空间也比较大。

10.2　localStorage 和 sessionStorage

localStorage 和 sessionStorage 这两种存储对象具有相同的属性和方法,但 localStorage 对象是持久化存储,没有时间限制,而 sessionStorage 是非持久化存储,当关闭了页面或浏览器,则会销毁数据。所有最新版本的浏览器均支持这两个存储特性,表 10-1 列出了当前浏览器的支持情况。

表 10-1　主流的浏览器对 localStorage 和 sessionStorage 支持情况

浏　览　器	支持情况
Chrome	4.0 及以上版本
Firefox	4.0 及以上版本
Internet Explore	8.0 及以上版本
Opera	11.0 及以上版本
Safari	4.0 及以上版本
iOS	5.0 及以上版本
Android	3.0 及以上版本

10.2.1　检查浏览器的支持

在使用 localStorage 和 sessionStorage 这两种存储对象存储数据时,最好使用下面的代码检查浏览器的支持情况:

```
if(window.localStorage){
    //实现存储
}
else{
    alert("你的浏览器不支持 localStorage");
}
```

```
if(window.sessionStorage){
   //实现存储
}
else{
   alert("你的浏览器不支持 sessionStorage");
}
```

10.2.2 相应的 API

localStorage 和 sessionStorage 是使用键值对进行数据存储、通过键值进行检索的,表 10-2 显示了可用的 API 方法。

实际使用中，localStorage 和 sessionStorage 保存 JavaScript 对象都是将其序列化成字符串，检索出来后再反序列化。

表 10-2 localStorage 和 sessionStorage 的 API 方法

方 法	说 明
setItem(key, value)	为 Web 存储对象添加一个键/值对,供以后使用。该值可以是任何的数据类型:字符串、数值、数组等
getItem(key)	基于起初用来存储它的这个键检索值
clear()	清除所有的键/值对数据
removeItem(key)	基于某个键从此 Web 存储对象清除特定的键/值对
key(n)	检索第 n 个键的值

【例 10-1】 localStorage 使用示例,步骤如下。

(1) 新建 Web 项目后,在项目中新建 HTML 文件"first. html",页面代码如下:

```
< body >
    < input type = "text" id = "myvalue"/>
    < input type = "button" id = "btnSave" value = "存储数据并跳转"/>
    < script >
        document.getElementById('btnSave1').onclick = function() {
            var val = document.getElementById("myvalue1").value;
            //如果支持 localStorage
            if(window.localStorage){
              //localStorage 保存输入值并跳转到 second.html
              localStorage.setItem("myval",val);
              location. href = "second.html";
            }
        };
    </script >
</body >
```

(2) 在项目中新建 HTML 文件"second. html",页面代码如下:

```
< body >
    < input type = "button" value = "读取数据" id = "btnRead"/>
    < input type = "button" value = "删除数据" id = "btnRemove"/>
    < input type = "button" value = "清空数据" id = "btnClear"/>
    < script >
        document.getElementById('btnRead').onclick = function() {
            //若支持 localStorage
            if(window.localStorage){
                //根据键"myval"取值
                alert(localStorage.getItem("myval"));
            }
        };
        document.getElementById('btnRemove').onclick = function() {
            //若支持 localStorage
            if(window.localStorage){
                //根据键"myval"删除值
                localStorage.removeItem("myval");
            }
        };
        document.getElementById('btnClear').onclick = function() {
            //若支持 localStorage
            if(window.localStorage){
            //清空 localStorage 中的数据
            localStorage.clear();
            alert("数据已清空");
            history.go( - 1);
            }
        };
    </script>
</body>
```

(3) 在 Chrome 浏览器中浏览"first.html",在页面中显示一个文本输入框和一个按钮,如图 10-1 所示,输入数据(例如"hello html5")后,单击"存储数据并跳转"按钮,页面自动跳转到"second.html",在"second.html"中单击"读取数据"会自动弹出"hello html5",如果单击"删除数据"按钮,再单击"读取数据"按钮,则会弹出"null"值;单击"清空数据"后,所有的数据自动销毁后自动回退到"first.html",效果如图 10-2 所示。

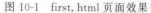

图 10-1　first.html 页面效果　　　　　　　　　图 10-2　second.html 页面效果

(4) 再次在 Chrome 浏览器中浏览"first.html",输入数据并单击按钮后,打开 Chrome 的"开发者工具",选择"Application"面板,在左边的树型菜单中选择"Storage"下面的"Local Storage"选项,在它下面列出了以网站域名作为分类、在本机上存储的所有 localStorage 的键/值对,如图 10-3 所示,在本例中使用的键"myval"存储值"hello html5"显示在了右边。

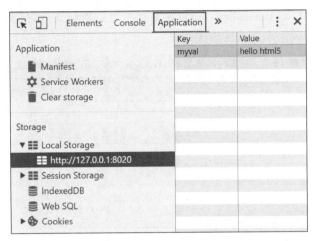

图 10-3　Chrome 中 localStorage 对象存储的查看

（5）关闭 Chrome 浏览器后，再次打开 Chrome，直接浏览"second. html"，再单击"读取数据"按钮，依然可以得到刚才存储的值"hello html5"，这说明 localStorge 是持久性存储。

在这个例子中，直接把 first. html 和 second. html 两张页面中的 localStorage 全部替换成 sessionStorage，运行后可以得到类似的结果。不同的是，如果关闭 Chrome 后，再直接浏览 second. html，会发现无法直接读取值，因为 sessionStorage 是非持久性存储，另外在 Chrome 的 "开发者工具"中，查看 sessionStorage 存储对象的位置略有不同，如图 10-4 所示。

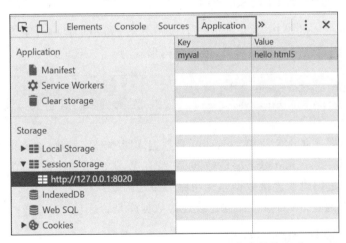

图 10-4　Chrome 中 sessionStorage 对象存储的查看

HTML5 手机 App 中主要使用 localStorage，在 Web App 或网页中视情况也可用 sessionStorage。

10.3　Web SQL 数据库

在 W3C 的 Web SQL 数据库规范中引入了一套使用 SQL 来操纵客户端数据库（Client-Side Database）的 API，这些 API 是异步的，规范中所使用的 SQL 语言为 SQLite 3.6.19。

Web SQL 并未纳入 HTML5 标准中,所以不是所有浏览器都支持它,表 10-3 显示了目前各浏览器对 Web SQL 数据库的支持情况。

表 10-3 主流的浏览器对 Web SQL Database 的支持情况

浏 览 器	支 持 情 况
Chrome	42.0 及以上版本
Firefox	不支持
Internet Explore、Edge	不支持
Opera	42.0 及以上版本
iOS Safari	9.3 和 10.1
Android Browser	2.1 及以上版本

根据 window 对象的 openDatabase 属性是否存在,可以检测出浏览器内核是否支持 Web SQL 数据库,例如下面的代码:

```
if(window.openDatabase){
   //支持,可以处理数据库代码
}
```

10.3.1 创建或打开数据库

Web SQL 数据库的 API 中提供了一个核心方法 openDatabase,使用它可以使用现有的数据库对象或创建新的数据库对象,语法结构形式为:

```
var db = window.openDatabase(
        name,version,displayName,estimatedSize,creationCallback);
```

其中:name 是数据库名称字符串;version 是数据库版本号字符串;displayName 是数据库显示名称字符串;esitimatedSize 是数据库保存数据的大小,以字节为单位的数值;creationCallback 是创建或连接数据库成功后的回调函数。

执行后,可以通过 db 对象检测创建或连接数据库是否成功。

10.3.2 执行 SQL 语句

Web SQL 数据库的 API 使用 transaction 方法执行 SQL 语法,transaction 方法用以处理事务,当一条语句执行失败的时候,整个事务回滚。它的语法形式如下:

```
db.transaction(function(tx){
      tx.executeSql(sqlString,
            paramArray,
            successCallback,
            failedCallback);
});
```

API 在这里是使用 executeSql 方法控制 SQL 语句的执行，它有 4 个参数：sqlString 是要执行的 SQL 语句字符串；paramArray 是要传递的参数数组，若没有参数，则使用［］；successCallback 是成功回调函数，一般用于处理查询结果集；failedCallback 是出现错误的回调函数。

在本书的配套资源包中，给出了一个 Web SQL 数据库的示例，这个例子在 Chrome 中浏览的效果如图 10-5 所示，程序创建了一个数据库 mydb，并在数据库中新建了表 Address_info，并插入了 3 条数据。打开 Chrome 的"开发者工具"后，选择 Application 面板，在左边的树形菜单中选择 Storage 下面的 Web SQL 选项，如图 10-6 所示，可以看到 Web SQL 数据库存储的情况。

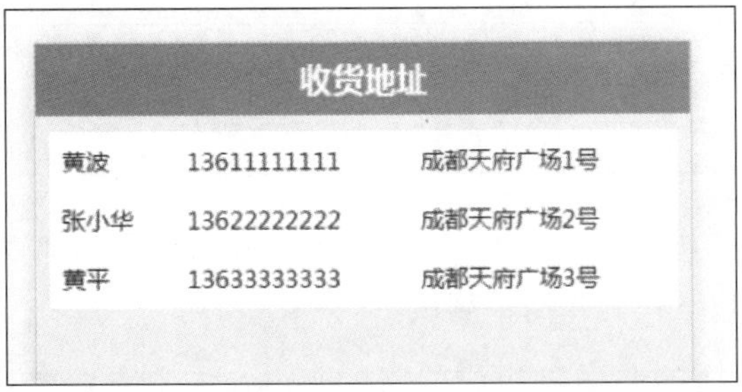

图 10-5　Web SQL Database 示例效果

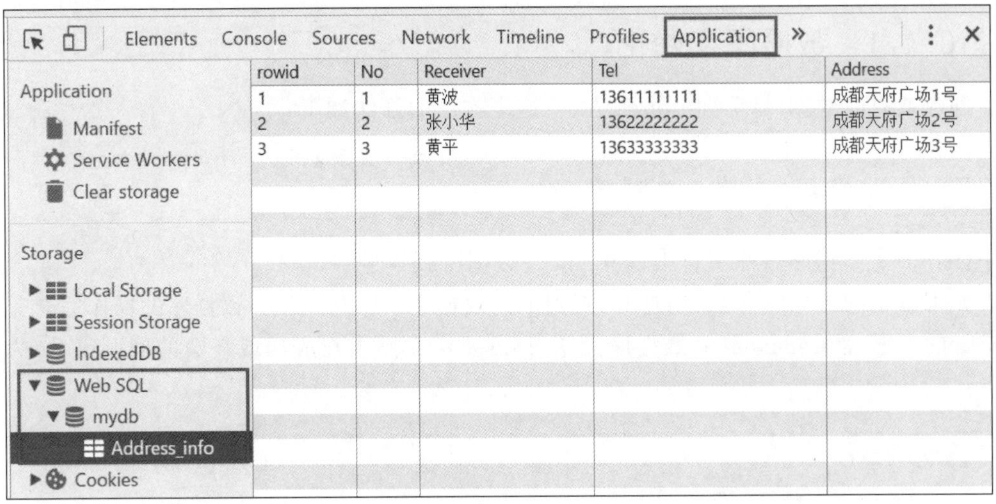

图 10-6　Web SQL Database 示例效果

 W3C 已经在 2011 年 11 月声明不再维护 Web SQL 数据库的规范了。

10.4　IndexedDB 数据库

IndexedDB 是一种轻量级的 NoSQL 数据库。NoSQL 是新一代的数据库，NoSQL 有 non-relational 和 Not Only SQL 的意思，具有非关系型、高效、分布式、开放源代码等特点。对于已熟悉 SQL Server 等关系数据库的读者，接受 NoSQL 数据库还需要一个过程。NoSQL 数据存储不需要固定的表结构，通常也不存在连接操作，在大数据存取上具备关系数据库无法比拟的性能优势。当前主流的浏览器对它的支持情况如表 10-4 所示。

表 10-4   主流的浏览器对 IndexedDB 数据库的支持情况

浏 览 器	支 持 情 况
Chrome	42.0 及以上版本
Firefox	50.0 及以上版本
Internet Explore	10.0 和 11.0 部分支持
Edge	14.0 和 15.0 部分支持
iOS Safari	iOS 8.0 和 iOS 9.3 部分支持,10.0 及以上支持
Android Browser	4.4 及以上版本

从表 10-4 可以看出,不是所有的浏览器都支持 IndexedDB 数据库,所以在使用时最好用以下代码作简单测试:

```
if(window.indexedDB) {
    //作数据库操作
}
```

10.4.1 数据库初始化

创建或打开数据库都使用 open 方法,这个方法的语法如下:

```
var req = indexedDB.open(name,version);
```

其中,name 是数据库名称字符串,version 是数据库版本号字符串。

如果指定的数据库存在,则打开,否则创建数据库。IndexedDB 数据库的操作完全是异步进行的,每一次 IndexedDB 数据库操作,都需要定义操作在成功或失败的回调函数,方法如下:

```
if(window.indexedDB) {
    var req = indexedDB.open(name, version);
    var db;
    req.onsuccess = function(event) {
        db = event.target.result;
    };
    req.onerror = function(error) {
        console.log(error.target.errorCode);
    };
    req.onupgradeneeded = function(event) {
        db = event.target.result;
    };
}
```

在这里,db 代表创建或打开数据库后获得的数据库实例,通过实例可以对数据库作后续操作,onupgradeneeded 会在创建数据库或数据库版本号升高时自动触发,onsucess 是创建或打开数据库成功后的回调函数,onupgradeneeded 会在 onsucess 之前调用,onerror 是打开或创建失败时的回调函数。

10.4.2　对象存储空间

IndexedDB 不是关系数据库,它使用对象存储空间(ObjectStore)来存储数据,它类似于关系数据库中的表。一个数据库中可以包含多个对象存储空间,对象存储空间使用键值对的形式来存储数据,即每个数据都由一组键和一组值组成,值是一个 JSON 对象。

使用数据库实例对象的 createObjectStore 方法可以创建对象存储空间,方法如下:

```
var store = db.createObjectStore(name,optionalParameters);
```

其中,name 是对象存储空间名字符串,后面的参数可选,代表对象存储空间中键值的选项,是一个 JSON 对象配置。我们可以使用每条记录中的某个指定字段作为键值(keyPath),也可以使用自动生成的递增数字作为键值(keyGenerator),也可以不指定。选择键的类型不同,objectStore 可以存储的数据结构也有差异,它们的组合含义如表 10-5 所示。

表 10-5　objectStore 键的选项

键 类 型	描　　述
不使用	可以存储任意值,但是每添加一条数据的时候需要指定键参数
keyPath	只能存储 JavaScript 对象,存储对象的一个属性和键值相同
keyGenerator	可存储任意值,当保存新值时,可以自动生成键,相当于自增长列
keyPath 和 keyGenerator	只能存储 JavaScript 对象,存储对象的一个属性和键值相同,当保存新值时,可以自动生成键

数据库实例对象的 objectStoreNames 属性中包含了数据库所有的对象存储空间名,在创建对象存储空间之前,最好先判断要创建的对象存储空间名称是否已经存在,例如:

```
req.onupgradeneeded = function(event) {
        db = event.target.result;
        //判断对象存储空间是否存在,没有就创建
        if(!db.objectStoreNames.contains("test")){
            //创建对象存储空间,键值是属性 No
            db.createObjectStore("test",{keyPath:"No"});
        }
};
```

10.4.3　索引

数据库中的索引是一个表(对象存储空间)中所包含的值的列表,当 IndexedDB 数据库需要使用其他属性(非主键)获取数据时,就要预先创建索引,然后使用索引获取数据。

可以通过调用 ObjectStore 对象的 createIndex 方法在对象存储空间中创建索引,方法如下:

```
store.createIndex(name,keyPath,optionalParameters);
```

其中：name 是索引名字符串；keyPath 是要创建索引的对象属性字符串；optioanlParameters 是设置索引是否唯一的 JSON 对象,一般都设置为{unique:true}。

10.4.4　事务

数据库中的事务是包含一组数据库操作的逻辑工作单元,在事务中包含的数据库操作是不可分割的整体,要么一起执行,要么回滚到执行事务之前的状态。IndexedDB 数据库中常用的对数据库的操作(例如插入、删除、更改数据)都需要在事务里完成。

创建事务使用 transaction 方法,它的方法如下：

```
db.transaction(storeName,mode);
```

其中：storeName 是要操作的对象存储空间名字符串；mode 是事务模式字符串,可以使用"readonly"(只读模式)或"readwrite"(可读写模式),若不指定,默认为只读模式。

事务对象可以配置发生错误、终止和事务中所有操作都完成的回调函数,例如：

```
var trans = db.transaction("test","readwrite");
trans.onerror = function(){
    //事务发生错误的处理
};
trans.onabort = function(){
    //事务被终止的处理
};
    trans.oncomplete = function(){
    //事务操作全部完成后的处理
};
```

10.4.5　IndexedDB 的 CRUD 操作

数据库操作都包含了增加(Create)、读取(Retrieve)、更改(Update)、删除(Delete)这几项,IndexedDB 数据库中是使用对象存储空间对象的相应的方法,例如：

```
//获取相应的对象存储空间
  var store = db.transaction("test", "readwrite")
                      .objectStore("test");
//增加数据,data 是 JSON 对象
  store.add(data);

//读取数据,keyPath 是键值
  store.get(keyPath).onsuccess = function(){
  //更新数据,data 是新的 JSON 对象
  store.put(newdata);
  };

//删除数据,keyPath 是键值
store.delete(keyPath);
```

10.4.6 游标

通过对象存储空间对象的 get 方法只能根据键值 keyPath 从对象存储空间中获取数据,如果要取得对象存储空间中的一组数据,就需要使用游标。游标是映射在结果集中一行数据上的位置实体,有了游标,用户就可以访问结果集中的任意一行数据了。最常见的就是遍历所有数据,用法如下:

```
var store = db.transaction("test").objectStore("test");
store.openCursor().onsuccess = function(e) {
        var cur = e.target.result;
        var datas = [];
        if(cur) {
                datas.push(cur.value);      //每一条数据
                cur.continue();             //下一条
        }
}
```

在本书的配套资源包中,同样给出了一个 IndexedDB 数据库的示例,这个例子在 Chrome 中浏览的效果如图 10-7 所示。本例示范了使用 IndexedDB 技术创建数据库“Info”和对象存储空间“address_info”,并添加了 3 条对象数据,修改数据,遍历数据,为对象存储空间设定索引“Tel”,根据索引查询数据,根据键值“No”属性查询数据,删除数据库等功能。

图 10-7 . IndexedDB 示例效果

打开 Chrome 的“开发者工具”后,选择“Application”面板,在左边的树形菜单中选择“Storage”下面的“IndexedDB”选项,如图 10-8 所示,可以看到 IndexedDB 数据库存储的情况。

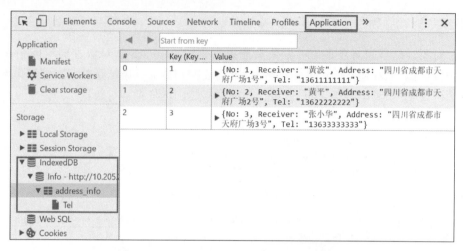

图 10-8　Chrome 中 IndexedDB 数据库的存储

10.5　实战演练：搜索历史保存

如图 10-9 所示,这个例子是我们非常熟悉的"搜索历史保存和显示"功能。这个例子综合应用了 localStorage 的各种 API。请用手机扫描对应二维码,结合本书的配套源代码,参看本例的讲解。

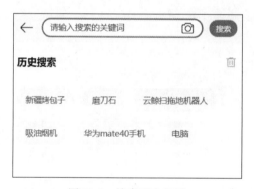

图 10-9　搜索历史显示

小结

本章介绍了 HTML5 App 开发中常用的 4 种本地存储技术,先是介绍了 localStorage 和 sessionStorage 的使用,它们主要以键/值对的形式存储字符串数据;然后讲解了 Web SQL 数据库的使用;最后讲解了 IndexdedDB 数据库的使用,并给出了一个 IndexedDB 的综合实例。HTML5 的本地存储能力得到了很大提高,在实际的开发中,可以根据项目的复杂度对这 4 项技术进行选择。

习题

一、选择题

1. localStorage 和 sessionStorage 在存储对象的值时，正确的处理方式应为（　　　）。
    A. 不需要任何处理，直接存储
    B. 将 JSON 对象使用 JSON.stringify 方法序列化成字符串，再将其保存
    C. 取出 JSON 对象的每个属性值，拼接成字符串后存储
    D. 没办法存储

2. localStorage 的存储能力远大于 Cookie，可以存储多达（　　　）的数据。
    A. 100k　　　　　　　B. 1MB　　　　　　　C. 5MB　　　　　　　D. 10MB

3. localStorage 使用键/值对保存数据，可以使用（　　　）方法设置 localStorage 数据。
    A. Save()　　　　　　B. setItem()　　　　　C. set()　　　　　　D. Insert()

4. Web SQL 数据库的 API 中用于创建数据库的 API 为（　　　）。
    A. newDatabase()　　　　　　　　　　B. createDatabase()
    C. MakeDatabase()　　　　　　　　　D. openDatabase()

5. 在 IndexedDB 数据库中，通过对象存储空间对象的（　　　）方法可以向对象存储空间中添加数据。
    A. insert()　　　　　B. Append()　　　　　C. insertinto()　　　　D. add()

二、判断题

1. sessionStorage 实现的是非持久性存储。　　　　　　　　　　　　　　（　　　）
2. localStorage 和 sessionStorage 只能存储字符串类型的数据。　　　　　（　　　）
3. Web SQL 是 HTML5 标准的一部分。　　　　　　　　　　　　　　　（　　　）
4. IndexedDB 数据库对数据的操作应该控制在事务中完成。　　　　　　（　　　）
5. 在 IndexedDB 数据库中可以建立数据表。　　　　　　　　　　　　　（　　　）

三、填空题

1. IndexedDB 是一种轻量级的_____的数据库。
2. 调用 localStorage 的_____方法可以删除指定键的存储值。
3. sessionStorage 中存储的数据会在_____时自动销毁。

四、简答题

请简述 HTML5 本地存储技术各自的特点。

第 11 章

Canvas 绘图

学习目标

- 了解 Canvas 的特征和坐标体系。
- 熟练掌握<canvas>标签及渲染上下文对象的获取。
- 掌握使用 API 实现直线、贝塞尔曲线、填充、矩形、渐变色、圆弧、文字、图片、擦除等绘制。
- 掌握 Canvas 的坐标变换以及像素操作。

原有的网页标准绘图能力很弱,通常只能显示指定的图像文件。HTML5 标准提供了一个<canvas>标签,它是浏览器中的画布,提供了一系列 API,开发人员加以利用就可以绘制各种图形、文字、图片,甚至完成效果不错的 HTML5 游戏。本章主要针对 Canvas 的各种绘图 API 作详细的讲解。

11.1 Canvas 介绍

Canvas 是 HTML5 标准中为浏览器定义的一个画布,主要用于图形表示、图表绘制、游戏制作,它有如下特征:

- Canvas 像传统的银幕,是个矩形;
- 使用 JavaScript 在 Web 上绘制各种图像;
- Canvas 区域中的每个像素都可控,即像素级操作;
- Canvas 拥有多种绘制路径、矩形、圆形、字符以及图像的方法;
- 只要是支持 HTML5 标准的浏览器都支持 Canvas。

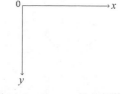

在绘图中需要指定图形的位置和大小,因此,需要引入一个坐标体系。Canvas 中的坐标体系是原点在左上角,x 轴沿水平方向(按像素)向右延伸,y 轴沿垂直方向向下延伸,如图 11-1 所示。在默认坐标系中,每一个点的坐标都是直接映射到一个 CSS 像素上。

图 11-1　Canvas 的坐标体系

在页面中,Canvas 的定义语法形式为:

```
<canvas id="mycanvas" width="400" height="300">
     你的浏览器不支持 Canvas.
</canvas>
```

其中，width 和 height 分别表示 Canvas 的宽度和高度，默认为像素，不需要使用单位"px"，包括使用 JavaScript 动态修改这两个属性时也是如此，直接赋值就可以。当浏览器不支持 Canvas 时，< canvas >和</canvas>标签之间定义的内容会自动显示。

< canvas >标签的宽度和高度不能使用 CSS 定义，否则绘制的图形会被拉伸变形。

< canvas >标签对象本身是没有绘图能力的，真正要实现绘图必须使用 Canvas 对象的各种 API，在使用前，必须获得它的渲染上下对象 CanvasRenderingContext2D，取得这个对象以后，才能调用各 API 实现在 Canvas 中绘图，这就类似于每一张画布都对应一支画笔，要想在画布上绘画，就先要拿到对应的画笔，然后使用这支画笔在画布上绘图。获取渲染上下文对象的代码如下：

```
var ctx = document.getElementById("myCanvas").getContext("2d");
```

下文中，如果没有特别说明，ctx 变量都代表 CanvasRenderingContext2D 对象。

11.2　绘制图形

11.2.1　绘制直线

在渲染上下文对象的 API 中，与绘制直线相关的属性和方法见表 11-1。

表 11-1　绘制直线相关 API

属性或方法	说　　　明
strokeStyle	用于设置画笔绘制路径的颜色、渐变和模式。该属性的值可以是一个表示 css 颜色值的字符串。如果绘制需求比较复杂，该属性的值还可以是一个 CanvasGradient 对象或者 CanvasPattern 对象
lineWidth	定义绘制线条的宽度。默认值是 1.0，并且这个属性必须大于 0.0。较宽的线条在路径上居中，每边各有线条宽的一半
globalAlpha	定义绘制内容的透明度，取值在 0.0(完全透明)和 1.0(完全不透明)之间，默认值为 1.0
lineCap	指定线条两端的线帽如何绘制。合法的值是"butt""round"和"square"。默认值是"butt"
beginPath()	起始一条路径，或重置当前路径
closePath()	创建从当前点回到起始点的路径
moveTo(x, y)	把路径移动到画布中的指定点(x, y)，不创建线条
lineTo(x,y)	添加一个新点，然后在画布中创建从该点到最后指定点的线条
stroke()	绘制已定义的路径

在 Canvas 的图形绘制过程中，几乎都是先按照一定的顺序确定几个坐标点，也就是所谓的绘制路径，然后再根据需要，将这些坐标点用指定的方式连接起来，就形成了我们所需要的图形。当我们了解了 CanvasRenderingContext2D 对象的上述 API 后，那么绘制线条

就显得非常简单了。

【例 11-1】 使用 Canvas API 绘制直线,代码如下:

```
<body>
    <canvas id = "mycanvas" width = "400" height = "400">
        你的浏览器不支持 Canvas
    </canvas>
    <script>
        var ctx = document.getElementById("mycanvas")
                    .getContext("2d");          //获取渲染上下文对象
        //绘制封闭的三角形
        ctx.strokeStyle = "red";              //设置线条颜色
        ctx.lineWidth = 2;                    //设置线条宽度
        ctx.beginPath();                      //开始绘图路径
        ctx.moveTo(30,30);                    //移动画笔到(30,30)
        ctx.lineTo(100,200);                  //连线到(100,200)
        ctx.lineTo(30,200);                   //连线到(30,200)
        ctx.closePath();                      //关闭绘制路径
        ctx.stroke();                         //绘制

        //绘制两条颜色不同的线条
        ctx.beginPath();
        ctx.moveTo(280,30);
        ctx.lineTo(350,200);
        ctx.closePath();
        ctx.stroke();
        ctx.strokeStyle = "blue";
        ctx.beginPath();
        ctx.moveTo(350,200);
        ctx.lineTo(280,200);
        ctx.closePath();
        ctx.stroke();
    </script>
</body>
```

在 Chrome 中浏览该页面的结果如图 11-2 所示,特别是在右侧图中,为了实现两条颜色不同的线条,必须使用 beginPath 和 closePath 方法实现两个不同的路径。

【例 11-2】 使用 Canvas API 绘制复杂图形,代码如下,页面浏览后效果如图 11-3 所示。

```
<body>
    <canvas id = "mycanvas" width = "400" height = "400">
        你的浏览器不支持 Canvas
    </canvas>
    <script>
        var ctx = document.getElementById("mycanvas")
```

```
                    .getContext("2d"); //获取渲染上下文对象
        var dx = 150;
        var dy = 150;
        var s = 100;
        var dig = Math.PI/15 * 11;
        ctx.moveTo(dx,dy);
        ctx.beginPath();
        for(var i = 0;i < 30;i++){
            var x = Math.sin(i * dig);
            var y = Math.cos(i * dig);
            //计算顶点
            ctx.lineTo(dx + x * s,dy + y * s);
        }
        ctx.closePath();
        ctx.stroke();
    </script>
</body>
```

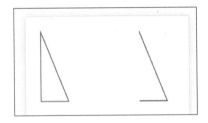

图 11-2　canvas 绘制直线效果

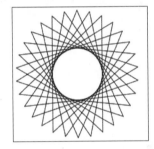

图 11-3　canvas 绘制复杂图形

11.2.2　绘制贝塞尔曲线

贝塞尔曲线是计算机图形图像造型基本工具,如图 11-4 所示,是图形造型运用得最多的基本线条之一。它通过控制曲线上的 4 个点(起始点、终止点以及两个相互分离的控制端点)来创造、编辑图形。其中,起重要作用的是位于曲线中央的控制线。这条线是虚拟的,中间与贝塞尔曲线交叉,两端是控制端点。移动两端的端点时,贝塞尔曲线改变曲线的曲率(弯曲的程度);移动中间点(也就是移动虚拟的控制线)时,贝塞尔曲线在起始点和终止点锁定的情况下做均匀移动。有兴趣的读者可以访问下面这个网址：http://cubic-bezier.com/#.17,.67,.83,.67,用鼠标拖拉两个控制点直观感受一下。Canvas 可以绘制两种贝塞尔曲线：二次贝塞尔曲线和三次贝塞尔曲线。

二次贝塞尔曲线的路径由 3 个点确定,可以通过渲染上下文的 quadraticCurveTo 方法进行绘制,它的语法如下：

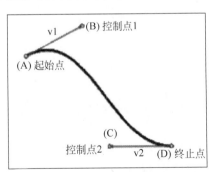

图 11-4　贝塞尔曲线示意图

```
ctx.quadraticCurveTo(cpx,cpy,x,y);
```

说明：代码中的 cpx 和 cpy 分别表示控制端点的 x 坐标和 y 坐标，代码中的 x 和 y 表示终止点的 x 坐标和 y 坐标。

三次贝塞尔曲线的路径由 4 个点确定，可以通过渲染上下文的 bezierCurveTo 方法进行绘制，它的语法如下：

```
ctx.bezierCurveTo(cp1x,cp1y,cp2x,cp2y,x,y);
```

其中，cp1x 和 cp1y 分别表示第一个控制端点的 x 坐标和 y 坐标，cp2x 和 cp2y 分别表示第二个控制端点的 x 坐标和 y 坐标，x 和 y 分别表示终止点的 x 坐标和 y 坐标。

【例 11-3】 用 Canvas API 分别绘制二次贝塞尔曲线和三次贝塞尔曲线，要实现的效果如图 11-5 和图 11-6 所示。

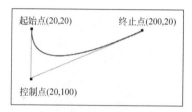

图 11-5　二次贝塞尔曲线示意

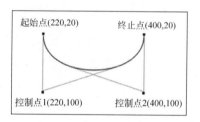

图 11-6　三次贝塞尔曲线示意

实现的代码如下：

```
<body>
    <canvas id = "mycanvas" width = "400" height = "400">
        你的浏览器不支持 Canvas
    </canvas>
    <script>
        var ctx = document.getElementById("mycanvas")
                    .getContext("2d"); //获取渲染上下文对象
        //绘制二次贝塞尔曲线
        ctx.moveTo(20, 20);
        ctx.quadraticCurveTo(20, 100, 200, 20);
        //绘制三次贝塞尔曲线
        ctx.moveTo(220, 20);
        ctx.bezierCurveTo(220, 100, 400, 100, 400, 20);
        ctx.stroke();
    </script>
</body>
```

11.2.3　绘制填充

CanvasRenderingContext2D 的 API 中实现填充的 API 比较简单，可以使用 fillStyle 来设置填充颜色，和 strokeStyle 很类似，再使用 fill()方法进行相应的填充。

【例 11-4】　Canvas API 填充图形示例,代码如下:

```
<body>
    <canvas id = "mycanvas" width = "400" height = "400">
        你的浏览器不支持 Canvas
    </canvas>
    <script>
        var ctx = document.getElementById("mycanvas")
                        .getContext("2d"); //获取渲染上下文对象
        ctx.beginPath();
        ctx.moveTo(100,100);
        ctx.lineTo(150,150);
        ctx.lineTo(50,150);
        ctx.closePath();
        ctx.stroke();
        //设置填充颜色
        ctx.fillStyle = "blue";
        //填充
        ctx.fill();
    </script>
</body>
```

页面运行后的效果如图 11-7 所示。

图 11-7　填充示例

　　如果路径未关闭, 那么 fill()方法会从路径结束点
到开始点之间添加一条线, 以关闭该路径, 然后填充该路径。

11.2.4　使用渐变色

在 Canvas 中绘制线条和填充图形时,可以使用渐变色。所谓渐变色是指在颜色采集上
使用逐步抽样算法,让颜色逐步变化。

要使用渐变色,需要使用 CanvasGradient 对象,创建这个对象有 2 种方法:

(1) 使用线性颜色渐变方式,语法形式如下:

```
ctx.createLinearGradient(xStart,yStart,xEnd,yEnd);
```

其中,参数 xStart 和 yStart 表示渐变的起点坐标,xEnd 和 yEnd 表示渐变的终点坐标。

(2) 使用放射颜色渐变方式,语法形式如下:

```
ctx.createRadialGradient(xStart,yStart,radiusStart,
                              xEnd,yEnd,radiusEnd);
```

其中,参数 xStart 和 yStart 表示开始圆的圆心坐标,radiusStart 表示开始圆的半径,xEnd
和 yEnd 表示结束圆的圆心坐标,radiusEnd 表示结束圆的半径。

创建好 CanvasGradient 对象后,还得为其设置颜色基准,可以通过 CanvasGradient 对

象的 addColorStop()方法在渐变中某一点添加一个颜色变化。渐变中其他点的颜色会以此
为基础,addColorStop 的语法形式为:

```
addColorStop(offset,color);
```

其中,参数 offset 是一个 0.0～1.0 的浮点数,表示渐变的开始点和结束点之间的一部分,为
0 对应于开始点,为 1 对应于结束点。color 指定 offset 显示的颜色,沿着渐变某一点的颜色
是根据这个值以及任何其他的颜色来插值的。

　　创建好 CanvasGradient 对象后,将其赋给 CanvasRenderingContext2D 的 strokeStyle
或 fillStyle 属性,就可以使用渐变色绘制线条或进行填充了。

　　【例 11-5】　Canvas API 使用渐变色示例,代码如下:

```html
< body >
    < canvas id = "mycanvas" width = "800" height = "400">
        你的浏览器不支持 Canvas
    </canvas>
    < script >
        var ctx = document.getElementById("mycanvas")
                    .getContext("2d"); //获取渲染上下文对象
        //创建线性颜色渐变方式的 CanvasGradient 对象
        var grad = ctx.createLinearGradient(60,200,160,200);
        //设置颜色基准
        grad.addColorStop(0,"yellow");
        grad.addColorStop(0.5,"green");
        grad.addColorStop(1,"red");
        ctx.beginPath();
        ctx.lineWidth = 10;
        //把 CanvasGradient 对象赋给 strokeStyle 属性
        ctx.strokeStyle = grad;
        ctx.moveTo(60,200);
        ctx.lineTo(160,200);
        ctx.closePath();
        ctx.stroke();
        //创建放射颜色渐变方式的 CanvasGradient 对象
        var grad2 = ctx.createRadialGradient(300,200,0,300,200,100);
        //设置颜色基准
        grad2.addColorStop(0,"yellow");
        grad2.addColorStop(0.5,"green");
        grad2.addColorStop(1,"red");
        ctx.beginPath();
        ctx.arc(300,200,100,0,2 * Math.PI);
        ctx.closePath();
        ctx.lineWidth = 1;
        ctx.stroke();
        //把 CanvasGradient 对象赋给 fillStyle 属性
        ctx.fillStyle = grad2;
        ctx.fill();
```

```
    </script>
</body>
```

页面运行后的效果如图 11-8 所示。

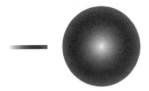

图 11-8　渐变色绘制示例

11.2.5　绘制矩形

在 Canvas 中绘制矩形的 API 有 3 个,如表 11-2 所示。

表 11-2　绘制矩形的 API

方　　法	说　　明
rect(x,y,width,height)	绘制一个左上角坐标为(x,y)、宽度为 width、高度为 height 的矩形,可以填充颜色
strokeRect(x,y,width,height)	绘制一个左上角坐标为(x,y)、宽度为 width、高度为 height 的矩形,不能填充颜色
fillRect(x,y,width,height)	绘制一个左上角坐标为(x,y)、宽度为 width、高度为 height 的"被填充"的矩形

【例 11-6】　Canvas API 绘制矩形示例,代码如下:

```
<body>
    <canvas id="mycanvas" width="800" height="400">
        你的浏览器不支持 Canvas
    </canvas>
    <script>
        var ctx = document.getElementById("mycanvas").getContext("2d");
                                                    //获取渲染上下文对象

        ctx.fillStyle="red";
        //绘制矩形,它可以被填充
        ctx.rect(20,20,200,100);
        ctx.stroke();
        ctx.fill();
        //绘制矩形,填充对它无效
        ctx.strokeRect(20,150,200,100);
        ctx.stroke();
        ctx.fill();
        //绘制填充好的矩形
        ctx.fillRect(250,50,200,100);
        ctx.stroke();
```

```
      </script>
  </body>
```

页面运行后的效果如图 11-9 所示,三种矩形的区别非常明显。

在 HTML5 中,CanvasRenderingContext2D 对象也提供了专门用于绘制圆形或弧线的方法,它的语法如下:

```
ctx.arc(x, y, radius, startAngle, endAngle, counterclockwise)
```

其中,x、y 是圆心的 x 坐标和 y 坐标,radius 是圆的半径,startAngle 和 endAngle 分别是起始弧度和终止弧度,counterclockwise 是一个布尔值。true 是逆时针方向,false 是顺时针方向(默认),如图 11-10 所示。

图 11-9 矩形绘制示例

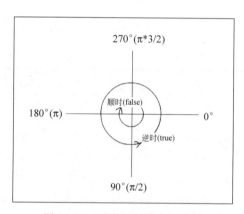

图 11-10 弧度绘制的参数示意

11.2.6 绘制圆弧

【例 11-7】 Canvas API 绘制圆弧示例,代码如下:

```
<body>
    <canvas id = "mycanvas" width = "800" height = "400">
        你的浏览器不支持 Canvas
    </canvas>
    <script>
        var ctx = document.getElementById("mycanvas").getContext("2d");
                                                        //获取渲染上下文对象
        ctx.strokeStyle = "red";
        //绘制一个圆
        ctx.arc(100,100,50,0,2 * Math.PI);
        ctx.stroke();
        ctx.moveTo(300,100);
        //顺时针绘制 0~3π/2 的圆弧
        ctx.arc(250,100,50,0,3/2 * Math.PI);
        ctx.stroke();
```

```
        ctx.moveTo(400,100);
        //逆时针绘制 0～3π/2 的圆弧
        ctx.arc(350,100,50,0,3/2 * Math.PI,true);
        ctx.stroke();
    </script>
</body>
```

页面运行后的效果如图 11-11 所示。

图 11-11　弧度绘制示例

11.3　绘制文字

在 HTML5 中,还可以在 Canvas 画布上绘制我们所需的文本文字(例如游戏中的分数),其中所涉及的 CanvasRenderingContext2D 对象的主要属性和方法见表 11-3。

表 11-3　绘制文字的 API

属性和方法	说　　明
font	设置绘制文字所使用的字体,该属性的用法与 CSS font 属性一致
fillText(string text, int x, int y [, int maxWidth])	从指定坐标点位置开始绘制填充的文本文字。参数 maxWidth 是可选的,如果文本内容宽度超过该参数设置,则会自动按比例缩小字体以适应宽度,对应的样式设置属性使用 fillStyle
strokeText(string text, int x, int y[, int maxWidth])	从指定坐标点位置开始绘制非填充的文本文字(文字内部是空心的)参数 maxWidth 是可选的,如果文本内容宽度超过该参数设置,则会自动按比例缩小字体以适应宽度。该方法与 fillText()用法一致,不过 strokeText()绘制的文字内部是非填充(空心)的,fillText()绘制的文字是内部填充(实心)的。对应的样式设置属性使用 strokeStyle

【例 11-8】　Canvas API 绘制文字示例,代码如下:

```
<body>
    <canvas id = "mycanvas" width = "800" height = "400">
        你的浏览器不支持 Canvas
    </canvas>
    <script>
        var ctx = document.getElementById("mycanvas")
                    .getContext("2d"); //获取渲染上下文对象
        ctx.font = "30px 微软雅黑";
        //绘制实心文字
        ctx.fillStyle = "blue";
```

```
                ctx.fillText("HTML5 App 开发学习",50,50);
                //绘制空心文字
                ctx.strokeStyle = "red";
                ctx.strokeText("HTML5 App 开发学习",50,100);
        </script>
    </body>
```

页面运行后的效果如图 11-12 所示。

HTML5 App开发学习
HTML5 App开发学习

图 11-12　绘制文字示例

11.4　绘制图片

在 HTML5 中,除了在 Canvas 画布上绘制简单图形和文字,还可以在画布上绘制现有的图片文件,HTML5 游戏开发中大量应用了图片绘制技术,包括动画的实现。接下来,看看 CanvasRenderingContext2D 绘制图片所用到的 API,如表 11-4 所示。

表 11-4　绘制图片的 API

方　　法	说　　明
ctx. drawImage(img,x,y)	在指定的坐标点(x,y)处绘制图片对象 img
ctx. drawImage (img, x, y, width, height)	在指定的坐标点(x,y)处,以指定宽度 width 和高度 height,绘制图片对象 img
ctx. drawImage(image,sx,sy,sWidth, sHeight,x,y,width,height)	裁剪图片对象 img,起点坐标为(sx,sy),裁剪大小宽度和高度分别为(sWidth,sHeight),在指定的坐标点(x,y)处绘制图片对象 img

从表 11-4 中可以看出,3 个 drawImage 方法都用到了一个图片对象 img,在 HTML5中,图片对象 img 使用的基本方法如下:

```
    var img = new Image();
    img.onload = function(){
        //加载完成,可以进行图片绘制
    }
    img.src = "图片的路径(相对或绝对)";
```

下面用一个例子来演示这 3 个 drawImage 方法的使用。

【例 11-9】　Canvas API 绘制图片示例,代码如下:

```
    < body >
        < canvas id = "mycanvas" width = "800" height = "400">
            你的浏览器不支持 Canvas
        </canvas>
```

```
<script>
    var ctx = document.getElementById("mycanvas")
            .getContext("2d"); //获取渲染上下文对象
    //生成图片对象
    var img = new Image();
    img.onload = function(){
        //原版大小绘图
        ctx.drawImage(this,10,10);
        //指定大小绘图
        ctx.drawImage(this,300,10,150,80);
        //裁剪图片以指定大小绘图
        ctx.drawImage(this,200,80,135,180,150,40,70,90);
    };
    img.src = "img/baidu.png";
</script>
</body>
```

页面运行后的效果如图 11-13 所示。

图 11-13　绘制图片示例

在绘制图片时，指定的坐标实际上是图片左上角的坐标，并不是图片的中心点坐标。

11.5　擦除

众所周知,画笔一般都会与橡皮擦配套使用,以便于纠正绘画过程中的错误并重新绘画。在 HTML5 的 Canvas 中,CanvasRenderingContext2D 对象也同样给我们提供了一个可以重复使用的橡皮擦——clearRect()方法,它的语法格式为:

```
ctx.clearRect(x,y,width,height);
```

其中,x 和 y 是要清除区域的左上角坐标,width 和 height 是要擦除区域的宽度和高度。

下面结合 drawImage 方法和 clearRect 方法来实现一个游戏开发中常用的动画序列帧绘制。

【例 11-10】 Canvas API 绘制动画序列帧示例,代码如下:

```html
<body>
    <canvas id = "mycanvas" width = "800" height = "400">
        你的浏览器不支持 Canvas
    </canvas>
    <script>
        var ctx = document.getElementById("mycanvas").getContext("2d");
                                                        //获取渲染上下文对象

        //生成图片对象
        var img = new Image();
        img.onload = function(){
            //每隔300毫秒绘制一帧图片
            setInterval(drawBird,300);
        };
        img.src = "img/anim_sprite.jpg";
        var index = 0;
        var y = 0;
        function drawBird(){
            //清除 canvas 区域
            ctx.clearRect(100,100,141,85);
            //绘制动画序列的某一帧
            ctx.drawImage(img,141 * index,y,141,85,100,100,141,85);
            //下一帧
            index++;
            if(index == 3&&y == 0){
                index = 0;
                y = 85;
            }else if(index == 3&&y == 85){
                index = 0;
                y = 0;
            }
        }
    </script>
</body>
```

在这个例子中，如图 11-14 所示，动画序列帧图片将一只小鸟的飞行动作逐帧分成 8 张图片，把这 8 张图片在 300 毫秒内利用 setInterval 方法进行连续绘制，并且每次绘制之前对 Canvas 画板进行一次擦除，执行后就可以看到一只小鸟飞行的动画了。

图 11-14   绘制动画序列帧示例

为提高擦除效率，在 HTML5 的游戏开发中，通常采用多层 Canvas 进行设计和局部擦除。

11.6 坐标变换

Canvas 的 API 中提供了一系列方法,可以对绘制的图形或图片进行移动、旋转、缩放和变形等,这些方法实际就是在绘制前对 Canvas 的默认坐标体系作相应的变换。如表 11-5 所示,有以下这些方法。

表 11-5 坐标变换的 API

方　　法	说　　明
ctx. translate(x,y)	将原点平移到指定位置(x,y)处
ctx. rotate(angle)	将坐标体系旋转 angle 弧度,正值表示顺时针方向旋转,负值表示逆时针方向旋转
ctx. scale(x,y)	将坐标体系进行缩放,x,y 是缩放因子,必须是正值
ctx. save()	将当前坐标体系状态入栈
ctx. restore()	将上一个保存的坐标体系状态从栈中再次取出,恢复该状态的所有设置

【例 11-11】 Canvas API 坐标变换示例,代码如下:

```
<body>
    <canvas id = "mycanvas" width = "400" height = "400"
                        style = "background-color: #DBDBDB;">
        你的浏览器不支持 Canvas
    </canvas>
    <script>
        var ctx = document.getElementById("mycanvas")
                    .getContext("2d"); //获取渲染上下文对象
        var animId;    //动画刷帧 id
        //生成图片对象
        var img = new Image();
        img. onload = function(){
            //每隔 200 毫秒绘制一次
            animId = setInterval(drawRock,200);
        };
        img. src = ". img/rock.png";
        //陨石初始坐标
        var y = 50;
        var x = 150;
        //旋转角度增量
        var rAngle = 5;
        function drawRock(){
            //清屏
            ctx. clearRect(0,0,400,400);
            //保存坐标体系入栈
            ctx. save();
            //平移坐标原点到图片中心
            ctx. translate(x + img. width/2, y + img. height/2);
            //旋转坐标
            ctx. rotate(rAngle);
```

```
                    //缩小坐标
                    ctx.scale(0.5,0.5);
                    //绘制图片
                    ctx.drawImage(img, - img.width/2, - img.height/2);
                    //出栈,恢复原有的坐标体系
                    ctx.restore();
                    y += 5;
                    rAngle += 10;
                    if(y <= - 10){
                        //停止绘制
                        clearInterval(animId);
                    }
                }
        </script>
    </body>
</html>
```

页面运行后的效果如图 11-15 所示,一个陨石出现在页面上,它一边旋转一边坠落下来。这个例子比较典型,Canvas 的旋转只能旋转坐标体系,而陨石的旋转是绕自己的中心,所以必须先平移原有的坐标原点,再进行旋转,并且在对原有坐标体系更改之前,记得先保存当前状态,绘制完成后,再恢复到原始状态。

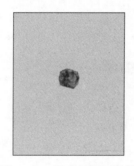

图 11-15　坠落的陨石示例

11.7　像素操作

Canvas 的强大之处还在于它提供了像素级的操作,它的 CanvasRenderingContext2D 对象 API 中有以下几种方法。

- ctx.getImageData(x,y,width,height):返回 ImageData 对象,该对象包含了画布上指定矩形的像素数据,其中 x,y 是所取区域的左上角坐标,width 和 height 分别是所取区域的宽度和高度。返回的 ImageData 对象中有个 data 属性,它是一个数组,数组中的每 4 个元素分别对应一个像素的 R(红色,值 0~255)、G(绿色,值 0~255)、B(蓝色,值 0~255)、A(透明度,值 0~255)。
- ctx.putImageData(imgData,x,y):将处理好的 ImageData 对象放回到 Canvas 画

布上。

- ctx.createImageData(width,height)：创建新的、空白的 ImageData 对象，width 和 height 是指定的宽度和高度。

【例 11-12】 Canvas API 像素操作示例，代码如下：

```
< body >
    < canvas id = "mycanvas" width = "800" height = "500">
        你的浏览器不支持 Canvas
    </canvas >
    < script >
        var ctx = document.getElementById("mycanvas")
                            .getContext("2d"); //获取渲染上下文对象
        //生成图片对象
        var img = new Image();
        img.onload = function(){
            ctx.drawImage(this,0,0,800,500);
            //获取像素数据
            var imdata = ctx.getImageData(0,0,400,250);
            //反色处理
            for(var i = 0;i < imdata.data.length;i += 4){
                imdata.data[i] = 255 - imdata.data[i];
                imdata.data[i + 1] = 255 - imdata.data[i + 1];
                imdata.data[i + 2] = 255 - imdata.data[i + 2];
            }
            //放回 canvas 上
            ctx.putImageData(imdata,0,0);
            //取像素数据
            var imodata = ctx.getImageData(500,250,200,200);
            //透明度处理
            for(var i = 0;i < imodata.data.length;i += 4){
                imodata.data[i + 3] * = 0.6;
            }
            //放回 canvas 上
            ctx.putImageData(imodata,500,250);
            //创建新的 imgData 对象
            var imndata = ctx.createImageData(100,100);
            ctx.putImageData(imndata,450,10);
        };
        img.src = "img/finger.jpg";
    </script >
</body >
</html >
```

页面运行后的效果如图 11-16 所示，可以看到，图片的不同区域的像素使用 Canvas 的 API 进行了反色、透明度、空白的处理。

图 11-16 像素处理示例效果

11.8 实战演练：幸运大转盘

如图 11-17 所示，"幸运大转盘"是目前手机 App 和小程序中比较流行的一种营销方式。在这个实例中，基于 Canvas 使用了 Canvas 的各种绘图 API，完成了转盘的旋转和抽奖功能。请用手机扫描下面的二维码，结合本书的配套源代码，参看本例的讲解。

图 11-17 转盘抽奖效果

小结

本章介绍了 HTML5 标准中的 Canvas。先是简单介绍了 Canvas 的特点和坐标体系，<canvas>标签的使用，以及如何获取它的渲染上下文对象；接着讲解了使用相应的 API 绘制直线、贝塞尔曲线，实现填充，绘制矩形、圆弧、文字、图片，如何实现 Canvas 的擦除，以及 Canvas 的坐标变换和像素操作。

习题

一、选择题

1. 关于 Canvas 坐标体系，下面说法错误的是(　　)。
   A. Canvas 使用二维坐标体系，即有 x 轴和 y 轴
   B. 默认情况下，坐标原点位于左下角，x 轴向右为正，y 轴向上为正
   C. Canvas 可以对像素操作
   D. Canvas 可以绘制图片
2. 绘制二次贝塞尔曲线的方法是(　　)。
   A. quadraticCurveTo(cpx,cpy,x,y)
   B. bezierCurveTo(cpx1,cpy1,cpx2,cpy2,x,y)
   C. quadraticCurveTo(cpx1,cpy1,cpx2,cpy2,x,y)
   D. bezierCurveTo(cpx,cpy,x,y)

3．Canvas 的 API 中不包含以下（　　　）方法。

  A．getContext()　　　　B．fill()　　　　　　　C．control()　　　　　　D．stroke()

4．Canvas 用于填充颜色设置的属性是（　　　）。

  A．fillStyle　　　　　　B．fill　　　　　　　　C．lineWidth　　　　　　D．strokeStyle

5．Canvas 中为了把图片的某一部分以指定大小绘制在页面上，应该使用的方法是（　　　）。

  A．drawImage(image,x,y,width,height)；

  B．drawImage(image,sx,sy,sWidth,sHeight,dx,dy,width,height)；

  C．drawImage(img,x,y)；

  D．以上都不正确

6．调用 Canvas 的 API 中的 translate 方法的作用是（　　　）。

  A．将指定的图形移动到指定位置

  B．将以后绘制的图形移动到指定的位置

  C．将 Canvas 画布的内容移动到指定的位置

  D．将 Canvas 画布的原点移动到指定的位置

7．用于获取画布的渲染上下文对象的方法是（　　　）。

  A．getContent　　　　　B．getContext　　　　　C．getGraphics　　　　D．getCanvas

8．将处理好的 ImageData 对象放回到 Canvas 画布上的方法是（　　　）。

  A．getImageData　　　　　　　　　　　　B．setImageData

  C．putImageData　　　　　　　　　　　　D．createImageData

二、判断题

1．Canvas 的坐标原点在左下角，x 轴向右为正，y 轴向上为正。　　　　　　（　　　）

2．Canvas 画布的大小可以使用 CSS 定义。　　　　　　　　　　　　　　　（　　　）

3．FillRect 可以绘制一个实心的矩形。　　　　　　　　　　　　　　　　　（　　　）

4．在 Canvas 进行坐标变换时，要使用 save 方法保存坐标状态，使用 restore 方法恢复坐标状态。　　　　　　　　　　　　　　　　　　　　　　　　　　　　　（　　　）

5．使用 Canvas 实现游戏开发，必然会用到清屏动作。　　　　　　　　　　（　　　）

6．Canvas API 中使用 strokeText 完成实心文字绘制。　　　　　　　　　　（　　　）

三、填空题

1．Canvas API 中使用_____方法绘制圆弧。

2．Canvas API 中使用_____方法或_____方法创建 CanvasGradient 渐变色对象。

3．Canvas 处理像素时，getImageData 方法返回得到的 data 数组，它的每_____个元素对应画布上的一个像素的 RGBA 值。

4．Canvas 绘制直线时，移动画笔到某个坐标点上使用的方法是_____。

5．Canvas 用于设置线条宽度的属性是_____。

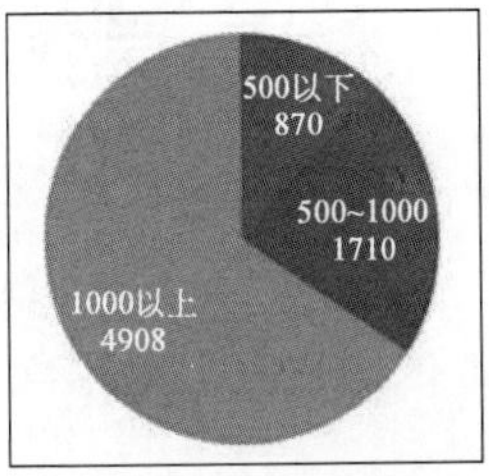

四、编程题

使用 Canvas 绘图 API 实现如图 11-18 所示的饼形图效果。

图 11-18　饼形图效果

uni-app 框架

学习目标

- 掌握 uni-app 的项目结构、页面和组件的创建。
- 掌握 uni-app 项目的运行和起始页设置、pages.json 配置。
- 掌握 uni-app 框架的常用组件以及扩展组件的使用、静态资源的引入。
- 掌握 uni-app 项目的条件编译。
- 掌握 uni-app 框架的一些常用 API。
- 掌握 uni-app 项目中如何实现全局变量。

跨平台开发是目前比较热门的方向,采用 Web 框架开发技术,以 Web 项目的开发体验快速构建应用,能大大提高迭代的效率。uni-app 是国内目前一款极为优秀的跨平台开发解决方案,只要具备一些网页开发的基础知识和 Vue.js 开发经验,就能迅速进入 uni-app 开发世界。本章将针对使用 uni-app 开发移动应用的常用知识点作简单介绍,帮助读者迅速上手。

12.1 "hello uni-app"项目

官方提供了一个"hello uni-app"项目示例,这个项目的源代码可在 HBuilderX 中选择菜单"文件",依次选择"新建""项目""uni-app",再从模板中选择"Hello uni-app"就可以得到。如图 12-1 所示,读者只需用手机扫描各二维码,就可以直观感受这一个项目发布在各平台和小程序中的效果。uni-app 在手,做啥都不愁。即使不跨端,uni-app 也是更好的小程序开发框架、更好的 App 跨平台框架、更方便的 H5 开发框架。不管领导安排什么样的项目,你都可以快速交付,不需要转换开发思维、不需要更改开发习惯。

图 12-1　hello uni-app 项目示例

图 12-1 （续）

注：上述二维码对应的内容展示了官方示范项目的宣传案例，建议使用对应 App 用"扫一扫"功能查看示范效果。

12.2 uni-app 的项目结构

一个典型的 uni-app 的项目结构如图 12-2 所示（有些目录并非必需），需要特别注意如下几点。

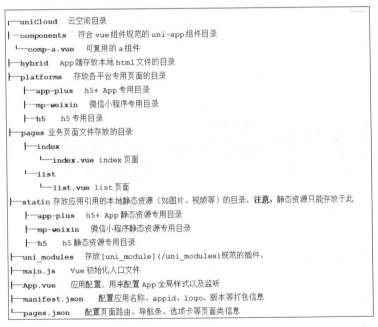

图 12-2 uni-app 项目结构

（1）传统 vue 组件，需要经过安装、引用、注册三个步骤后才能使用组件，而 uni-app 中采用的是 easycom 组件规范，也就是只要组件安装在项目的 components 目录下或 uni_modules 目录下，并符合"components/组件名称/组件名称.vue"或"uni_modules/组件名称/组件名称.vue"目录结构，就可以不用引用、注册，直接在页面中使用。不管这两个目录下安装了多少组件，easycom 打包后会自动剔除没有使用的组件，对组件库的使用尤为友好。uni_modules 与 components 目录的区别在于，它可以在制作完组件后，直接以插件的形式发布在插件市场,而且还支持在 HBuilderX 中直接单击右键升级插件。

定义组件名的方式分为两种:

- kebab-case(短横线分隔)命名法:必须在引用这个自定义组件时也使用 kebab-case 方式,例如< my-component >。
- PascalCase(驼峰)命名法:引用这个自定义元素时,两种命名法都可以使用,也就是< my-component >或< MyComponent >都是可以的。

(2) 编译到任意平台时,static 目录下的文件均会被完整打包进去,且不会编译。非 static 目录下的文件(vue、js、css 等)只有被引用到才会被打包编译进去。static 目录下的 js 文件不会被编译,如果里面有 es6+的代码,不经过转换直接运行,在手机设备上会报错。css 等资源不要放在 static 目录中,建议自建"common"目录,把 CSS 等资源放入其中。

12.3 页面和组件创建

新建一个 uni-app 项目,依次打开目录"pages""index",找到"index. vue",打开后,我们可以看到在 uni-app 中的页面结构如下所示:

```
< template >
    / * 内容部分,各组件的使用 * /
</template >
/ * 行为部分 * /
< script >
    export default {
        data() { return { / * 数据属性定义 * /}},
        / * 页面事件定义 * /
        onLoad() { },
        / * 页面中的方法定义 * /
        methods: {}
    }
</script >
/ * 外观部分 * /
< style ></style >
```

大家可以对比一下,和第 6 章中 Vue. js 框架定义的"单文件组件"非常类似,只是在 < script >部分采用的是标准的 Module Export(模块输出)语法。uni-app 开发的特色就是基于 Vue. js 的开发形式。uni-app 在发布到 H5 时支持所有 Vue 的语法;发布到 App 和小程序时,由于平台限制,无法实现全部 Vue 语法,但它是目前对 Vue 语法支持度最高的跨端框架。

如果我们要新建一个页面,需要选中"pages"目录,右击后选择"新建页面",默认选中"创建同名目录"和"在 pages. json 中注册",输入页面名(例如 mypage)即可,如图 12-3 所示。

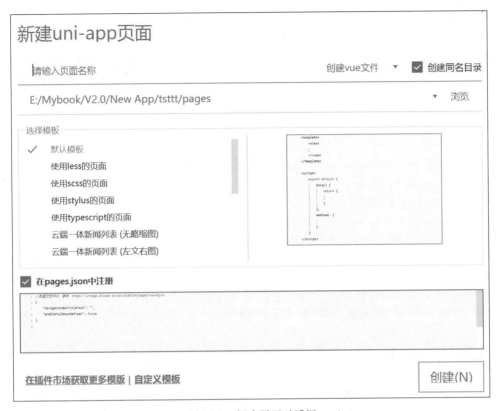

图 12-3　新建页面对话框

这样在"pages"目录中会创建一个"mypage"目录和"mypage. vue"文件,这就是我们创建的新页面,同时在 pages. json 中也会自动增加一段相应的配置。

```
"pages": [
    //添加新页面 mypage 后,pages.json 自动实现注册
    {
        "path" : "pages/mypage/mypage", //第 2 个 mypage 代表 mypage.vue
        "style" :
    {
        "navigationBarTitleText": "",
        "enablePullDownRefresh": false
    }
    }
    ]
```

删除页面后,需要手动更新 pages. json, 否则运行时控制台会显示"文件查找失败"的错误。

uni-app 的组件同样也是符合"单文件组件"规范的,如果不考虑发布在插件市场,通常是在项目中创建"components"目录,然后选中这个目录,右键选择"新建组件",建议一定要使用"创建同名目录"(便于项目管理),再输入组件名(例如 my-componentA)后,就可以创

建自定义组件了。组件的内容和页面区别不大,只是在 JavaScript 部分中,在输出模块时多了个 name 属性,如下面的代码:

```
export default {
    name:"my - componentA",
}
```

在其他页面中使用这个组件时,只需要直接以标签形式使用,就如下面的代码:

```
<template>
    <view>
        <my - componentA></my - componentA>
    </view>
</template>
```

组件创建或删除不会修改 pages.json,其他使用方式也和 Vue.js 框架的单文件组件完全一致,请参看 6.8 节。

12.4   pages.json

pages.json 文件主要用于 uni-app 进行页面的全局配置,它决定页面文件的路径、窗口样式、原生的导航栏、底部的原生 tabBar 等。它类似于微信小程序中 app.json 的页面管理部分。

篇幅有限,其他内容请参考如下链接:

https://uniapp.dcloud.io/collocation/pages?id = 配置项列表

1. globalStyle
所有页面的全局默认配置,如下列代码:

```
"globalStyle": {
        "navigationBarTextStyle": "black"或"white",//导航栏和状态栏文字颜色
        "navigationBarTitleText": 导航栏标题文字内容,
        "navigationBarBackgroundColor": 导航栏背景颜色,
        "backgroundColor": 窗口的背景色
}
```

2. pages
uni-app 通过 pages 节点配置应用由哪些页面组成,pages 节点接收一个数组,数组每个项都是一个对象,其中 style 是一个 object,可以用于设置每张页面的状态栏、导航条、标题、窗口背景色、是否开启下拉刷新等。

```
pages:[
{
```

```
    "path" : 页面路径,
    "style" : 页面窗口配置 object
},
{

    "path" : 页面路径,
    "style" : 页面窗口配置 object
},
...
]
```

pages 节点的第一项为应用入口页（即首页），页面的文件名不需要写后缀，框架会自动寻找路径下的页面资源。

3. tabBar

如果应用是一个多 tab 应用，可以通过 tabBar 配置项指定一级导航栏，以及 tab 切换时显示的对应页。在 pages.json 中提供 tabBar 配置，不仅仅是为了方便快速开发导航，更重要的是在 App 和小程序端提升性能。在这两个平台，层原生引擎在启动时无须等待 js 引擎初始化，即可直接读取 pages.json 中配置的 tabBar 信息，渲染原生 tab。下面是一个配置示例：

```
"tabBar": {
    "color": tabBar 上文字颜色
    "selectedColor": tab 选项选中时的文字颜色
    "borderStyle": tabBar 上边框颜色,black 或 white
    "backgroundColor": tabBar 背景颜色
    "list": [
    {
        "pagePath": 选项对应页面路径,
        "iconPath": 选项对应的图标路径,建议 81px * 81px,只支持图片
        "selectedIconPath": 选项选中时对应的图标路径,
        "text": "组件"
    },
    ...
    ]
}
```

12.5　uni-app 项目的运行和起始页设置

和以前学习的 HTML5 的网页项目不一样，uni-app 项目的运行必须经过编译，成功以后才能运行；如果有错，必须根据控制台显示的编译错误（可以按下组合键 Alt＋X 显示控制台），有针对性地进行修改。

如图 12-4 所示，可以打开"运行"菜单，也可以使用工具栏中的"运行"按钮，让项目运行在各平台。

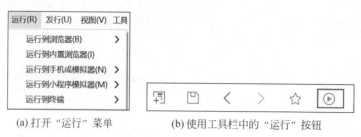

(a) 打开"运行"菜单   (b) 使用工具栏中的"运行"按钮

图 12-4   运行 uni-app 项目

可以在"视图"菜单中，选择"显示工具栏"对工具栏进行打开或关闭。

项目正式发布时，起始页可以在 pages.json 中的 pages 配置节进行设置(将对应页面设置为数组第一项)；但是在开发中，为了便于测试，我们有时需要直接启动显示相应的页面，这里首先需要在 HBuilderX 中打开相应的页面，再针对不同的平台进行设置。

- H5：选择"运行菜单"中的"运行到浏览器"后，选择"Chrome"，就可以直接运行相应的页面；当然也可以直接单击工具栏中的"运行"按钮，选择"Chrome 运行(C)"，也能达到同样的效果；
- 手机或模拟器：不论是使用菜单还是使用"运行"按钮，都是选择"运行-[设备名]-[项目名]-运行到页面"下面的"运行当前页面为启动页"，如图 12-5 所示，这样 App 在真机或模拟器中运行时，就会直接显示指定的页面；

图 12-5   App 中运行启动页

- 微信开发者工具：和手机或模拟器中类似，如图 12-6 所示，直接"运行当前页面为启动页"；

图 12-6   微信开发者工具中运行启动页

- 其他小程序开具：请查询官方手册。

另外为了方便调试，uni-app 还支持在 pages.json 中使用"condition"配置节，用于模拟直达页面的场景，对于某些需要传递参数的页面尤为方便。在图 12-5 或图 12-6 中选择"编辑启动页面配置"，HBuilderX 打开 pages.json 并自动添加"condition"配置节，下面是配置示例代码，添加了 2 张页面，第 1 页是 swiper 页(打开时自动以？interval=4000&autoplay=false 传递数据)，第 2 页是 switch 页，如图 12-7 所示，这样在 H5、手机或模拟器中选择"运行到页面"时，就可以自行切换需要浏览的页面；而在微信开发者工具中，这需要手动进行切换,如图 12-8 所示。

```
"condition": {                                    //模式配置,仅开发期间生效
    "current": 0,                                 //当前激活的模式(list 的索引项)
    "list": [{
        "name": "swiper",                         //模式名称
        "path": "pages/component/swiper/swiper",  //启动页面,必选
        "query": "interval = 4000&autoplay = false"  //启动参数,在页面的 onLoad 函数里面得到
    },
    {
        "name": "test",
        "path": "pages/component/switch/switch"
    }
    ]
}
```

1 swiper - pages/component/swiper/swiper

2 test - pages/component/switch/switch

3 编辑启动页面配置

图 12-7 H5 或手机启动页选择   图 12-8 微信手动切换

12.6 uni-app 的组件

uni-app 中的组件是视图层的基本组成单元,也是一个单独且可复用的功能模块的封装。每个组件都包括:以组件名称为标记的开始标签和结束标签、组件内容、组件属性、组件属性值。

每个组件都有各自定义的属性,但所有 uni-app 的组件都有一些公共的属性(例如 id、ref、class、style、data- * 等),这些属性和我们在前面章节所学过的 HTML 标签和 Vue.js 框架用法基本相同,所以没有必要再把这些属性进行罗列。

另外每个组件都有"事件"。事件就是在指定的条件下触发某个 js 方法。事件也是组件的属性,只不过这类属性以@为前缀,因为 uni-app 是基于 Vue.js 的,所以这个事件的调用和 Vue.js 完全一样。事件的属性值,指向一个在< script >的 methods 里定义过的 js 方法,还可以给方法传参数。

uni-app 的组件分为基础组件和扩展组件。基础组件在 uni-app 框架中已经内置,无须将内置组件的文件导入项目,也无须注册内置组件,随时可以直接使用。uni-app 为开发者

提供了一系列基础组件,类似 HTML 里的基础标签元素,但 uni-app 的组件与 HTML 不同,而是与小程序相同,可更好地满足手机端的使用习惯,所在在书写界面时,不建议再使用 HTML 标签,而是直接使用 uni-app 的基础组件。除了基础组件,还有扩展组件,扩展组件需要将组件导入项目中才可以使用,这种组件主要是通过"插件市场"进行导入。开发者可以通过组合基础组件进行快速开发,在需要复用的情况下可封装成扩展组件。

> uni-app 的各组件输入都支持快捷键,在 HBuilderX 的编辑页中以 u * 开头输入,就能快捷选择并迅速输入相应的组件。

以下将简单介绍几个常见的 uni-app 的基础组件。由于篇幅有限,更多的资料可以访问下面的网址得到:

https://uniapp.dcloud.io/component/README?id = 基础组件

1. view 组件

类似于传统 HTML 中的 div 用于包裹各种元素内容,如果在. vue 页面使用< div >,编译时会被转换为< view >。使用的形式非常简单,代码如下:

```
< view ></view >
```

> 按照单文件组件规范,每个. vue 文件的根节点必须为< template >,且这个< template >下只能且必须有一个根< view >组件。

2. scroll-view 组件

用于区域滚动的组件,效果如图 12-9 所示。例如下面的设计完成了一个竖向滚动的区域,其中 scroll-y 表示允许纵向滚动,@scrolltolower 表示滚动到底部执行 methods 中定义的 lower 方法,@scrolltoupper 执行 upper 方法,@scroll 执行 scroll 方法,如果要允许横向滚动,则使用 scroll-x,同时@scrolltolower 变成滚动到右边,@scrolltoupper 变成滚动到左边。

```
< scroll - view class = "scroll_area" scroll - y = "true"
@scrolltolower = "lower" @scrolltoupper = "upper" @scroll = "scroll">
    < view class = "scroll_item"> A </view >
     < view class = "scroll_item"> B </view >
    < view class = "scroll_item"> C </view >
</scroll - view >

< script >
  export default {
      methods: {
          upper(){console.log("滚动到顶部");},
          lower(){console.log("滚动到底部");},
          scroll(){console.log("滚动中...");}
      }
   }
</script >
```

这个组件还支持自定义下拉刷新,但在 WebView 渲染的页面中,区域滚动的性能不及页面滚动。

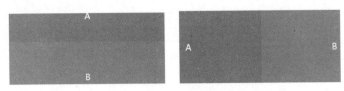

图 12-9　竖向和横向滚动效果

使用竖向滚动时,需要给<scroll-view>一个固定高度,可以通过 css 设置其属性 height; 使用横向滚动时,需要给<scroll-view>添加样式 white-space：nowrap;。

3. image 组件

uni-app 中的图片显示组件,和 HTML 中的<img>类似(但它不是自结束标签)。所以它最重要的一个属性也是 src,同样支持相对路径、绝对路径、base64 编码。

这个组件还有一个常用的属性是 mode 属性,用于设置图片裁剪、缩放的模式,这个属性一共有 14 种模式,默认是"scaleToFill"(不保持纵横比缩放图片,使图片的宽高完全拉伸至填满 image 元素)。在实际使用中,使用不同的值可能会对图片出现裁剪,具体的需要参照官方文档。

对于应用中页面有很多图片的情况下(例如网商购物页面),为了节省用户流量和提高页面性能,可以在用户浏览到当前资源的时候,再对图片资源进行请求和加载,这就是网页设计中的"懒加载(lazy-load)"技术。image 组件提供了一个 lazy-load 属性,可以实现图片懒加载,但它只针对 page 与 scroll-view 下的 image 有效,例如下面的代码:

```
<image src = "../../static/logo.png" lazy-load = "true" mode = "aspectFit">
</image>
```

当页面结构复杂、CSS 样式太多时, 使用 image 可能导致样式生效较慢, 从而出现 "闪一下" 的情况, 此时设置 image｛will-change：transform;｝可优化此问题。

4. swiper 组件

这是滑块视图容器。一般用于左右滑动或上下滑动,如广告轮播图。注意滑动切换和滚动的区别,滑动切换是一屏一屏地切换。swiper 下的每个 swiper-item 是一个滑动切换区域,不能停留在 2 个滑动区域之间。例如下面的这个轮播代码设计,效果如图 12-10 所示。

图 12-10　swiper 效果

```
<swiper class = "swiper_container" :indicator-dots = "true"
:autoplay = "true" :interval = "3000" :duration = "1000"
```

```
    @change = "swiperChange">
        < swiper - item >
            < view class = "swiper - item"> A </view >
        </swiper - item >
        < swiper - item >
            < view class = "swiper - item"> B </view >
        </swiper - item >
        < swiper - item >
            < view class = "swiper - item"> C </view >
        </swiper - item >
    </swiper >

    < script >
        export default {
            methods: {
                //显示轮播项目的序号
                swiperChange(e){console.log(e.detail.current);}
            }
        }
    </script >
```

这个组件中的属性 indicator-dots 是指显示面板指示点,autoplay 表示自动切换,interval 是切换时间间隔,duration 是滑动动画时长,@change 事件会在滑动切换区域时激发,调用< script >中定义好的 swiperChange 方法。

5. text 组件

类似于 HTML5 中的 span 标签,专门用于包裹文本内容,但是它又有自己的特色,如果应用中的文字需要长按选中,就可以使用这个组件,例如下面的代码中,selectalbe 可以控制在 App 或 H5 中文本是否可选,user-select 控制在微信小程序中文本是否可选。

```
< text :selectable = "true" :user - select = "true">
    uni - app,终极跨平台方案
</text >
```

6. 表单组件

和 HTML5 类似,uni-app 也提供了一系列表单组件,便于用户的输入和提交数据。下面介绍常用的表单组件。

• input 组件

和 HTML5 类似,input 组件也提供了 value、placeholder、disable 等属性,不同的是,在 uni-app 和小程序规范中,input 仅仅是输入框,它的 type 属性也只有几种类型,比较常用的有 3 种,代码如下。根据 type 类型,在移动设备上,系统为自动切换不同类型的键盘,效果如图 12-11 所示。

```
<!-- 普通文本输入框,手机中自动使用文本输入键盘 -->
< input type = "text" placeholder = "请输入数据"/>
```

```
<!-- 数字输入框,手机中自动使用数字输入键盘,iOS 的键盘包含负数和小数 -->
< input type = "number" placeholder = "请输入数据"/>
<!-- 密码输入框 -->
< input password = "true" placeholder = "请输入密码"/>
```

(a) 键盘1   (b) 键盘2

图 12-11　type="text"与 type="number"的不同键盘

input 组件在设置 type="text"时,还提供了一个 confirm-type 的属性,用于设置键盘右下角按钮的文字,如图 12-12 所示,confirm-type 分别设置为"send"和"search"时,键盘右下角的文字分别设置为"前往"和"搜索"。

(a) 样式1   (b) 样式2

图 12-12　confirm-type 定制键盘右下角文字

input 组件比较重要的事件主要有 2 个:@ input——键盘输入时自动触发,@confirm——单击完成按钮时触发,示范代码如下:

```
< input type = "text" @ input = "keyInput" @confirm = "confirmInput"/>
< script >
    export default {
        methods: {
            //键盘输入调用
            keyInput(e){console.log(e.detail.value);},
            //完成输入时调用
            confirmInput(e){console.log(e.detail.value);}
        }
    }
</script>
```

• radio 组件

uni-app 的单项选择器组件,类似于 HTML5 中的< input type="radio"/>,但是需要使用< radio-group >组件,将多个 radio 包裹在一个 radio-group 下,实现这些 radio 的单选。例如下面实现性别选择的代码,运行效果如图 12-13 所示。

○ 男　✔ 女

图 12-13　radio 组件效果

```
< radio - group name = "gender" @change = "genderChoose">
    < radio value = "man" color = "red"/><text>男</text>
    < radio value = "woman" color = "red" checked/><text>女</text>
</radio - group>
<script>
    export default {
        methods: {
            //性别选择结果
            genderChoose(e){console.log(e.detail.value);}
        }
    }
</script>
```

radio、checkbox、switch 组件都可以通过 color 属性定义相应的颜色。

• checkbox 组件

uni-app 的多项选择器组件,类似于 HTML5 中的< input type = "checkbox"/>,但是需要使用< checkbox-group >组件,将多个 checkbox 包裹在一个 checkbox-group 下,实现多选。例如下面是课程选择的代码,运行效果如图 12-14 所示。

```
< checkbox - group name = "course" @change = "courseChoose">
    < checkbox value = "html5" checked color = "red/><text> HTML5 程序设计</text>
    < checkbox value = "Android" color = "red"/><text> Android 程序设计</text>
    < checkbox value = "iOS" color = "red" checked/><text> iOS 程序设计</text>
</checkbox - group>
<script>
    export default {
        methods: {
            //以数组形式显示所选课程
            courseChoose(e){console.log(e.detail.value);}
        }
    }
</script>
```

如需调节 checkbox 大小, 可通过 CSS 的 scale 方法调节, 如放大到原有尺寸的 1.5 倍, 可以使用 CSS 属性 "transform:scale(1.5);"。

• switch 组件

uni-app 中提供的开关选择器组件,特别适合用于状态值的变更或只有两个值的切换,使用代码如下,效果如图 12-15 所示。同样可以使用 color 定义颜色,大小设定和 checkbox 一样。

图 12-14   checkbox 组件效果   图 12-15   switch 组件效果

```
< switch checked = "false" @change = "switchChange" color = "red"/>
< script >
    export default {
        methods: {
            //打印 true 或 false
            switchChange(e){console.log(e.detail.value);}
        }
    }
</script>
```

* picker 组件

uni-app 中的滚动选择器,从底部弹起。支持五种选择器,通过它的 mode 属性来设置,分别是普通选择器、时间选择器、日期选择器、多列选择器,默认是普通选择器。

(1) mode="selector",实现普通选择器,使用的代码如下,效果如图 12-16 所示。其中 range 用于绑定数据(数组类型),value 表示选择了 range 中的第几个,@change 表示 value 改变时触发的事件。

```
< picker mode = "selector" :range = "datas" :value = "index"
    @change = "pickerChange">
    < view >{{datas[index]}}</view >
</picker >
< script >
    export default {
        data() { return {index:1,datas:["HTML5","Android","iOS"]} },
        methods: {
            pickerChange(e){ this.index = e.detail.value; }
        }
    }
</script>
```

(2) mode="time",实现时间选择器,使用的代码如下,效果如图 12-17 所示,其中 start 和 end 是时间的开始和结束范围,value 表示选中的时间(这 3 项的单位都是 hh:mm),@change 表示 value 改变时触发的事件。

```
< picker mode = "time" :value = "time" start = "09:01" end = "21:01"
    @change = "timeChange">
    < view >{{time}}</view >
</picker >
< script >
    export default {
        data() { return { time: '12:01'} },
        methods: {
            timeChange(e){ this.time = e.detail.value; }
        }
    }
</script>
```

图 12-16　普通选择器　　　　　　　　　　图 12-17　时间选择器

（3）mode＝"date"，实现日期选择器，使用的代码如下，效果如图 12-18 所示，其中 start 和 end 是时间的开始和结束范围，value 表示选中的日期（这 3 项的单位都是 YYYY-MM-DD），fields 是选择器的粒度（day 表示按天选，month 是按月份，year 是按年份），@change 表示 value 改变时触发的事件。

```
< picker mode = "date" :value = "date" :start = "startDate" :end = "endDate"
        fields = "day" @change = "dateChange">
    < view >{{date}}</view >
</picker >

< script >
    export default {
        data() { return {
          date:'2021 - 09 - 24',
          startDate:'2021 - 01 - 01',
            endDate:'2021 - 12 - 31'
        } },
        methods: {
            dateChange(e){ this.date = e.detail.value; }
        }
    }
</script >
```

（4）mode＝"multiSelector"，实现多列选择器，使用的代码如下，效果如图 12-19 所示，其中，range 需要绑定一个多维数组数据，value 绑定的也是数组，表示每一项的值表示选择了 range 对应项中的第几个，@columnchange 表示 value 改变时触发的事件。

图 12-18　日期选择器　　　　　　　　　　图 12-19　多列选择器

```
< picker mode = "multiSelector" :value = "multiIndex"
    :range = "multiArray" @columnchange = "multiChange">
    < view class = "uni - input">
        {{multiArray[0][multiIndex[0]]}},
        {{multiArray[1][multiIndex[1]]}},
        {{multiArray[2][multiIndex[2]]}}
    </view>
</picker>
< script >
    export default {
        data() { return {
        multiArray: [['亚洲', '欧洲'],['中国', '日本'],
                        ['北京', '上海', '广州']],
        multiIndex: [0, 0, 0]} },
        methods: {
            multiChange(e){
                this.multiIndex[e.detail.column] = e.detail.value;
                /* 其他代码较复杂,略,可以参看配套资源包 */
</script>
```

- button 组件

HTML5 中有好几个标签(包括 div)都能制作按钮,uni-app 使用 button 组件生成按钮。用法和 HTML 中的< button >标签基本类似,但它在设计过程中,还添加了一些自有的特色属性。

下面的代码可生成如图 12-20 的效果,这里 loading 属性会控制在文字前面自带 1 个 loading 图标(iOS 和 Android 效果不同),type 属性值为 primary 时,在不同的小程序平台时会自动呈现不同的颜色(例如微信小程序是绿色)。如果需要自定义颜色,可以去除 type 属性,然后用 CSS 自定义颜色。

图 12-20 按钮效果

```
< button loading = "true" type = "primary">按钮文字</button>
```

button 组件中有个 form-type 属性,它可以用于表单的操作,使用如下:

```
<!-- 相当于 HTML 中的< input type = "submit" value = "提交"/> -->
< button form - type = "submit">提交</button>
<!-- 相当于 HTML 中的< input type = "reset" value = "取消"/> -->
< button form - type = "reset">取消</button>
```

另外,对于小程序端,button 组件单独封装了一个 open-type 属性,它可以自动调用小程序的相关功能,例如:

```
<!-- 调用分享功能 -->
< button open - type = "share">分享</button>
<!-- 打开客服会话 -->
```

```
< button open - type = "contact">客服</button >
<!-- 打开授权设置页 -->
< button open - type = "openSetting">授权</button >
<!-- 获取用户信息,可以从@getuserinfo 回调中获取到用户信息 -->
< button open - type = "getUserInfo" @getuserinfo = "getUinfo">
    获取用户信息
</button >
< script >
    export default {
        methods: {
            getUinfo(e){ console.log(e.detail.userInfo); }
        }
    }
</script >
```

微信小程序调整了相关接口, 即 open-type = "getUserInfo", 这种方式仅能获得微信用户的匿名信息, 可改用 uni.getUserProfile 接口。

• form 组件

uni-app 中的表单组件,将组件内的用户输入的值进行提交(包括< input >、< switch >、< checkbox >、< radio >、< picker >等)。当单击< form >表单中 form-type 为 submit 的< button >组件时,会自动将表单组件中的 value 值进行提交(和 HTML 类似,需要在表单组件中加上 name 属性来作为 key),同时使用@submit 事件获得提交的数据。如果按钮是 reset 按钮,则触发@reset 事件,使用的代码如下:

```
< form @submit = "formSubmit" @reset = "formReset">...</form >
```

【例 12-1】 uni-app 表单综合练习,效果如图 12-21 所示,当单击"注册新用户"按钮时,使用 form 表单的组件的@submit 事件,可以读取用户的所有输入值,限于篇幅,请参看配套资源包中的示例代码。

7. 扩展组件

• uni-ui

这是 DCloud 提供的一个跨端 UI 库,它是基于 Vue.js 组件的、flex 布局的、无 DOM 的跨全端 UI 框架,具有高性能、全端自适应等特点。如图 12-22 所示,用户可以在 HBuilderX 中直接新建项目,再选择模板 uni-ui 得到,或者通过插件市场(地址如下)得到:

```
https://ext.dcloud.net.cn/plugin?id = 55
```

uni-ui 中有十几种组件,它不包括基础组件,是对基础组件的补充,风格与基础组件一致,图 12-23 是部分组件的效果。

图 12-21　uni-app 表单组件综合应用

图 12-22　uni-ui 项目创建

(a) 效果1　　　　　(b) 效果2　　　　　(c) 效果3

图 12-23　uni-ui 部分组件效果

- 插件市场

除了基础组件、uni-ui,插件市场还有更多扩展组件、模板,包括前端组件和原生扩展组件。开发者可以在浏览器中打开插件市场(https://ext. dcloud. net. cn/),然后搜索到需要的插件,再单击如图 12-24 所示的"使用 HBuilderX 导入插件"按钮。浏览器会打开 HBuilderX,开发者选择相应的项目后自动导入相应插件。

图 12-24　导入插件按钮

如果导入插件失败,可以先尝试"以管理员身份运行"启动 HBuilderX。

绝大部分的插件都是符合 easycom 组件规范的,也提供了详细说明,一般导入后就可以在项目中直接使用。如果遇到不符合规范的,一般需要通过以下步骤:

① 将组件拷贝到项目的"components"或"uni_modules"目录;

② 在页面的<script>中导入组件: import 组件名 from 组件路径;

③ 注册组件,在 components 选项中注册组件名,类似下面的代码:

```
<script>
    import my-component from 路径;
    export default {
        components:{ my-component }
    }
</script>
```

另外,uni-app 还支持在 pages.json 中全局注册非 easycome 规范的组件,这样就不需要在页面中多次引入和注册,加入配置节如下:

```
"easycom": {
    "mycomponentName": 插件路径
}
```

12.7 静态资源引入

<template>内引入静态资源(如 image、video 等标签)的 src 属性时,可以使用相对路径或者绝对路径,形式如下:

```
<!-- 绝对路径,/static 和@/static 指根目录下的 static 目录 -->
<image src = "/static/logo.png"></image>
<image src = "@/static/logo.png"></image>
<!-- 相对路径 -->
<image src = "../../static/logo.png"></image>
```

这里以@开头的绝对路径会经过 base64 转换规则检验(引入的静态资源在非 H5 平台,均不转为 base64,而在 H5 平台,小于 40kb 的资源会被转换成 base64)。

<style>标签内引入.css 文件时,或者在 css 文件中或<style>标签内引用图片时,同样可以使用相对或绝对路径,形式如下:

```
<style>
/* 绝对路径 */
@import url('/common/test.css');
@import url('@/common/test.css');
/* 相对路径 */
@import url('../../common/test.css');
/* 绝对路径 */
```

```
选择器{ background - image: url(/static/logo.png); }
选择器{ background - image: url(@/static/logo.png); }
/* 相对路径 */
选择器{ background - image: url(../../static/logo.png); }
</style>
```

uni-app 也支持使用字体图标,使用方式与普通 web 项目相同,但注意尽量使用 base64 格式。

在 .css 文件或自定义组件中使用背景图片、字体文件时, 使用相对路径可能出现路径查找失败的情况, 故建议使用绝对路径。 在使用本地图片时, 如果图片大小小于 40Kb, uni-app 编译时会自动将其转化为 base64 格式; 如果超过 40Kb, 微信小程序会报 "[渲染层网络错误]", 所以建议从网络地址引用。

12.8　页面样式与布局

uni-app 的 CSS 与 Web 的 CSS 基本一致。uni-app 支持的通用 CSS 单位包括 px、rpx。px 即屏幕像素,这与传统的 CSS 一样;rpx 即响应式 px,是一种根据屏幕宽度自适应的动态单位。以 750 宽的屏幕为基准,750rpx 恰好为屏幕宽度。屏幕变宽,rpx 实际显示效果会等比放大,但在 App 端和 H5 端屏幕宽度达到 960px 时,默认将按照 375px 的屏幕宽度进行计算。

设计师在提供设计图时,一般只提供一个分辨率的图。如果严格按设计图标注的 px 进行开发,在不同宽度的手机上界面很容易变形(主要是宽度变形),高度一般因为有滚动条,不容易出问题。由此,引发了较强的动态宽度单位需求。uni-app 借鉴微信小程序的做法,设计了 rpx,它是相对于基准宽度的单位,可以根据屏幕宽度进行自适应。

大部分公司设计时都是以 iPhone6(屏幕宽度为 375px)作为视觉稿的标准,因此 uni-app 规定屏幕基准宽度为 750rpx,也就是在 iPhon6 上设计稿宽度为 200px,则对应 uni-app 中应设置为 400rpx(也就是扩大 2 倍)。如果设计稿宽度不是 750px,则可以按下面的公式进行计算:

元素在 uni - app 中宽度 = 750 * 元素在设计稿中的宽度 / 设计稿基准宽度

举例:
(1) 设计稿宽度为 750px,元素在稿上宽度为 200px,则 uni-app 中设置为 200rpx;
(2) 设计稿宽度为 640px,元素在稿上宽度为 200px,则 uni-app 中设置为 234rpx;
(3) 设计稿宽度为 375px,元素在稿上宽度为 200px,则 uni-app 中设置为 400rpx。

HBuilderX 中提供了自动换算的工具,在菜单"工具"中选择"设置",打开"Settings.json",切换到"编辑器配置",配置好比例和小数部分保留长度后,在 CSS 中输入稿上宽度时,会自动提示将其转为 rpx 的值,如图 12-25 所示,这是设计稿宽度只有 640px 时,设置后的效果。

(a) 效果1   (b) 效果2

图 12-25   设计稿 640px 宽度设置效果

字体尽量使用 px，并且 rpx 不支持动态横竖屏切换计算，使用 rpx 建议锁定屏幕方向。

定义在 App.vue 中的样式为全局样式，它会作用于每一个页面。在 pages 目录下的每个 .vue 文件中定义的样式为局部样式，只作用在对应的页面，并会覆盖 App.vue 中相同的选择器。App.vue 中通过 @import 语句可以导入外联样式，同样作用于每一个页面。

uni-app 中 CSS 的使用和 HTML5 中的基本一致，但要注意以下几点：

（1）在 uni-app 中不能使用 ＊ 选择器；

（2）微信小程序自定义组件中仅支持 class 选择器；

（3）page 相当于 HTML 中的 body 节点，例如设置页面的背景色，使用如下代码：

```
page { background - color: #ccc; }
```

至于布局，为支持跨平台，uni-app 框架建议使用 Flex 布局。

12.9   跨端兼容

为了实现多端兼容，综合考虑编译速度、运行性能等因素，uni-app 约定了如下开发规范：

（1）页面和组件文件遵循 Vue 单文件组件（SFC）规范；

（2）接口能力（JS API）接近微信小程序规范，API 基本都是以 uni-开头；

（3）数据绑定及事件处理同 Vue.js 规范，同时补充了一些 App 及页面的生命周期；

（4）为兼容多端运行，建议主要使用 flex 布局进行开发。

uni-app 已将常用的组件、JS API 封装到框架中，开发者按照 uni-app 规范开发即可保证多平台兼容，大部分业务均可直接满足。但每个平台有自己的特性，因此会存在一些无法跨平台的情况。uni-app 参考 C 语言中的思路，提供了条件编译手段（条件编译是用特殊的注释作为标记，在编译时根据这些特殊的注释，将注释里的代码编译到不同平台），在一个工程里优雅地完成了平台个性化实现。

条件编译以 ＃ifdef 或 ＃ifndef 加 ％PLATFORM％ 开头，以 ＃endif 结尾。

• ＃ifdef：仅在某平台存在；

- ♯ifndef：除了某平台均存在；
- ％PLATFORM％：平台名称（例如 App-Plus 代表 App，H5 代表 H5，MP-WEIXIN
代表微信小程序等，其他的见官方手册）。

条件编译是利用注释实现的，在不同语法里注释写法不一样，js 使用//注释、css 使用 / *
注释 * /、vue 模板里使用<! -- 注释 -->，下面是不同的写法示例。

1. JS 代码的条件编译用法

```
// ♯ifdef App - Plus
    仅在 App 中需条件编译的代码
// ♯endif

// ♯ifndef H5
    除了 H5 平台，其他平台需要编译的代码
// ♯endif

// ♯ifdef H5||MP - WEIXIN
    在 H5 或微信小程序中需条件编译的代码，只能出现或||，没有 &&
// ♯endif
```

2. 组件的条件编译用法

```
如下公众号关注组件仅会在微信小程序中出现
<!-- ♯ifdef APP - PLUS -->
    < official - account ></official - account >
<!-- ♯endif -->
```

3. CSS 样式的条件编译用法

```
/ * ♯ifdef H5 * /
    H5 平台特有的样式
/ * ♯endif * /
```

4. pages.json 的条件编译用法

```
下面的页面只有在 App 中才会编译进去
// ♯ifdef APP - PLUS
    {
        "path" : "pages/test/test"
    }
// ♯endif
```

5. static 目录的条件编译

在不同平台，引用的静态资源可能也存在差异，通过 static 目录的条件编译可以解决此
问题，在 static 目录下新建不同平台的专有目录（目录名称同 ％PLATFORM％ 值域，但字

母均为小写),专有目录下的静态资源只有在特定平台才会编译进去。

如图 12-26 所示的目录结构中,a.png 只有在微信小程序平台才会编译进去,b.png 在所有平台都会被编译。

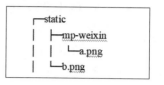

图 12-26　static 目录示例

6. 整体目录条件编译

如果想把各平台的页面文件更彻底地分开,也可以在 uni-app 项目根目录创建 platforms 目录,然后在下面进一步创建 app-plus、mp-weixin 等子目录,存放不同平台的文件,但这个目录下只支持放置页面文件(即页面 vue 文件),如果需要对其他资源条件编译,建议使用 static 目录的条件编译。

在页面或组件.vue 中使用快捷键"ifdef"可快速生成条件编译的代码片段,在 pages.json 中则使用快捷键"//#"。

12.10　生命周期

uni-app 生命周期主要分为应用生命周期、页面生命周期和组件生命周期。

1. 应用生命周期

应用生命周期只能在项目的 App.vue 中监听,在其他页面监听无效,比较重要的生命周期函数如表 12-1 所示。

表 12-1　应用生命周期函数

函 数 名	说 明
onLaunch	当 uni-app 应用初始化完成时触发(全局只触发一次)
onShow	当 uni-app 应用启动,或从后台进入前台显示
onHide	当 uni-app 应用从前台进入后台
onError	当 uni-app 报错时触发

示例代码如下:

```
<script>
    export default {
        onLaunch: function() { console.log('App Launch');},
        onShow: function() { console.log('App Show'); },
        onHide: function() { onsole.log('App Hide'); }
    }
</script>
```

2. 页面生命周期

页面生命周期是在页面.vue 的<script>中监听,比较常用的页面生命周期函数如表 12-2 所示。

表 12-2　页面生命周期函数

函 数 名	说 明
onLoad	监听页面加载,其参数为上个页面传递的数据(Object 类型)
onShow	监听页面显示,页面每次出现在屏幕上都触发(包括下级页面点返回到当前页面)
onHide	监听页面隐藏
onUnload	监听页面卸载
onPullDownRefresh	监听用户下拉动作,一般用于下拉刷新
onReachBottom	页面滚动到底部的事件,常用于下拉下一页数据
onShareAppMessage	用户单击右上角分享(小程序)
onBackPress	监听页面返回
onNavigationBarSearchInputChanged	监听原生标题栏搜索输入框输入内容变化事件
onNavigationBarSearchInputConfirmed	监听原生标题栏搜索输入框搜索事件,用户单击软键盘上的"搜索"按钮时触发
onNavigationBarSearchInputClicked	监听原生标题栏搜索输入框单击事件
onNavigationBarButtonTap	监听原生标题栏按钮单击事件

这里对其中的几个用法做下说明。

- onLoad:

这个函数经常用于获取上个页面中传递的数据,例如跳转到某个页面时,在页面的 url 地址中以? a=2&b=3 这种形式传递数据,那在当前页面的 onLoad 事件中,可以将值取出来,代码如下:

```
onLoad(e) {  console.log(e.a,e.b); },
```

tabBar 上配套的页面，只有第 1 次显示时会调用 onLoad 函数和 onShow 函数，其他时间只会调用 onShow 函数。

- onPullDownRefresh:

这个函数用于监听该页面用户下拉刷新事件,各平台的下拉效果略有差异,如图 12-27 所示(左为在 H5 和 App 中的效果,右为在微信小程序中的效果)。

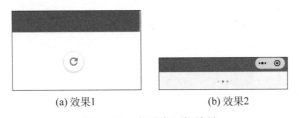

(a) 效果1　　　　　　　　(b) 效果2

图 12-27　各平台下拉效果

需要在 pages. json 中找到相应的页面，在它的 style 中设置 enablePullDownRefresh 为 tue，处理完数据刷新后， uni. stopPullDownRefresh 可以停止当前页面的下拉刷新。

- onNavigationBarSearchInputChanged；
- onNavigationBarSearchInputConfirmed；
- onNavigationBarSearchInputClicked；
- onNavigationBarButtonTap。

uni-app 支持在 H5 或 App 端自定义导航栏，只需在 page.json 里面做一些配置，需要对相应页面的 style 设置 app-plus 属性（插件市场也提供了更多的解决方案，可以实现全端兼容）。上面这几个事件就是针对自定义导航栏的函数，下面是应用实例。

【例 12-2】 pages.json 配置自定义导航栏实例，效果如图 12-28 所示。

图 12-28　自定义导航栏效果

```json
{
    "path": "pages/index/index",
    "style": {
        "app - plus": {
        //导航栏设置
        "titleNView": {
            //搜索框配置
            "searchInput": {
                "align": "center",                  //文字居中
                "backgroundColor": "#F7F7F7",       //背景色
                "borderRadius": "4px",              //输入框圆角
                "placeholder": "搜索糗事",           //提示文字
                "placeholderColor": "#CCCCCC",      //提示文字颜色
                "disabled": false                   //允许输入
            },
            //配置按钮
            "buttons": [
                //左边
                {
                    "color": "#FF9619",             //文字颜色
                    "colorPressed": "#BBBBBB",      //按下状态文字颜色
                    "float": "left",                //居左显示
                    "fontSize": "22px",             //字体大小
                    "fontSrc": "/static/icon.ttf",  //字体图标路径
                    "text": "\ue609"                //文字
                },
                //右边
                {
                    "color": "#000000",
                    "colorPressed": "#BBBBBB",
                    "float": "right",
                    "fontSize": "22px",
                    "fontSrc": "/static/icon.ttf",
```

```
                        "text": "\ue653"
                    }
                ]
            }
        }
    }
}

//搜索框值输入时
onNavigationBarSearchInputChanged(e) {
    console.log(你输入的值是:" + e.text);
},
//搜索框值输入完成
onNavigationBarSearchInputConfirmed(e) {
    console.log('输入的值是:${e.text},执行搜索');
},
//按钮点击
onNavigationBarButtonTap(e) {
    console.log('单击的按钮序号是:${e.index}');
}
```

onNavigationBarSearchInputClicked 必须在 pages.json 中的 searchInput 配置 disable 为 true 时才会触发(通常首页输入框都不能输入,而是单击进入一个搜索页)。

3. 组件生命周期

uni-app 组件支持的生命周期,与 vue 标准组件的生命周期相同(可以参考 6.9 节),这里没有页面级的 onLoad 等生命周期。唯一要注意的是,beforeUpdate 和 updated 生命周期函数仅在 H5 平台被支持。

12.11 uni-app 的 API

uni-app 的 API 由标准 ECMAScript 的 JS API 和 uni 扩展 API 这两部分组成。ES 这部分请参看本书第 9 章。对于 uni-app 的 JavaScript 代码,若无特殊说明,则表示所有平台都支持,H5 端运行于浏览器中。对于非 H5 端,Android 平台和微信小程序(Android 端新版本)运行在 v8 引擎中,iOS 平台和微信小程序(iOS 端)运行在 iOS 自带的 JSCore 引擎中。

uni.on 开头的 API 是监听某个事件发生的 API 接口,接受一个回调函数作为参数。当该事件触发时,会调用这个回调函数。如未特殊约定,其他 API 接口都接受一个 Object 作为参数,这个 Object 中可以指定 success、fail、complete 来接收接口调用结果。

uni-app 的 API 比较多,由于本书篇幅有限,仅介绍几个常用的 API,更多的 API 说明请自行看官方文档(https://uniapp. dcloud. io/api/README)。

1. 页面跳转

在移动应用中,页面间的跳转是比较常见的,以下是几个常用的方法。

- uni. navigateTo(object):保留当前页面,跳转到应用内非 tabBar 的某个页面,使用 uni. navigateBack 可以返回到原页面。
- uni. redirectTo(object):关闭当前页面,跳转到应用内的某个页面。
- uni. switchTab(object):跳转到 tabBar 页面,并关闭其他所有非 tabBar 页面。
- uni. navigateBack():关闭当前页面,返回上一页面或多级页面。

这里的 object 参数基本都是一致的,以 uni. navigateTo 的用法为例,如下面的代码:

```
//跳转到 mypage. vue 页面并传递参数,mypage 可在 onLoad 事件中获取参数值
uni. navigateTo({
    url:"../mypage/mypage?id = 2",
    fail: (err) = > { console. log(err);}
});
```

需要注意的是,如果要在页面 url 地址后面附加数据(例如一条 JSON 格式数据),参数中出现空格等特殊字符时需要对参数进行编码,读取时再进行解码,如下面的代码:

```
uni. navigateTo({
    url:"../mypage/mypage?item = " + encodeURIComponent(JSON. stringify(item)),
    fail: (err) = > { console. log(err);}
});
//读取时
onLoad(option){
    let data = JSON. parse(decodeURIComponent(option. item));)
}
```

自定义组件中如果出现页面跳转,请尽量使用绝对路径; 跳转的页面一定要分清是否是 tabBar 页面。

2. 数据缓存

和 HTML5 类似,uni-app 也提供了相应的 API 以实现将数据缓存在本地,并且在 H5 端正是使用的 localStorage。这个 API 比较特殊,分为同步和异步两种形式。

1) 异步方式

- uni. setStorage(object):将数据异步存储在本地缓存中指定的 key 中,会覆盖原来该 key 对应的内容。

```
uni. setStorage(
    { key: 'storage_key',                              //指定的 key
    data: 'hello',                                     //对应的值
    success: () = > { console. log('success'); }       //成功后的回调
    });
```

- uni.getStorage(object)：从本地缓存中异步获取指定 key 对应的内容。

```
uni.getStorage(
    { key: 'storage_key',
      success: (res) = > { console.log(res.data); }
    });
```

- uni.removeStorage(key)：从本地缓存中异步移除指定 key 的值。

```
uni.removeStorage(
    { key: 'storage_key',
      success: (res) = > { console.log('success'); }
    });
```

- uni.clearStorage()：异步清理本地 uni-app 应用所有数据缓存。

```
uni.clearStorage();
```

2）同步方式
- uni.setStorageSync(key,data)：将数据同步存储在本地缓存中指定的 key 中，会覆盖原来该 key 对应的内容。

```
uni.setStorageSync('storage_key', 'hello');
```

- uni.getStorageSync(key)：从本地缓存中同步获取指定 key 对应的内容，使用方法如下。

```
const value = uni.getStorageSync('storage_key');
```

- uni.removeStorageSync(key)：从本地缓存中同步移除指定 key 的值。

```
uni.removeStorageSync('storage_key');
```

- uni.clearStorage()：同步清理本地 uni-app 应用所有数据缓存。

```
uni.clearStorageSync();
```

3. 图片

移动应用和小程序中，经常会用到选择图片和预览图片的功能，uni-app 分别提供了两个对应的 API 来实现。
- uni.chooseImage(object)：从本地相册选择图片或使用相机拍照。
- uni.previewImage(object)：预览图片。

【例 12-3】 单击页面按钮后,从相册或使用相机选择 6 张图片,并进行预览,执行效果如图 12-29 所示。下面是其核心代码:

```
//从相册选择不超过 6 张图并预览
uni.chooseImage({
    count: 6,                            //最多可以选择的图片张数
    sizeType: ['original', 'compressed'],    //原图或压缩图
    sourceType: ['album','camera'],          //相册或相机
    success: function(res) {
        //预览图片
        uni.previewImage({
            urls: res.tempFilePaths,
            longPressActions: {
                itemList: ['发送给朋友', '保存图片', '收藏'],
                success: (data) => {
                    console.log('选中了第' + (data.tapIndex + 1)
                        + '个按钮,第' + (data.index + 1) + '张图片');
                },
                fail: (err) => {
                    console.log(err.errMsg);
                }
            }
        });
    }
});
```

4. 交互反馈

• 消息对话框: uni.showToast(object),效果如图 12-30 所示,使用方法如下:

```
uni.showToast({
    title: '标题',          //提示的内容
    duration: 2000,         //提示的持续时间(毫秒)
    icon:"success"          //图标,还有 loading、error
})
```

图 12-29　图片选择和预览效果

图 12-30　消息对话框效果

- loading 提示框：uni. showLoading()和 uni. hideLoading()，前者是显示，并且只能调用后者才能关闭，效果如图 12-31 所示，使用方法如下：

```
//显示 loading 提示框              //关闭 loading 提示框
uni.showLoading({                  uni.hideLoding();
    title: '正在上传...',
});
```

- 模态弹窗：uni. showModal(object)，效果如图 12-32 所示，可以只有一个"确定"按钮，也可以同时有"确定"和"取消"按钮，类似整合了 alert 和 confirm 方法，使用方法如下：

```
uni.showModal({
    title: '提示',
    content: '你确定要删除?',
    cancelText:'取消',              //取消按钮文字
    confirmText:'删除',             //确定按钮文字
    showCancel:true,                //显示取消按钮
    success: function(res) {
        if (res.confirm) {
            console.log('删除');
        } else if (res.cancel) {
            console.log('取消');
        }
    }
});
```

- 底部弹出的操作菜单：uni. showActionSheet(object)，效果如图 12-33 所示，使用方法如下：

```
uni.showActionSheet({
    itemList: ['A', 'B', 'C'],
    success: function(res) {
        console.log('选中了第' + (res.tapIndex + 1) + '个按钮');
    },
    fail: function(res) {
      console.log(res.errMsg);
    }
});
```

(a) 弹窗1

(b) 弹窗2

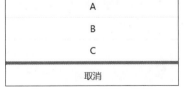

图 12-31 loading 提示框   图 12-32 模态弹窗   图 12-33 底部弹出菜单

5. 网络

- HTTP 通信：uni-app 提供了 uni.request(object)，使用方法类似下面的代码，原理可以参看第 7 章讲解的 AJAX 通信技术。

```
uni.request({
    url: 接口地址,
    method:HTTP 请求方法字符串(GET、POST、PUT、DELETE 等)
    //调用 API 需要的数据
    data: {
        text: 'uni.request'          //接口需要的数据示例
    },
    //添加自定义报头
    header: {
        'custom - header': 'hello'    //自定义请求头信息示例
    },
    //成功回调
    success: (res) => {
        console.log(res.data);
    },
    //失败回调
    fail: (err) => {
        console.log(err);
    }
});
```

- 上传：uni.uploadFile(object)，将本地资源上传到开发者服务器，客户端发起一个 POST 请求，其中 content-type 自动设置为 multipart/form-data，例如下面的代码中会将所选择的图片上传到指定的服务端。

```
uni.chooseImage({
    success: (chooseImageRes) => {
        const tempFilePaths = chooseImageRes.tempFilePaths;
        uni.uploadFile({
            url: 接口地址
            filePath: tempFilePaths[0],    //要上传文件资源的路径(只上传第 1 个)
            name: 'file',                   //文件对应的 key,可自取
            formData: { 'user': 'test' },   //其他的额外数据
            //成功回调
            success: (uploadFileRes) => {
                console.log(uploadFileRes.data);
            }
        });
    }
});
```

App 支持多文件上传，微信小程序只支持单文件上传，传多个文件需要反复调用本 API。

- WebSocket：正如第 8 章 WebSocket 通信中的讲解，WebSocket 相关的 API 主要涉及如何建立和关闭连接、监听打开和关闭事件、数据发送和监听接收数据、监听错误等，uni-app 中的 WebSocket 可以使用如下的代码：

```
//创建 WebSocket 连接
uni.connectSocket({
  url: 'wss://www.example.com/socket'
});
//监听 WebSocket 连接打开
uni.onSocketOpen(function (res) {
  console.log('WebSocket 连接已打开!');
});
//监听 WebSocket 错误
uni.onSocketError(function (res) {
  console.log('WebSocket 连接打开失败,请检查!');
});
//发送数据
uni.sendSocketMessage({
  data: 字符串或 ArrayBuffer
});
//监听接收数据
uni.onSocketMessage(function (res) {
  console.log('收到服务器内容:' + res.data);
});
//监听 WebSocket 连接关闭
uni.onSocketClose(function (res) {
  console.log('WebSocket 已关闭!');
});
```

在各个小程序平台发布时，网络相关的 API 在使用前需要配置域名白名单。

12.12 实现全局变量

所谓全局变量，就是指 uni-app 在开发中，页面或组件可以随时访问的变量，例如服务端的 API 地址，通常是用变量进行定义和配置，需要使用的地方直接使用变量即可。uni-app 提供了以下 4 种方法实现全局变量。

1. 公用模块

定义一个专用的模块，用来组织和管理这些全局的变量，并在需要的页面引入。例如在 uni-app 项目根目录下创建 common 目录，然后在这个目录下新建 helper.js，用于定义公用的方法，如下面的代码：

```
const api = "https://www.xxx.com";
const multiply = (x, y) =>{return x * y};
export default{ api,multiply }
```

接下来,在需要的页面上引用该模块后就可直接使用 helper.js 中定义的变量和方法,
这种方法比较简单,缺点是每次都需要 import 引入。

```
<script>
    import helper from "../../common/helper.js"
    export default {
        onLoad() {
            console.log(helper.api);
            console.log(helper.multiply(2,3));
        }
    }
</script>
```

2. 挂载 Vue.prototype

将一些使用频率较高的常量或者方法直接扩展到 Vue.prototype 上,每个 Vue 对象都
会"继承"下来。uni-app 运行起来后,页面和组件都是 Vue 对象,所以在页面或组件代码中
就可以直接使用这些常量和方法了。

(1) 首先在 main.js 中挂载属性/方法,加入代码:

```
Vue.prototype.$api = "http://www.xxx.com";
Vue.prototype.$multiply = (x,y) =>{return x * y};
```

(2) 然后在页面中以 this.形式调用:

```
<script>
    export default {
        onLoad() {
            console.log(this.$api);
            console.log(this.$multiply(2,3));
        }
    }
</script>
```

为避免在页面或组件中重复定义属性或方法,建议在 Vue.prototype
上挂载属性或方法时,可以加一个统一的前缀,如"$",在阅读代码时也容
易与当前页面的内容区分开。

3. globalData

微信小程序中有个 globalData,可以在小程序中声明全局变量,uni-app 也引入了这个
概念,并且在全端都实现了。在 uni-app 应用的任一处定义 globalData 并赋值,在其他地方
都可以使用相应的 API 读取,使用的方法如下:

```
getApp().globalData.mydata = 'test';      //赋值
const data = getApp().globalData.mydata;  //读值
```

如果需要把 globalData 的数据绑定到页面上，可在页面的 onshow 生命周期函数里进行变量重赋值。

4. Vuex

Vuex 是一个专为 Vue.js 应用程序开发的状态管理模式。它采用集中式存储管理应用的所有组件的状态，并以相应的规则保证状态以一种可预测的方式发生变化。下面以登录中的一个变量 hasLoginedIn 为例，来介绍它的用法。

（1）在项目根目录下新建 store 目录，然后创建 index.js 定义状态值，代码如下：

```
import Vue from 'vue'
import Vuex from 'vuex'
Vue.use(Vuex);
const store = new Vuex.Store({
    state:{
        hasLoginedIn:false
    },
    mutations:{
        login(state,user){
            if(user.id == "1001"&&user.pass == "6666"){
                state.hasLoginedIn = true;
            }
        },
        logout(state){
            state.hasLoginedIn = false;
        }
    }
});
export default store
```

在上段代码中，state 用于存储要使用状态变量值，而更改 Vuex 的 store 中状态的唯一方法是提交 mutation，Vuex 中的 mutation 非常类似于事件：mutation 中定义的函数就是我们实际进行状态更改的地方，并且它会接受 state 作为第一个参数；第二个参数可选，用于传递需要的其他值。

（2）想要 Vuex 中的变量和方法能在各个页面使用并生效，需要打开项目的"main.js"，导入这个.js，并将其挂载在 Vue.prototype 上：

```
import store from "store/index.js"
Vue.prototype.$store = store;
```

（3）在页面或组件上使用 hasLoginedIn 变量，可以直接用：

```
this.$store.state.hasLoginedIn
```

（4）在页面或组件上使用 mutations 中的方法，可以直接用：

```
this.$store.commit("login",{ "id":"1001","pass":"6666" });
this.$store.commit("logout");
```

（5）mapState 和 mapMutations 用法：为了跟踪 hasLoginedIn 变量的值的变化（例如当用户登录成功时，显示相应的头像或信息），我们可以使用 Vue 的 computed 计算属性，但需要获取 Vuex 中的多个状态时候，将这些状态都声明为计算属性会有些重复和冗余。为了解决这个问题，Vue 提供 mapState 函数帮助生成计算属性，同时为了方便调用 mutations 中的方法，还提供了 mapMutations 函数将其中的方法映射到了 methods 中，这样在页面或组件中就可以直接使用 this. 形式访问，下面是示例代码：

```
<script>
    import {mapState,mapMutations} from "vuex"
    export default {
        computed:{
            ...mapState(["hasLoginedIn"])              //自动生成相应的属性
        },
        onLoad() {
            console.log(this.hasLoginedIn);            //获取 Vuex 状态
            this.login({"id":"1001","pass":"6666"});   //调用 mutations 方法
            this.logout();
        },
        methods: {
            ...mapMutations(["login","logout"])        //自动映射到 methods 中
        }
    }
</script>
```

本书篇幅有限，Vuex 相关知识无法进一步展开，请参考网址：https://vuex.vuejs.org/zh/。

小结

本章主要介绍了 uni-app 开发需要的一些常用知识点。要使用 uni-app 进行跨平台开发，就需要理解一个 uni-app 项目的组成结构、如何添加页面或组件、它的样式设置和传统的 HTML5 开发的不同点、如何配置、如何运行、有哪些组件可以使用、有哪些常用的 API 和周期函数、如何实现跨端兼容等。本章并未涵盖这个优秀框架中所有的知识点，如果需要更详细的讲解，请静下心来自行阅读 https://uniapp.dcloud.io/中的文档。

习题

一、选择题

1. uni-app 中定义 tabBar 配置是在下面哪个文件中？（　　）

　　A. main.js　　　　　B. pages.json　　　　C. app.vue　　　　D. manifest.json

2. 在 uni-app 中，显示图片的组件是（　　）。

　　A. img　　　　　　B. image　　　　　　C. picture　　　　D. uimage

3. 在 uni-app 的表单中,提交表单的< button >组件的 form-type 属性应该设置为(　　)。

    A. submit   B. reset   C. default   D. none

4. uni-app 使用本地图片时,当小于(　　)时,会自动将其转化为 base64 格式。

    A. 80Kb   B. 60Kb   C. 50Kb   D. 40Kb

5. 如果设计稿宽度为 720px,元素在稿上的宽度为 360px,根据屏幕宽度进行自适应,则在 uni-app 中应设置为(　　)。

    A. 360px   B. 360rpx   C. 375rpx   D. 346rpx

6. 为了实现跨端兼容,在 CSS 样式中针对 App 平台使用条件编译的语法是(　　)。

    A. // ♯ifdef APP-PLUS

        // ♯endif

    B. <! -- ♯ifdef APP-PLUS-->

        <! --♯endif-->

    C. / * ♯ifdef　APP-PLUS * /

        / * ♯endif * /

    D. / * APP-PLUS * /

7. uni-app 中为了跳转到 tabBar 上的页面,需要调用 API(　　)。

    A. uni.navigateTo   B. uni.redirectTo

    C. uni.switchTab   D. uni.navigateBack

二、判断题

1. uni-app 只能开发 H5、Android、iOS 应用。　　　　　　　　　　　　　　(　　)

2. uni-app 项目编译到任意平台时,static 目录下的文件均会被完整打包进去,且不会编译。　　　　　　　　　　　　　　　　　　　　　　　　　　　　　　　　(　　)

3. 删除页面后,pages.json 会自动更新相应的配置。　　　　　　　　　　　　(　　)

4. uni-app 中数据缓存只能使用同步方式。　　　　　　　　　　　　　　　　(　　)

5. 在各个小程序平台发布时,网络相关的 API 在使用前需要配置域名白名单。

                                           (　　)

三、填空题

1. uni-app 中组件的命名方式有＿＿＿＿＿＿＿和＿＿＿＿＿＿＿两种。

2. uni-app 中存放页面的目录是＿＿＿＿＿＿＿。

3. 在 uni-app 中存放组件的目录是＿＿＿＿＿＿＿和＿＿＿＿＿＿＿。

4. uni-app 的组件分为＿＿＿＿＿＿＿和＿＿＿＿＿＿＿。

5. 在 uni-app 中类似于 HTML 中的< div >的组件是＿＿＿＿＿＿＿。

四、简答题

请简述 uni-app 中实现全局变量的几种方式。

uniCloud

学习目标

- 掌握如何创建基于 uniCloud 的 uni-app 项目。
- 掌握创建和绑定云服务空间。
- 掌握云数据库记录的创建或导入。
- 掌握 clientDB,尤其是 JQL 的使用。
- 掌握云函数和云存储的使用。

传统的后端服务搭建需要很多技术支持(例如 SSL、CDN、数据库⋯⋯),uniCloud 集成了所有需要的技术并且自动帮助开发人员维护升级。uni-app + uniCloud 是一个优秀的跨端跨云的开发方案,它降低了前端工程师进入后端开发的门槛。本章简要介绍 uniCloud 的相关知识点,帮助读者迅速掌握 uniCloud,轻松搞定前后端整体业务,实现真正的跨端。

13.1 uniCloud 简介

uniCloud 是 DCloud 公司联合阿里云、腾讯云,为开发者提供的基于 serverless 模式和 JS 编程的云开发平台。serverless 是目前很火的概念,它是下一代云技术,是真正的“云”。传统的云服务让开发者免于购买实体服务器硬件,改为购买虚拟机。但开发者仍然要自己装操作系统、Web 服务器、数据库,自己处理热备(即在线备份),自己新购服务器来应对高并发,自己抗 DDoS 攻击⋯⋯serverless 的云真正地把计算、存储的能力进行了云化,开发者只需要按量租用这些计算和存储能力,再也不用关心扩容和攻击。开发者不再有“服务器”的概念,当用户量激增时,开发者什么都不用做,系统会自动承载更高并发。开发者只需要按照对资源的消耗付费即可。

uni-app+uniCloud 是跨端跨云的开发方案。开发者写好云端业务代码,即用 JS 编写的云函数,通过 HBuilderX 部署到 uniCloud 上即可。云端庞大的 serverless 资源池中有无数个节点(node)进程待命。当手机用户发起请求时,serverless 系统会调配闲置的资源来运行开发者相应的云函数,它让一个不懂服务器运维的开发者可以只处理自己的业务,再不用关心热备、负载、增容、DDoS 等。目前国内已经有超过 60 万开发者在使用 serverless 模式进行云开发,发展速度已经超过了国外。

uniCloud 降低了前端掌握后端的门槛。以前前端工程师如果想掌握后端开发,必须学习 PHP、Java 这样的非 JS 的编程语言、数据库和 SQL 操作，还得学习 Linux、Nginx 等系统和第三方软件，还得学会运维和系统安全方面的知识。有了 uniCloud，因为它完全是采用 JS 编写后端服务代码，开发者只需掌握 uniCloud 相关的 API，而且由于基于 serverless，所以无须了解 Linux 系统和运维、安全方面的知识，因此 uniCloud 是前端变全栈的最佳机会，只需花点时间熟读 uniCloud 的文档，你就可以成为全栈开发者！

　　uniCloud 最吸引人的是，在 HBuilderX、uni-app、uniCloud 三位一体的协同下，创新的功能设计、丰富的生态和轮子的支持下，开发者的开发效率是传统开发的 10 倍以上，它是开发界的革命。在 uniCloud 推出的一年时间里，uni-app ＋ uniCloud 已经变成了一个庞大的生态，包括非常多的工具、模块。特别是在 2020 年疫情期间，很多抗疫的 App 和小程序正是在 uni-app 和 uniCloud 的支持下，得以迅速上线，为中国的抗疫作出了贡献。

13.2　uniCloud 项目

1. 项目的创建

　　如图 13-1 所示，在 HBuilderX 中新建项目时，选择"uni-app"，勾选"启用 uniCloud"，根据需要使用"阿里云"或"腾讯云"（注：在新建 uni-app 项目的模板中，有一个"Hello uniCloud"项目模板，演示了 uniCloud 的各种使用）。创建项目成功后，项目根目录下会有一个带有云图标的特殊目录，名为"uniCloud"。

图 13-1　创建时启用 uniCloud

　　如果项目创建时忘了启用 uniCloud，也可以选中项目，如图 13-2 所示，右击并选择"创建 uniCloud 云开发环境"后，再选"阿里云"或"腾讯云"，同样也会自动创建"uniCloud"目录。

图 13-2　已创建项目启用 uniCloud

2. uniCloud 的目录结构

uniCloud 目录是存放服务端文件的目录,它和前端代码在同一个项目下只是方便管理。在发行前端部分,如打包 App、小程序、H5 的代码包里并不会包含 uniCloud 这个目录。如图 13-3 所示是 uniCloud 目录结构示意图。

```
├─uniCloud    云空间目录
│   ├─cloudfunctions  云函数目录
│   │   └─common   云函数公用模块目录
│   │       └─hello-common  云函数公用模块(hello-common 仅为示例)
│   │           └─index.js   公用模块代码
│   │           └─package.json  公用模块package.json
│   │   └─uni-clientDB-actions
│   │       └─new_action.js  clientDB action 代码
│   │   └─function-name 云函数目录(function-name仅为示例)
│   │       └─index.js 云函数代码
│   │       └─package.json 包含云函数的配置信息,如url化、定时设置、内存等内容
│   ├─database
│   │   └─validateFunction  数据库扩展校验函数目录
│   │       └─new_validation.js  扩展校验函数代码
│   │   └─db_init.json 初始化数据库文件
│   │   └─xxx.schema.json 数据表 xxx 的 DB Schema
```

图 13-3　uniCloud 目录结构示意图

13.3　创建和绑定云服务空间

项目环境建好后,需要为 uni-app 项目选择一个服务空间。如果开发者账户没有实名认证,首先需要实名认证(这是法定要求,也是阿里云、腾讯云等云服务商的要求)。一个开发者可以拥有多个服务空间,每个服务空间都是一个独立的 serverless 云环境,不同服务空间之间的云函数、数据库、存储都是隔离的。开发者需先为项目绑定服务空间,然后才能上传云函数、操作服务空间下的数据库、存储等资源。

目前腾讯云仅提供 1 个免费服务空间,最多可创建 49 个收费服务空间,而阿里云最多可创建 50 个免费服务空间。服务空间和手机端项目是多对多的绑定关系。相同账号下,一个项目可以关联到多个服务空间。一个服务空间也可以被多个项目访问。

如图 13-4 所示,在项目的"uniCloud"目录中,右击并选择"打开 uniCloud Web 控制台",会打开 Web 控制台(https://unicloud.dcloud.net.cn)。

图 13-4　打开 Web 控制台

打开控制台后,页面会自动列出当前 HBuilderX 用户所申请的服务空间,这时可以单击右上角的"创建服务空间"按钮,如图 13-5 所示,页面会弹出一个"创建服务空间"对话框。开发者可以根据项目的需要,选择"阿里云"或"腾讯云",输入服务空间名后,单击"创建"按钮,创建一个 uniCloud 服务空间。

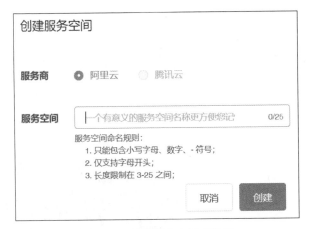

图 13-5 创建服务空间对话框

创建好服务空间后,如图 13-6 所示,再在项目"uniCloud"目录上,右击并选择"关联云服务空间或项目",选择创建好的服务空间后,以阿里云为例,在"uniCloud"目录名后面会自动加上"-[阿里云:云空间名]"。

图 13-6 关联云服务空间

13.4 云数据库

uniCloud 提供了一个 JSON 格式的文档数据库,数据库中的每条记录都是一个 JSON 格式的对象,这和我们所接触的关系数据库(SQL Server、MySQL 等)是完全不同的。一个数据库可以有多个集合(相当于关系数据中的表),集合可被看作一个 JSON 数组,数组中的每个对象就是一条记录,记录是 JSON 格式的对象。

一个 uniCloud 服务空间,有且只有一个数据库。一个数据库支持多个集合(表)。一个集合可以有多条记录。每条记录可以有多个字段。

关联好云服务空间,右键打开 Web 控制台,可以单击"创建数据表"为云数据库添加表,打开如图 13-7 的对话框后,一种方法是直接创建空表,另一种方法是基于 OpenDB 表模板创建(一种开放的数据表设计规范,官方提供了一些例如电商系统和新闻之类的模板)。

如图 13-8 所示,创建好一个数据空表后(例如表名为 books),可以为表添加数据。一种方法是单击"添加记录",手工进行录入;另一种方法是使用"导入"。添加的每条记录 uniCloud 会自动添加一个"_id"属性,它是这条记录在云空间的唯一标识。

手工录入时,必须以 JSON 数据形式写入,而且不能使用数组方式,只能一条一条录入,就如下面的代码,我们录入了 1 条书籍的信息数据,而且所有属性必须加双引号,当数据量大时,添加数据极为不便。

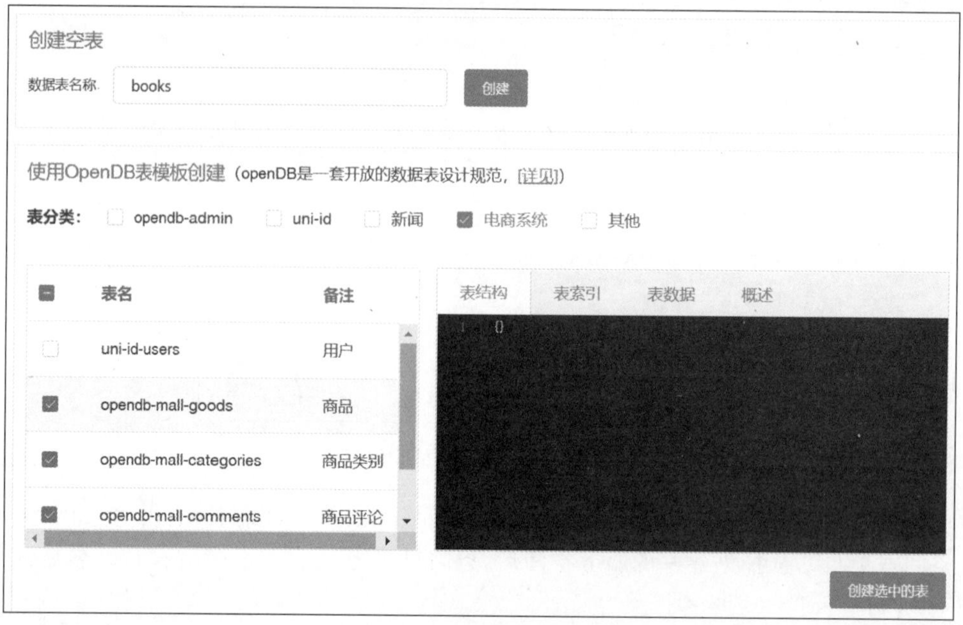

图 13-7　创建数据表

图 13-8　添加记录

```
{
    "bookID":2579421,
    "bookName":"哈利波特",
    "bookPrice":32.00
}
```

数据量较大时,推荐采用"导入"方式,如图 13-9 所示,先用 Excel 准备好数据,然后保存为.csv 文件,再导入数据库。

bookID	bookName	booPrice	bookType
2579421	哈利波特	39	小说
2579422	乞力马扎罗的雪	39.8	小说
2579423	白夜行	59.6	小说
2579424	将军决战岂止在战场	55	文学
2579425	孤独是生命的礼物	36	文学
2579426	文化苦旅	38	文学

图 13-9　Excel 转.csv 导入

建议使用记事本处理.CSV 文件,将其打开后,另存时编码方式使用"UTF-8",否则导入中文时会出现乱码。

云数据库支持在客户端访问,也支持通过云函数访问。

（1）客户端访问云数据库，称为 clientDB。这种开发方式可大幅提升开发效率，避免开发者开发服务器代码，并且支持更易用的 JQL 语法操作数据库，是最为推荐的开发方式。clientDB 有单独一套权限和字段值控制系统，无须担心数据库安全。

（2）云函数操作数据库是较为传统的开发方式，使用 node.js 写云函数，使用传统的 MongoDB 的 API 操作云数据库。

不管使用哪种方法，它们都有一些公共的概念和功能：

（1）获取当前云数据库对象，不管云函数还是 clientDB，获取数据库时都是如下写法：

```
const db = uniCloud.database();
```

（2）获取集合/数据表对象，创建好数据表后，可以通过下面的 API 获取数据表对象：

```
//获取 books 数据表的引用
const collection = db.collection('books');
```

13.5　clientDB

使用 clientDB 需要扭转传统的后台开发观念，传统开发需要先完成服务端代码，用 SQL 语法查询数据库中的数据并输出，然后再开放 API，前端通过 AJAX 通信，携带必要参数请求 API，然后将请求结果在视图中渲染出来；而 clientDB 不再编写服务端代码，而是以 JQL 直接在前端操作数据库。

1. JQL

JQL 全称为 JavaScript Query Language，是一种使用 JS 方式操作数据库的语法规范。它大幅降低了 JS 工程师操作数据库的难度、大幅缩短了开发代码量，并利用 JSON 数据库的嵌套特点，极大地简化了联表查询和树查询的复杂度。

在 HBuilderX 中内置了一个 JQL 查询调试器（类似于 SQL Server 的新建查询分析功能），可以帮助程序员迅速测试和熟悉 JQL 语法。使用方法是：打开 uni-app 项目的"uniCloud"目录中的"database"目录，下面有个文件"JQL 数据库管理.jql"，打开后，可以发现如下代码：

```
//查询 uni-id-users 表的所有数据
db.collection('uni-id-users').get();
```

这里示范了一个典型的 JQL 查询语法，db 表示当前数据库，collection 的括号中是表名，我们可以将"uni-id-users"修改成"books"，然后选中这条 JQL 语句后，右键"执行 JQL 查询语句"或按 F5 键运行这条查询语句，执行效果如图 13-10 所示，它会显示从云数据库中查询的结果，以 JSON 数组显示结果，如果下拉框中切换成"全部信息"，则还要包括耗时、条数等信息。

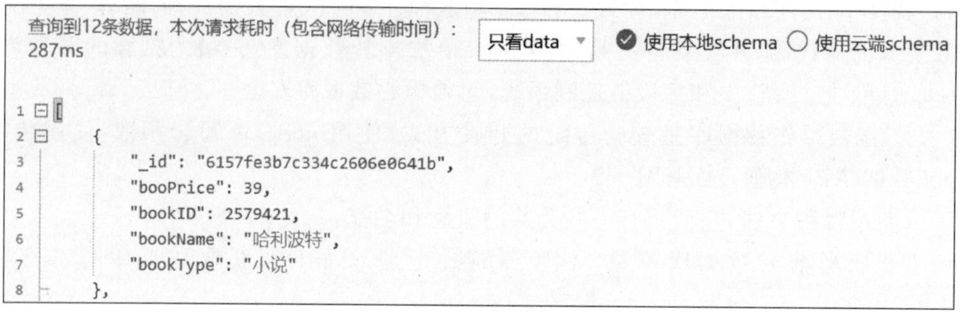

图 13-10　JQL 执行效果

数据库的操作基本就是 CRUD 操作(增、删、查、改),读者可以按下面的示例代码,结合本书提供的"books"数据表,使用"JQL 数据库管理.sql",迅速熟悉掌握 JQL 语法。

1) DBSchema

要在"JQL 数据库管理.sql"中练习删除、增加、修改操作,还必须对 DBSchema 进行配置。DBSchema 是一个基于 JSON 格式定义的数据结构的规范。它的主要作用如下。

- 描述现有的数据格式,以方便一目了然地阅读每个表、每个字段的用途。
- 设定数据操作权限(permission),什么样的角色可以读/写哪些数据。
- 设定字段值域能接受的格式(validator),如不能为空,则需符合指定的正则格式。
- 设置数据的默认值(defaultValue/forceDefaultValue),如服务器当前时间等。
- 设定多个表的字段间映射关系(foreignKey),将多个表按一个虚拟表直接查询,大幅简化联表查询。

选中项目中"uniCloud"目录下的"database"目录,右击"下载所有 DB Schema 及扩展校验函数",得到"books"表的"books.schema.json"文件,打开后修改它的"permission"配置如下,打开这张表的增删查改权限。修改完成后,再右击选择"上传 DB Schema",将其上传到云数据库。

```json
{
    "bsonType": "object",
    "required": ["bookID","bookName","bookPrice","bookType"],
    "permission": {
        "read": true,
        "create": true,
        "update": true,
        "delete": true
    },
    "properties": {
        "_id": {
            "description": "ID,系统自动生成"
        },
        "bookID":{
            "description":"书籍 ID"
```

```
        },
        "bookName":{
            "description":"书籍名"
        },
        "bookPrice":{
            "description":"书籍价格",
            "bsonType":"double"
        },
        "bookType":{
            "description":"书籍分类"
        }
    }
}
```

DBSchema 的配置较多，更多选项请参考网址： https://uniapp.dcloud.io/uniCloud/clientdb?id＝schema。

2）查询相关的 JQL 语法

```
// 查询 books 表的所有数据
db.collection('books').get();
// 查询 books 表的指定列的所有数据
db.collection('books').field("bookName,bookPrice,bookID").get();
// 查询 books 表的所有数据,并且按价格降序(升序为 asc)
db.collection('books').orderBy("bookPrice desc").get();
// 查询 books 表中 bookID 为指定值的所有数据
db.collection('books').where("bookID == 2579421").get();
// 查询 books 表中 bookPrice 超过 200 的数据
db.collection('books').where("bookPrice>200").get();
// 查询 books 表中 bookPrice 超过 200 并且 bookType 为美食的数据
db.collection('books').where("bookPrice>200&&bookType == '美食'").get();
// 查询 books 表中 bookType 为传记和美食的数据
db.collection('books').where("bookType in ['传记','美食']").get();
// 查询 books 表中 bookName 包含"将军"的数据(正则表达式)
db.collection('books').where("/将军/.test(bookName)").get();
// 分页查询 books 表中第 2 页数据,每页 5 条
const pageIndex = 1;
db.collection('books').orderBy("bookPrice asc")
                .skip(pageIndex * 5).limit(5).get();
```

3）添加数据的 JQL 语法

```
db.collection('books').add({
    "bookID": 2579466,
    "bookName": "测试数据",
    "bookPrice": 99,
    "bookType": "待定"
});
```

4) 更新数据的 JQL 语法

```
db.collection('books').where("bookID == 2579466")
    .update({"bookPrice":94});
```

5) 删除数据的 JQL 语法

```
db.collection('books').where("bookID == 2579466").remove();
```

【例 13-1】 JQL 综合练习：实现一个书籍信息管理页面，对 books 数据表进行增删查改操作，实现效果如图 13-11 所示(代码较多，请参看配套资源包)。这里要注意的是，JQL代码形式可以使用两种：①async 和 await 形式；②Promise 形式。

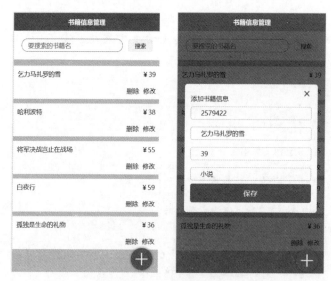

图 13-11　书籍信息管理

代码如下：

```
/* async 和 await 形式 */
async getbooks() {
    let res = await this.db.collection("books")
            .skip(this.pageIndex * 5).limit(5).get();
    this.books = [...res.result.data, ...this.books];
    uni.stopPullDownRefresh();
}
/* Promise 形式 */
let condition = '_id == "${_id}"';
this.db.collection("books")
    .where(condition).remove()
    .then(res => {
            let index = this.books.findIndex(m => {return m._id == _id});
            this.books.splice(index, 1);})
    .catch(err => { console.log(err);});
```

2. unicloud-db 组件

< unicloud-db > 组件是一个数据库查询组件，它是对 clientDB 的 js 库的再封装。前端通过组件方式直接获取 uniCloud 的云端数据库中的数据，并绑定在界面上进行渲染。有了这个组件，常见的数据库查询操作就简化为：使用组件，设置组件的属性，在属性中指定要查什么表、哪些字段，以及查询条件。< unicloud-db > 组件尤其适用于列表、详情等展示类页面，开发效率可以大幅提升。

这里我们把例 13-1 改写成使用< unicloud-db >完成，它的示例代码如下，你会发现它不需要再使用 JQL 人工编程一步步实现，很轻松地就实现了一个列表。由于篇幅较多，更多的细节可以查看配套的源代码。

```
< unicloud - db ref = "udb"
  v - slot:default = "{data, loading, error, options}"
  collection = "books"              //表名 books
  :page - size = "5"                //分页中每页条数
  :page - current = "pageIndex"     //当前页码(从 1 开始)
  page - data = "add"               //分页策略,add 为追加,replace 为替换
  @load = "refresh"                 //查询数据成功后的回调
  :where = "searchCondition">       //查询条件
  < view v - if = "error">{{error.message}}</view >
  < view v - else >
      < view v - for = "(book,index) in data" :key = "index">
          /*略,书籍信息列表*/
      </view >
  </view >
</unicloud - db >
```

在上面的组件代码中，v-slot:default 中的参数有各自的含义：

- data：数组，< unicloud-db >查询取出的数值；
- loading：布尔值，表示查询中的状态，可以根据此状态，实现页面显示等待雪花；
- error：Object 对象，查询中出错的信息，可以根据此属性，显示相应错误；
- options：Object 对象，主要用于传递参数。

对于数据表的增删改查，这个组件同样提供了支持，可以直接使用组件已经封装好的方法，< unicloud-db >组件不仅支持查询，还自带 add、remove、update 方法，如下面的代码：

```
this.$refs.udb.add(this.bookInfo);        //添加数据
this.$refs.udb.remove(_id);               //删除数据(注:只能以_id 为条件)
//修改数据,由于不能修改_id 属性,所以先移除_id 属性
let _id = this.bookInfo._id;
delete this.bookInfo._id;
this.$refs.udb.update(_id,this.bookInfo,{
    complete:() =>{ this.bookInfo._id = _id; }
});
//查询数据,只需修改 where 属性绑定的值
this.searchCondition =
        this.searchKey == ''?"":'/${this.searchKey}/.test(bookName)';
```

在 HBuilderX 中输入快捷方式"udb"后回车，会自动输入<unicloud-db>代码块。

3. 联表查询

联表查询在常见的关系数据库(SQL Server、MySQL 等)中是常见的技术难点,JQL 提供了简单的联表查询方案,开发者不需要学习 join、lookup 等复杂方法,只需在 DBSchema 中,将两个表的关联字段建立映射关系,就可以把两个表当作一个虚拟表来直接查询。

例如在云数据库中再增加一张表 orders,用于存储书籍的销售记录,表记录如图 13-12 所示,其中 book_id 是书籍的 ID 号,quantity 是已销售数量。

图 13-12　orders 表数据示例

如果要对 books 和 orders 这两个表联表查询,在销售记录中同时显示书籍名和价格,那么首先要建立两个表中关联字段的映射关系,即在 orders 表的 DBSchema 中,配置字段 book_id 的 foreignKey,指向 books 表的 bookID 字段,代码如下:

```json
/* orders.schema.json 内容 */
{
    "bsonType": "object",
    "required": [],
    "permission": {
        "read": true,
        "create": true,
        "update": true,
        "delete": true
    },
    "properties": {
        "_id": {
            "description": "ID,系统自动生成"
        },
        "book_id":{
            "bsonType":"int",
```

```
                "foreignKey":"books.bookID"    //外键,此字段关联 books 表的 bookID
            }
        }
    }
```

DBSchema 保存后,即可在前端直接查询。查询表设为 orders 和 books 这两个表名后,即可自动按照一个合并虚拟表来查询,field、where 等设置均按合并虚拟表来设置,读者可以打开"JQL 数据管理.jql",练习下面两条语句:

```
//查询虚拟表
db.collection("orders,books").get();
//查询指定书名、价格和销量
db.collection("orders,books")
.where("book_id.bookName == '孤独是生命的礼物'")
.field("book_id{bookName,bookPrice},quantity")
.get();
```

查询书名为"孤独是生命的礼物"的图书的销量、书名、价格的结果如下,这种设计是关系数据库做不到的,JQL 充分利用了 JSON 文档数据库的特点,动态嵌套数据,实现了这个简化的联表查询方案。

```
[
    {
        "_id": "6160fa4876f2550001f2df08",
        "book_id": [
            {
                "_id": "615fed33472cbdd029e49b7a",
                "bookName": "孤独是生命的礼物",
                "bookPrice": 36
            }
        ],
        "quantity": 68
    }
]
```

不只是 2 个表,3 个、4 个表也可以通过这种方式查询,多表场景下只能使用副表与主表之间的关联关系(foreignKey),不可使用副表与副表之间的关联关系。

13.6 云函数

虽然我们推荐尽量使用 clientDB 操作云数据库,但是也有必要掌握云函数的使用。uniCloud 中提供的云函数同样也支持对云数据库的访问。如果读者熟悉 SQL Server 等关系数据库,可以把云函数看作"云存储过程",只不过云函数除了可以操作数据库外,还可以实现其他功能,例如调用其他 API 接口等。云函数中支持对云数据库的全部功能的操作,但是不支持 JQL 语法,仅支持传统 MongoDB 的 API。它的相关 API 不易掌握,需要时请参考:

```
https://uniapp.dcloud.net.cn/uniCloud/cf-functions?id = api 列表
```

1. 云函数创建

这里以在"books"表中添加一条记录为例,来说明"云函数"在项目中的应用,先在项目目录"uniCloud"中,找到目录"cloudfunction",右击并选择"新建云函数",输入函数名"addbook",它会自动添加一个目录"addbook",在其中有一个"index.js",内容如下:

```
'use strict';
exports.main = async (event, context) => {
    //event 为客户端上传的参数
    console.log('event : ', event)

    //返回数据给客户端
    return event
};
```

云函数是运行在云端的 JavaScript 代码,和普通的 Node.js 开发一样,熟悉 Node.js 的开发者可以直接上手。云函数的传入参数有两个,一个是 event 对象;另一个是 context 对象。event 指的是客户端调用云函数时传入的参数,而 context 对象包含了此处调用的调用信息和运行状态,可以用它来了解服务运行的情况。uniCloud 会自动将客户端的操作系统(os)、运行平台(platform)、应用信息(appid)等注入 context 中,开发者可通过 context 获取每次调用的上下文。

可以将"index.js"中的 main 函数内部修改为:

```
//event 为客户端上传的参数
console.log('event : ', event)
const db = uniCloud.database();
let res = await db.collection("books").add(event);
//返回数据给客户端
return { code:200, msg:"数据插入成功" };
```

2. 云函数测试和部署

云函数创建成功以后,我们可以先在 HBuilderX 中测试,而不需要在页面中直接进行代码调用,但是添加书籍信息时需要书籍数据,可以选中"addbook"目录,右击并选择"配置运行测试参数"后,自动生成并打开文件"addbook.param.json",编辑类似下面的参数(注:参数必须使用双引号,和"books"表中的字段要对应)。

```
{
    "bookID":111111,
    "bookName":"测试书籍名",
```

```
    "bookPrice":222,
    "bookType":"编程"
}
```

参数保存成功以后,右击并选择"本地运行云函数",在控制台中可以显示 event 所带参数值,以及该云函数的结果:

```
{"code":200,"msg":"数据插入成功"}
```

当云函数的测试正常,就可以正式投入使用了,选中目录 addbook,右击并选择"上传部署",将云函数部署到 uniCloud 云空间,打开 Web 控制台后,可以在"云函数"的"函数列表"中看到部署的云函数,如图 13-13 所示。

图 13-13　云函数部署结果

3. 调用云函数

在页面中调用云函数或者在云函数中再调用另一个云函数时,需要使用到 uniCloud 提供的相应 API:uniCloud. callFunction(),使用的代码示例如下:

```
uniCloud.callFunction({
    name:"addbook",                                //name 是云函数名
    data:this.bookInfo,                            //云函数接收参数,结构同 addbook.param.json
    success: (res) => { console.log(res); },       //成功回调
    fail: (err) => { console.log(err); }           //失败回调
});
```

在页面中调用云函数时,在控制台中可以根据开发需要,自行选择"连接本地云函数"或"连接云端云函数"。

4. 公共模块

云函数支持公共模块。多个云函数的共享部分可以抽离为公共模块,然后被多个云函数引用。下面介绍如何使用公共模块。

(1) 找到"uniCloud"目录中的"cloudfunctions"目录,选中"common"目录,右击并选择"新建公共模块",输入"hello-common"后,如果提示目录不存在,选择创建;

(2) 打开"hello-common"目录,编辑下面的"index. js"(代码如下所示),这里导出了一个 secret 变量和一个 getVersion 函数;

```
function getVersion() {
  return '0.0.1'
}
module.exports = {
  getVersion,
  secret: 'your secret'
}
```

（3）要使用这个公共模块的云函数（例如 use-common），代码如下：

```
'use strict';
const { secret, getVersion } = require('hello - common')
exports.main = async(event, context) => {
  let version = getVersion()
  return {
    secret,
    version
  }
}
```

（4）选中云函数"use-common"目录，右击选择"管理公共模块依赖"，如图 13-14 所示，选中需要的公共模块"hello-common"，单击"更新依赖"按钮，HBuilderX 会自动配置调用这个公共模块所需的工作（主要是 Node.JS 模块配置）。

图 13-14　管理公共模块依赖

（5）本地运行云函数后就会发现，secret 和 getVersion 在云函数中已经可以识别并使用了，这时可以选中公共模块"hello-common"，右击选择"上传公共模块"。

如果后续修改了公共模块，请记得右击选择"更新依赖本模块的云函数"。

13.7 云存储

开发者使用 uniCloud 的云存储,无须再像传统模式那样单独去购买存储空间、CDN 映射、流量采购等,并且 uniCloud 的阿里云云存储和 CDN 都是免费提供给开发者使用的。云存储可以上传单个或多个文件,文件上传成功后,系统会自动生成相应的 https 链接,上传方式有 3 种。

(1) Web 界面:打开 Web 控制台,选择云存储,通过 Web 界面上传文件。该管理界面同时提供了资源浏览、删除等操作界面。

(2) 客户端 API 或组件上传:在前端 JS 中编写 uniCloud. uploadFile,或者使用 uni ui 的 FilePicker 组件,文件选择及上传均封装完毕。

(3) 云函数上传文件到云存储:即在云函数 js 中编写 uniCloud. uploadFile。

【例 13-2】 在页面中,单击"选择"按钮,选择一张图片并上传到云存储,下面是上传的核心代码:

```
uni.chooseImage({
    count: 1,
    success: async (res) => {
        if (res.tempFilePaths.length > 0) {
            let filePath = res.tempFilePaths[0];
            //使用 promise 方式
            const result = await uniCloud.uploadFile({
                filePath: filePath,//本地文件路径
                cloudPath: 'a.jpg', //云存储文件名
            //上传进度回调
                onUploadProgress: function(progressEvent) {
                    let percentCompleted =
                        Math.round(
                            (progressEvent.loaded * 100)
                                /progressEvent.total);
                    console.log("上传进度:" + percentCompleted);
                }
            });
        }
    }
})
```

在允许用户上传图片的应用里,违规检测是必不可少的,为此 uniCloud 提供了内容安全检测模块,可以很方便地实现图片鉴黄等功能。 详情可参考: https://ext.dcloud.net.cn/plugin? id=5460。

小结

本章主要介绍了 uniCloud 使用所需掌握的一些基础知识点,包括创建 uniCloud 的 uni-app 项目,云空间创建和绑定,数据表创建和添加记录,使用 clientDB 或云函数操作数据表、云存储等。特别推荐重点掌握 JQL 语法。

习题

一、选择题

1. 在 JQL 语法中，获取数据表对象的语法是（   ）。

    A. const collection = db.collection(表名)；

    B. const collection = db.record(表名)；

    C. const collection = db.table(表名)；

    D. const collection = db.fields(表名)；

2. 在 clientDB 中，若对表"test"配置数据的操作权限，需要在下面哪个文件中设置？（   ）

    A. test.param.json   B. test.package.json

    C. test.package-lock.json   D. test.schema.json

3. 在 JQL 语法中，若对表"books"的书名（bookName）实现模糊查询，可以使用语法（   ）。

    A. db.collection('books').where("bookName like '搜索词'").get()；

    B. db.collection('books').where("/搜索词/.test(bookName)").get()；

    C. db.collection('books').where("bookName== '搜索词'").get()；

    D. db.collection('books').where("bookName has '搜索词'").get()；

4. 云存储可以使用方式（   ）上传文件。

    A. Web 控制台   B. 客户端 API   C. 云函数   D. 以上都可以

二、判断题

1. uniCloud 中的腾讯云完全免费。   （   ）

2. unicloud-db 组件只支持查询，不支持删除或修改操作。   （   ）

3. 云函数不支持 JQL 语法。   （   ）

4. 云函数只能用于数据库操作。   （   ）

三、填空题

1. uniCloud 是基于_____模式和 JS 编程的云开发平台。

2. uniCloud 中的公共模块需要放置在"cloudfunctions"目录下的_____目录中。

3. uniCloud 数据库是基于_____格式的文档型数据库。

4. uniCloud 支持_____和_____两种方式访问云数据库。

四、简答题

1. uniCloud 和传统的后端开发有哪些区别？

2. JQL 如何实现联表查询？

五、编程题

创建一个学生成绩表（每个学生有 4 门课程成绩），试着创建一个 uni-app 项目对学生的成绩实现增删查改。

第 14 章

综合实例：美食汇

学习目标

- 熟练使用 flex 布局设计页面。
- 熟练使用 uni-app 的 API 和各组件。
- 熟练掌握自定义组件开发。
- 熟练应用 Vue.js 和 ES 新语法。
- 熟练掌握与服务端的数据交互。
- 熟练使用 uniCloud 数据库。
- 掌握 HTML5＋的一些相关 API。

本章是一个 uni-app 综合实例"美食汇"项目的开发介绍。这个实例涉及 flex 布局、Vue.js 和 ES 新语法应用、uni-app 的 API 和各种组件应用、自定义组件开发、与服务端数据交互、HTML5＋ API 调用、uniCloud 云数据库等众多知识的应用。读者可以结合书中知识的重点介绍和完整的视频讲解，迅速掌握使用 uni-app 进行多端兼容的移动应用开发。

14.1 项目介绍

"美食汇"是使用 uni-app 和 HBuilderX 开发的一个综合项目，所有的源代码都已经上传到了免费的 Gitee(码云)平台，代码仓库的地址如下：

```
https://gitee.com/huangbo2020/meishihui－v2－git.git
```

读者先安装好 git 工具，就可以从 HBuilderX 直接导入项目，如图 14-1 所示，选择菜单栏中的"文件"，依次选择"导入""从 Git 导入"，输入代码仓库地址直接就可以导入。当然也可以打开网址后，以压缩包的方式下载，如图 14-2 所示。

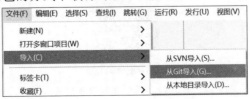

图 14-1　git 导入

图 14-2　zip 下载

　　项目基本涉及了一个常见的移动应用开发的功能,包括向导页、美食列表及搜索、筛选、美食详情、支付、订单评价、抽奖、地理定位、扫码、收藏和分享、App 升级等功能。这个项目实现了 H5、App、微信小程序这 3 个平台的兼容,如图 14-3 所示,除了界面上略有差异,它们的功能基本完全一样,这也体现 uni-app 的跨平台特性。

图 14-3　H5 和微信小程序效果

　　为了让读者把精力集中在掌握 uni-app 的前端开发技术,我们提供了相应的服务端 API 接口,读者可以直接使用和测试。

　　限于篇幅,在下面的内容中,仅讲解项目的一些关键点。我们也精心录制了整个项目的开发讲解视频。读者可以用手机扫描图 14-4 中的二维码,打开对应的完整的系列视频教程列表进行相应的学习和实践。

图 14-4　系列视频教程列表

注:扫描本二维码获取系列视频(共 57 个视频)的在线观看链接。清单见文前。

14.2 项目开发准备

1. 开发环境准备

为了方便开发,我们首先对 HBuilderX IDE 做简单的设置,先选择菜单栏中的"视图",选中"显示工具栏",显示后单击上面的"运行"按钮,在弹出的下拉菜单中,选择"自定义菜单",如图 14-5 所示,让它只显示 H5、微信小程序、App 这 3 种选项。

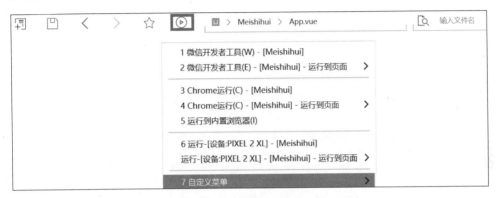

图 14-5　自定义菜单

在启动微信开发者工具时,有时会遇到提示"拒绝 HBuilderX 访问",需要检查微信开发者工具是否开启了服务端口,如果已经开启,重新运行即可。如果微信开发者工具编译较慢,建议打开微信开发者工具右上角"详情",切换到"本地设置",关闭"启动多核心编译",如图 14-6 所示。

图 14-6　关闭多核心编译

uni-app 应用在微信开发者工具中第 1 次运行时,控制台会报以下错误:

```
can not read property 'forceUpdate'
```

这是因为小程序没有申请 APPID 值,申请 APPID 后,打开项目的 manifest.json 进行填写。

另外,为了防止每次通过 HBuilderX 启动小程序产生多个 sitemap.json 文件(用于配置小程序及其页面是否允许被微信索引),需要打开项目的 manifest.json 文件,切换到源码模式,配置微信小程序如下:

```
/* 小程序特有相关 */
"mp-weixin" : {
```

```
    "appid" : 微信小程序的 APPID 值,
    "setting" : {
        "urlCheck" : false
    },
        "usingComponents" : true,
        //去除多余的 Sitemap
        "sitemapLocation" : "sitemap.json"
}
```

2. 页面创建

项目的页面结构如图 14-7 所示,所有的页面都放在项目的 pages 目录中,在这个目录中按照页面的分类,又创建了多个目录以放置相应的页面。每个页面创建时都使用"默认模板",并创建了同名目录。这样的处理方式使得内容清晰,便于分工;同时能规范管理,便于页面的单独配置。pages 目录中一共创建了 7 个目录,19 张页面。

目录名	页面名	备注	数量
meishi	index	首页	6
	detail	详情页	
	imgpreview	图片浏览页	
	search	搜索页	
	commentlist	评价列表页	
	adv	广告页	
order	comment	评价页	3
	pay	付款页	
	orders	我的订单	
user	login	登录或绑定页	4
	mine	我的页面	
	myfaour	我的收藏	
	changeinfo	昵称和头像修改页	
lottery	lotterydraw	抽奖页	2
	lotterylist	我的红包	
geo	citylocate	选择城市	2
	locmap	地图显示页	
setttings	setttings	设置	1
guide	guide	向导页	1

图 14-7 页面目录结构图

3. tabBar 制作

目前主流的应用都是多 tab 应用,美食汇项目通过 tabBar 配置项指定了一级导航栏,以及 tab 切换时显示的对应页。

在项目的 pages.json 中新建"tabBar"配置节,添加类似下面的代码(仅以首页为例),配置完成后,运行页面,就会得到一个如图 14-8 所示的 tabBar 效果。

```
"tabBar": {
    "backgroundColor": "#ffffff",                    //tabBar 背景色
    "color": "#707070",                              //文字颜色
    "selectedColor": "#ff512f",                      //被选中的文字颜色
    "list": [{
        "iconPath": "static/tab_bar/home.png",
        "selectedIconPath": "static/tab_bar/home__selected.png",
        "pagePath": "pages/meishi/index/index",
```

```
            "text": "首页"
        }]
    }
```

图 14-8　项目的 tabBar 效果

配置项中的图片以及项目的字体图标都可以使用阿里巴巴的字体图标库（http://www.iconfont.cn/）来制作。

4. api 地址和实体类配置

对于项目所用到的相关 api，我们提供了详细的 api 调用说明（在配套资源包中），对 api 的 HTTP 请求路径、请求方法、请求报头、请求正文进行了详细描述，如图 14-9 所示。

●**API服务器地址：https://www.meishihui.xyz/api**

（注：所有的接口完整地址 = API服务器地址 + 接口路径）

●**海报相关API**

1. 获取海报数据

接口路径	/poster
请求方法	get
匿名访问	是

返回值	JSON对象数组，其中JSON对象的格式为：
	{
	posterid:海报的id值，
	　poster:海报的宣传图，
	　url:海报对应的网页路径
	}

图 14-9　api 说明文档

为了便于项目后面直接调用相关 api，我们创建了 config.js 文件，在其中把相关 api 进行了配置，如下面的代码示例：

```
let apiurls = {
    base:"https://www.meishihui.xyz/api"    //服务器域名地址
};

//海报 API
apiurls.poster_get = apiurls.base + "/poster";
//地理信息定位 API
apiurls.geo_get = apiurls.base + "/geo?latitude = {0}&longitude = {1}";
```

在这些 api 配置中，采用了{0}、{1}这样的占位符（其他高级语言也有类似的机制），便于数据填充，而不需要完全采用易出错的字符串拼接。另外，我们也开发了一个实现占位符自动替换的方法 urlformat()，它附加在 String 类的 prototype 上，这样就可以自动接收数据，实现 api 地址变换。

```
/*替换占位符方法*/
String.prototype.urlformat = function(){
    if(arguments.length == 0){
        return this;
    }
    let s = this;
    for(let i = 0;i < arguments.length;i++){
        s = s.replace(new RegExp("\\{" + i + "\\}","g"),arguments[i]);
    }
    return s;
}
```

另外,在这些 api 中,对于有些请求,正文要求提供一个 JSON 格式数据(实际开发中叫业务实体),针对这种情况,我们也对这些实体类数据进行了封装,这样在后面的开发中就仅需要针对性赋值,以 api"获取或搜索美食列表数据"为例,使用 ES 的新语法,定义了这样一个实体类。

```
//美食实体类定义
class meishiModel{
    constructor() {
        this.offset = 0;
        this.limit = 5;
        this.keyword = "";    //搜索关键词(名称或类别),默认为空
        this.filter = {
            category:"all",
            distance:"all",
            sort:"default"
        };
    }
}
```

定义完成后,按照 ES 新语法形式,进行了 export 导出,然后在项目的"main.js"中进行了导入,并且把它附加到了 Vue 的 prototype 原型对象上,这在未来的使用过程中带来了极大的便利,示例代码如下:

```
//导入相关配置
import config from "common/config.js"
Vue.prototype.apiurls = config.apiurls;
//未来在使用时,http 请求地址构建
let url =
        this.apiurls.meishi_detail.urlformat(this.meishidata.deal_id);
//需要业务实体时,生成实例后再对相应属性赋值
this.meishiModelData = new config.meishiModel();
this.meishiModelData.filter.category = 值;
```

14.3　基于 Promise 方式的请求库

uni-app 提供了 uni.request()这样的 api 用于发起 HTTP 请求,相应的配置也比较完善,对于一般的页面应用已足够好用。"美食汇"项目单独使用了一个叫作 luch-request 的 HTTP 请求库(见图 14-10),它的官方网址是 https://www.quanzhan.co/luch-request/,可以通过插件市场导入项目。这是一个基于 Promise 开发的 uni-app 跨平台、项目级别的请求库,它有更小的体积、易用的 api、方便简单的自定义能力,相对 uni.request,它的参数处理能力更强,同时还有其他优势:

- 支持全局挂载
- 支持自定义验证器
- 支持文件上传/下载
- 支持自定义参数
- 支持请求前和请求后拦截器

特别是请求前和请求后拦截器,便于在发出 HTTP 请求前和接收 HTTP 响应后,对数据进行特殊的预处理,这一点在后面项目实现无痛刷新 token 时非常有用。

图 14-10　luch-request 库

使用 luch-request 的语法进行请求,代码非常简洁,更容易让人理解,例如下面的代码:

```
this.$http.post('/api/user', {a:1})
    .then(res => {...}).catch(err => {...}).finally(() => {...});
```

14.4　H5 模式下的跨域请求

跨域是浏览器的专用概念,指 js 代码访问自己来源站点之外的站点,这在前文介绍 AJAX 通信的章节中介绍过。虽然我们的服务端 API 已经配置为允许跨域的,但由于 uni-app 是标准的前后端分离模式,开发 H5 应用时,如果前端代码和后端接口没有部署在同域服务器,就会被浏览器报跨域,而 App、小程序等非 H5 平台,是不涉及跨域问题的。

为了解决这个问题,打开项目的"manifest.json",切换到源码方式,加入一段下面的配置代码:

```
"h5" : {
    "devServer" : {
        "port" : 8080,                                //端口号必须与当前 HBuilderX 启动后的一致
        "disableHostCheck" : true,
        "proxy" : {
            "/dpc" : {                                //代理所用的路径名
                "target" : "https://www.meishihui.xyz/",    //目标接口域名
                "changeOrigin" : true,                //是否跨域
```

```
        "secure" : true,                //设置支持 https 协议的代理
        "pathRewrite" : {
            "^/dpc" : ""                //设置/dpc 路径重定向
        }}}}
```

配置完成后,打开 api 地址和实体类配置文件 config.js,将 apiurls 变量修改如下,实际使用的是代理模式转发 HTTP 请求(这是跨域常用的手段),这样就可以实现 H5 平台下的跨域访问。

```
let apiurls = {
    // #ifndef H5
    base:"https://www.meishihui.xyz/api"        //服务器域名地址
    // #endif
    // #ifdef H5
    base:"/dpc/api"
    // #endif
};
```

14.5　App 中的向导页

向导页是 App 常见的功能,当一个 App 安装后第一次启动,用户会看到向导窗口,通过向导页的左右滑动,可以很清晰地展示系统的一些功能特性和介绍。图 14-11 是"美食汇"在 Android 模拟器中的向导页效果,一共是 4 个滑动项,当用户滑动到最后一项,单击"立即开启"按钮后,进入首页。为了增强效果,使用了强大的 CSS 动画库 Animate.css,在 App.vue 中使用@import 进行了导入。

图 14-11　向导页效果

这个效果的完成主要使用了 uni-app 的 swiper 组件,组件的使用遵照官方手册说明并不困难,唯一要注意的是——将其在 App 中全屏化,需要灵活应用 CSS 的百分比布局,下面是示例代码:

```
<view class = "swiper_container">
    <swiper class = "guide_swiper" ...>
        <swiper-item>
            <image src = "../../static/app-plus/guide1.png"></image>
        </swiper-item>
        ...
    </swiper>
</view>
/* 实现全屏布局的关键 CSS */
.swiper_container{width: 100vw; height: 100vh;}
.guide_swiper{height: 100%;width: 100%;}
.guide_swiper image{height: 100%;width: 100%;}
```

对于仅首次使用 App 才出现向导页的要求,使用了 uni-app 的本地缓存 API,这里使用的是异步保存一个 launchFlag 标识,代码如下所示:

```
//保存已浏览标识
uni.setStorage({
    key:"launchFlag",
    data:true,
    success() {
        uni.switchTab({url:"../meishi/index/index"})
    }
})
```

但是对于判断已经浏览过向导页的代码逻辑,直接放置在向导页上,实际应用效果并不佳(会出现一闪而过的效果),所以在 pages 中增加了一个 init.vue 的空白页,在它的 onLoad 事件中进行了判断和处理,代码如下:

```
let flag = uni.getStorageSync("launchFlag");
if (flag === true) {
    uni.switchTab({url: "../meishi/index/index"});return;
}else{
    uni.navigateTo({url:"../guide/guide"})
}
```

当然,在 pages.json 中也要将 init 这张页面进行配置,将其设置为"pages"数组第一项,考虑 init 页和向导页都只有在 App 下才会用到,可以加上条件编译。

14.6 首页

1. 导航栏

三个平台的导航栏略有差异,效果如图 14-12 所示,App 端有一个单独的扫码功能,而 H5 和微信小程序没有。

App 和 H5 端是在 pages.json 中通过对当前页面配置 navigationStyle 为 custom 来隐藏原生的导航栏,实现自定义导航栏的配置,uni-app 提供了灵活的配置方式,可以自动生成

图 14-12　导航栏效果

按钮和搜索输入框,代码如下:

```
{
    "path": "pages/meishi/index/index",
    "style": {
        "navigationStyle": "custom",
        "enablePullDownRefresh": true,
        "app - plus": {
        "titleNView": {
        "type": "default",
        "backgroundColor": "#ff512f",
        "searchInput": {
            "backgroundColor": "#fff",
            "borderRadius": "20px",
            "placeholder": "美食分类或名称",
            "disabled": "true",
            "align": "left"
        },
        "buttons": [{
            "text": "成都",
            "float": "left",
            "fontSize": "14px",
            "color": "#fff",
            "fontWeight": "bold",
            "select": "true",
            "width": "70px"
            }
        //#ifndef H5
            , {
            "text": "\ue612",
            "fontSrc": "static/uni.ttf",
            "float": "right",
            "fontSize": "22px",
            "width": "30px",
            "color": "#fff",
            "fontWeight": "bold"
            }
        //#endif
        ]}}}},
```

对于微信小程序的导航栏,我们则采用插件市场中的一个插件,使用 HBuilderX 项目导入后,它会在"uni-modules"目录中自动生成"pyh-nv"目录,符合 easycom 组件规范,使用

也很简单,只需在首页中直接使用该组件,代码如下:

```
<!-- #ifdef MP-WEIXIN -->
<nv :config="nvConfig"></nv>
<!-- #endif -->
```

至于配置属性 nvConfig,则是在 index 目录中添加了一个 nvConfig.js,定义了相应的配置对象,再进行 export 输出。

2. 广告轮播组件

这个自定义组件的开发遵循了 uni-app 的 easycom 组件规范,在项目的 components 目录下创建了组件"poster-swiper",这样就不需要引用、注册,可以直接在页面中使用。这个组件开发仍然是使用了 uni-app 内置的 swiper 组件。

所使用的数据是在组件的 beforeCreate 事件中与服务端交互,得到的一个 json 对象数组,动态地得到广告的图片 url 后,生成一个广告轮播。单击广告后,自动跳转到相应的广告页,效果如图 14-13 所示。

图 14-13　广告轮播效果

3. 广告页

广告页的制作比较简单,主要在页面上使用了 uni-app 内置的"web-view"组件,这是个 Web 浏览器组件,可以用来加载网页。单击轮播的广告页时,会将其对应的.html 页面路径传递给这个页面,只需要将这个数据传递给"web-view"的 src 属性即可,示例代码如下:

```
<web-view :src="posterurl" :webview-styles="webviewStyles"></web-view>
```

> 微信小程序仅支持加载网络网页,不支持本地 html,所以广告页都是事先制作好的网络网页。

4. 条件筛选条组件

条件筛选也是选用插件市场提供的插件,导入后会在"components"目录中生成一个"sl-filter"目录,我们在这个组件的基础上,创建了一个叫"meishi-filter"的组件,它的职责是从服务端读取已配置的筛选条件,并且能将用户的选择传递给"index.vue"。这里用到了组件的生命周期函数 created(),在组件挂载到页面之前就将数据进行了填充。接收完数据后,利用组件提供的 resetMenuList 方法更新了筛选条。选择筛选条件后,也是利用了 Vue 中组件的通信,将筛选的参数值通过 $emit 方法传递给"index.vue",核心代码如下:

```
//得到服务端筛选条件数据后重置
this.$refs.slFilter.resetMenuList(this.menus);
//将筛选结果传递给 index.vue
this.$emit("filterschange",res);
```

对于流行的筛选条的吸顶操作,效果如图 14-14 所示,这是在组件外面包装了一个容器 view,对其灵活应用了 CSS 中的"黏性"定位,其中的 top 值在非 App 方式下根据导航栏高

度进行了计算,核心代码如下:

```
< view class = "sticky_view" :style = "{'top':stickHeight + 'px'}">
    < meishi - filter @filterschange = "filterChange"></meishi - filter >
</view >
/ * CSS 黏性定位 * /
.sticky_view { position: sticky;z - index: 999;}
/ * 动态计算 stickHeight 值,以 iphone6 导航栏高度 44 为基础计算 * /
// # ifndef APP - PLUS
    this.stickHeight
    = parseInt(44 * uni.getSystemInfoSync().windowWidth/375)
    + uni.getSystemInfoSync().statusBarHeight;
// # endif
```

图 14-14　筛选条的吸顶效果

5. 列表组件

列表依然采用组件开发,大大提高了代码的复用性,减少了维护的工作量。"我的收藏"页面中的列表和首页美食列表基本类似,特别适合组件开发,唯一的区别就是收藏列表可以向左滑动进行删除,如图 14-15 所示。

图 14-15　首页列表和收藏列表的效果对比

在目录"components"中,创建了一个自定义组件"meishi-list",为了支持左滑能出现"删除"按钮功能,使用了插件市场中官方开发的一个插件"uni-swipe-action",它结合"uni-swipe-action-item"使用就可以实现收藏列表的效果,核心代码如下:

```
< uni – swipe – action >
    < uni – swipe – action – item :right – options = "options" @click = "删除事件"
            :disabled = "disableRemove" v – for = "" :key = "">
        /* 这里是使用 flex 布局完成的美食列表项 */
    </uni – swipe – action – item >
</uni – swipe – action >
```

这里考虑到首页列表没有左滑删除的需求，所以组件自定义一个 boolean 类型的 props，用于控制删除项的 disable 属性。另外右边的菜单项使用"right-options"属性进行绑定，实现按钮自定义。

6. 上滑和下拉刷新

对于当前流行的移动应用，不管是 App 还是小程序，在显示列表数据时，为了提高用户的体验，都不可能一次性地把数据全部读取出来进行显示，通常用户都可以通过上滑或下拉刷新加载更多数据进行显示。

实现思路比较简单，对于上滑，uni-app 的页面提供了 onReachBottom 事件，当列表滑动到页面底部会自动触发，这时控制页码变量 pageIndex＋＋，重新读取新页数据即可；对于下拉，则是首先在 pages.json 中找到相应的页面，设置它的""enablePullDownRefresh"属性为 true，允许页面实现下拉刷新，uni-app 页面也同样提供了 onPullDownRefresh 事件进行控制。

由于 Vue.js 的 MVVM 特性，我们就只需要控制绑定属性，借助于 ES 的新语法，很容易实现这 2 种刷新方式的数据合并，例如下面的代码：

```
if(!this.pullDown){
    this.mdatas = [...this.mdatas,...data];
}else{
    this.mdatas = [...data,...this.mdatas];
}
```

同时，为了加强页面效果，在页面底部实现雪花加载效果，在"meishi-list"组件还使用了官方组件"uni-load-more"，最终的实现效果如图 14-16 所示，最左边是所有平台的上滑效果，中间是 App 和 H5 的下拉效果，最右边则是微信小程序的下拉效果。

图 14-16　上滑和下拉刷新效果

7. App 中的扫码功能

我们只在 App 首页中设计了一个扫码功能,扫码功能使用了 uni-app 的 API,调起客户端扫码界面,扫码成功后返回对应的结果。如图 14-17 所示,我们提供了一个测试用的二维码,当扫码成功后,在 App 中会自动跳转到广告页,核心代码如下,执行效果如图 14-18 所示。

```javascript
uni.scanCode({
    success: (res) => {
        console.log(res.scanType);        //扫码类型
        console.log(res.result);          //扫码结果
        uni.navigateTo({
            url:"../adv/adv?url = " + res.result
        })
    }
});
```

图 14-17　测试用二维码

图 14-18　扫码功能效果

8. 城市选择

进入首页时,左上角会默认显示"成都市",我们可以单击它进入城市选择页面,效果如图 14-19 所示。

这个页面也是使用插件完成的,页面的样式需要自行修改。由于这个插件不符合 easycom 组件规范,所以在页面中需要引入并注册:

```javascript
/* 引用 */
import citySelect from 插件存储路径
export default {
    components:{
        citySelect
    }
}
```

在组件中选择好城市后,会利用 uni-app 的本地存储城市数据,切换回首页后,需要在首页的 onShow 事件中修改城市的首页,这里涉及一个技术难点,H5 和 App 下的城市显示是通过 pages.json 配置的,而 uni-app 却并未提供相应的修改 API,最后只能采用传统的

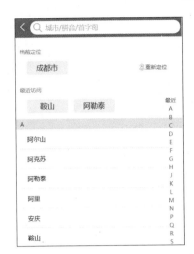

图 14-19 城市选择效果

DOM 操作和 HTML5＋规范中的 API 才完成城市的更新，核心代码如下：

```
onShow() {
        let city = uni.getStorageSync("city")||"成都市";
        // #ifdef H5
        document.getElementsByClassName("uni-btn-icon")[1]
                                              .innerText = city;

        // #endif
        // #ifdef MP-WEIXIN
        this.nvConfig.address.city = city;
        // #endif
        // #ifdef APP-PLUS
        let pages = getCurrentPages();
        let page = pages[pages.length-1];
        let currentWebView = page.$getAppWebview();
        currentWebView.setTitleNViewButtonStyle(0,{
                text:city
        });
        // #endif
    }
```

14.7 搜索页

常见的移动应用（例如淘宝、美团等）都不会直接在首页提供搜索功能，因为首页大多都有 tabBar，输入法会将 tabBar 挤上去，造成页面变形。所以一般在首页单击导航栏搜索框后，会直接跳转到搜索页，如图 14-20 所示，这是搜索页在微信小程序中的运行效果。

唯一的难点是"历史搜索"的存储，采用 uni-app 本地存储，存储的是一个数组 Array 对象，这里没有使用 Set 集合之类的新语法，原因是 uni.setStorageSync 只支持存储原生类型以及能够通过 JSON.stringify 序列化的对象。另外，历史关键词加入数组时，使用了 Array

的include方法进行了去重,核心代码如下:

```
//保存搜索词到本地
if (!this.searchKeys.includes(this.keyword)) {
    this.searchKeys.push(this.keyword);
    uni.setStorageSync("skey", this.searchKeys);
}
```

图 14-20　搜索页效果

14.8　详情页

如图14-21所示是App和微信小程序中的页面效果,H5中只是少了一个"分享"按钮,平台之间的界面采用条件编译实现了差异性设计。美食详情数据读取没有什么难点,比较特殊的是详情的一些信息,使用的数据是从首页列表项跳转时直接传递过来的。

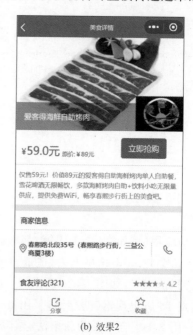

(a) 效果1　　　　　　　(b) 效果2

图 14-21　详情页效果

1. 评论列表组件

评论列表是自定义开发的一个组件"comment-list"，为了在后面的查看所有评论页中复用，封装了几个 props，用于传递美食 id、控制评论列表显示条数、页码、是否只显示包含图片等。在详情页，使用这样的组件示范代码如下：

```
< comment - list :deal_id = "meishidata.deal_id" :size = "2" :pageIndex = "1"
:show_all = "true"></comment - list >
```

评论中的图片为了实现预览，专门设计了一张页面"imgPreview. vue"，结合本地存储，使用 uni-app 的 swiper 组件完成了预览效果，如图 14-22 所示，实际使用 uni-app 自带的 APIuni. previewImage 也能实现类似效果，只不过界面上无法自由定义。

单击"查看全部点评"按钮，如图 14-23 所示，就会进入评论列表页。评论的星级以及分段器都采用官方组件。

图 14-22　图片预览效果

图 14-23　评论列表页

2. 拨打商家电话

在页面上单击电话图标，会自动实现打开拨号界面功能，这里主要是采用了 uni-app 的 API：uni. makePhoneCall。

3. 商家地址定位

如图 14-24 所示，当在详情页中单击商家地址信息后，会自动打开定位页面（图 14-24(a)是 H5 和 App 的效果，图 14-24(b)是微信小程序）。

在这个功能中，微信小程序和 App 端直接使用了 uni-app 自带的 API，很轻松地就实现了相应的要求，示范代码如下，唯一要注意的是经度和纬度必须赋予 float 类型的值。

```
// # ifdef MP - WEIXIN||APP - PLUS
uni.openLocation({
    latitude: parseFloat(this.detail.deal_lat),      //纬度
    longitude: parseFloat(this.detail.deal_lng),     //经度
```

```
        name: this.detail.deal_seller,                    //商家名
        address: this.detail.deal_address                 //地址
    });
    // ♯endif
```

(a) 效果1   (b) 效果2

图 14-24　商家地址定位效果

uni-app 的这个 API 在 H5 中是通过使用腾讯地图(https://lbs.qq.com/)实现的,但是在实际应用中只能打开地图,无法使用"去这里",因此在美食汇中,我们制作了一个新页面,使用一个 webview 组件,借助于腾讯提供的位置展示组件的 url,也实现了同样的功能。下面是这个 url 地址的设置。可以看出,如果不使用 ES 的模板语法,这个 url 的拼接会非常困难。

```
this.mapUrl = 'https://apis.map.qq.com/tools/poimarker?type = 0&marker = coord % 3A $ {detail.deal_
lat} % 2C $ {detail.deal_lng} % 3Btitle % 3A $ {detail.deal_name} % 3Baddr % 3A $ {detail.deal_
address}&referer = meishihui&key = OB4BZ - D4W3U - B7VVO - 4PJWW - 6TKDJ - WPB77';
```

14.9　登录

项目中的不少功能,例如抢购、收藏、分享、查看订单等,都是要求用户必须登录(App或 H5)或者授权(微信小程序)以后才能使用的。如图 14-25 所示,这是项目的登录流程图,因为使用手机号,所以注册和绑定(微信小程序端)使用的是同一张界面,如图 14-26 所示,在编程时只是根据平台实现了文字的自动变化。

为了实现验证码功能,在界面上我们开发了两个自定义组件,支持自动清除输入值的"clear-input"组件和实现倒计时的"count-down"组件。验证码是使用 DCloud 公司提供的"短信验证码"服务(这个服务是收费的),可以在开发者中心(https://dev.dcloud.net.cn/)中进行配置。服务端使用 uniCloud,制作了 2 个云函数,分别用于生成和发送验证码以及检查验证码。用户在界面上正确输入手机号码或验证码后,就可以获取用户令牌。

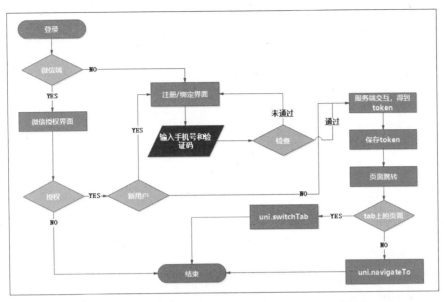

图 14-25　登录流程图

图 14-26　登录或绑定界面

对于微信小程序，在官方提供的"uni-popup"弹出层组件基础上，开发出了用于实现"一键授权"的组件"weixin-authorize"，效果如图 14-27 所示，在组件中使用微信小程序特有的＜open-data＞组件用于头像显示和昵称显示，按钮设计比较特殊，需要固定的写法：

```
< button open - type = "getUserInfo" @getuserinfo. stop = "getInfo">
```

在对应的 getInfo 方法中，经用户授权同意后，使用 uni-app 的 uni. login()方法，拿到相应的 code 值，再和项目的服务端交互，换取了小程序中用于标识用户的 openid 值，最后实现相应的登录，获取令牌。

对于登录或绑定后获得的用户令牌值，为了实现登录状态保存管理，使用了 Vue 中的 Vuex 技术，抽象出了核心的 login()、logout()、redirectTo()等方法。特别是为了降低各模

图 14-27   微信授权组件开发

块的耦合度,redirectTo 方法对授权跳转进行了封装,它能实现一行代码自动进行授权后跳转(各端作了兼容处理),例如详情页中如果要跳转到付款页时,只需类似下面的代码:

```
this.redirectTo({
    url: "/pages/order/pay/pay?meishi = " + 相应数据),//授权跳转
    isTabPage: false,              //跳转的页面是否 tabBar 上定义的页
    wxauthor: this. $ refs.wxpop   //本页上 weixin - authorize 组件 ref 引用
});
```

14.10 分享和收藏

1. 分享

分享功能主要是针对 App 和微信小程序端。在 App 端,借助了插件市场的一个插件,完成了"分享列表菜单"弹出层设计效果,效果如图 14-28 所示。

这个插件实际上也是利用了底层的 HTML5＋规范实现的底部菜单绘制。项目中仅以微信好友和朋友圈的分享为例,主要使用 uni-app 中的 uni. share 方法,核心代码如下所示:

```
wxshare(mode) {
    let sceneName = mode == 0 ? "WXSceneSession" : "WXSenceTimeline";
    let that = this;
    uni.share({
        provider: "weixin",
        scene: sceneName,
        type: 0,
        href: "https://www.meishihui.xyz/posters/poster01.html",
        title: that.meishidata.deal_name,
        summary: that.meishidata.deal_desc,
        imageUrl: that.meishidata.deal_img,
        ...
    }
```

微信小程序中的分享相对简单,需要借助于页面提供的 onShareAppMessage 事件,另外需要定义好一个 button,按要求配置它的 open-type 属性,由它单击自动触发这个事件,就可以发送图文链接,核心代码如下:

图 14-28　分享菜单列表

```
/ * 要求一个 open - type = "share"的按钮 * /
< button class = "sharebtn" open - type = "share">...</button >
onShareAppMessage() {
    return {
        title:          //分享的标题,
        imageUrl:       //分享的图片链接
        path:           //单击分享的链接后跳转的小程序页面
    }
}
```

2. 收藏

收藏功能要求用户必须登录,并且在与服务端交互时,需要在 HTTP 请求中附加一个名为"Access-Token"的报头,它的值为登录后服务端返回的 AccessToken 令牌值。由于项目其他 API 请求时也需要做同样的处理,所以使用了 luch-request 的请求前拦截功能。这样,在用户登录后,每次请求 API 时,就会自动附加这个报头值,核心代码如下:

```
//请求前拦截
http. interceptors. request. use(async(config) => {
    let token = uni.getStorageSync("AccessToken");
    //附加 Access - Token 值
    if (token && store. state. hasLoginedIn) {
        config. header = {
            ...config. header,
            "Access - Token": token
        }
    }
    return config
}, config => {
    return Promise. reject(config)
})
```

添加收藏和取消收藏使用的是同一个 API,服务端会自动判断执行相应操作,并返回对应的提示和标识。至于"收藏"图标的切换,针对 H5 和 App 端,采用了 Vue. js 的监视器,使用了条件编译实现的文字替换,针对小程序,则灵活应用了 Vue. js 的 CSS 样式切换,核心

代码如下:

```
/* APP 和 H5 端的处理 */
watch: {
    isCollected(newVal, oldVal) {
        let iconText = newVal?"\ue688":"\ue659";
        // # ifdef H5
        document.getElementsByClassName("uni-btn-icon")[1]
                                        .innerText = iconText;
        // # endif
        // # ifdef APP-PLUS
        let currentWebView = this.$mp.page.$getAppWebview();
        currentWebView.setTitleNViewButtonStyle(0,{
                text:iconText
        });
        // # endif
        }
    }
/* 微信小程序端的处理 */
<text class="iconfont"
  :class="isCollected?'icon-shoucang1':'icon-shoucang'">
</text>
```

14.11 支付

在详情页单击"立即抢购"按钮,会自动进入支付页,效果如图 14-29 所示,在微信小程序中使用条件编译去掉了"支付宝支付"方式,另外"红包省钱"是应用中抽奖未用的金额。

(a) 页面1　　　　　　　　(b) 页面2

图 14-29　订单支付页

对于页面中支付方式的制作，使用了 uni-app 自带的< radio-group >组件，保证支付方式只能选择其中一种，当方式切换时，可以触发 change 事件，这样就可以取到所选方式的 value 值，它的核心代码如下：

```
< radio - group @change = "modeChange">
    < view class = "wxpay">
        < text class = "iconfont icon - caiyouduo_zhifu - weixinzhifu"></text>
        < text >微信支付</text>
        < radio value = "wxpay" class = "pay_radio" color = "#ff512f" checked/>
    </view>
    <!-- #ifdef APP - PLUS -->
    < view class = "alipay">
        < text class = "iconfont icon - caiyouduo_zhifu - zhifubaozhifu"></text>
        < text >支付宝支付</text>
        < radio value = "alipay" class = "pay_radio" color = "#ff512f"/>
    </view>
    <!-- #endif -->
</radio - group>

/ * modechange 方法 * /
modeChange(e){this.paymode = e.detail.value;}
```

至于支付功能，uni-app 提供了 uni.requestPayment 方法，这是一个统一了各平台的客户端支付 API，不管是在某个小程序还是在 App 中，客户端均使用本 API 调用支付，只是在运行时，会自动转换为各端的原生支付调用 API。支付不仅仅需要客户端的开发，还需要服务端开发。虽然客户端 API 统一了，但各平台的支付申请开通、配置回填仍然需要看各个平台本身的支付文档，换句话说，必须有相应的企业资质（包括微信小程序的沙箱测试功能），一般的个人开发者是很难符合要求，所以在项目中，我们只是基于 Dcloud 公司提供的 API 测试地址，仅在 App 中实现了支付宝和微信支付的演示。下面的 API 地址主要用于帮我们得到支付时需要的 orderInfo 参数值：

```
/ * 支付宝支付 API,total 是金额 * /
https://demo.dcloud.net.cn/payment/?payid = alipay&total = 0.01
/ * 微信支付 API,total 是金额 * /
https://demo.dcloud.net.cn/payment/?payid = wxpay&total = 0.01
```

如果服务端使用 uniCloud，官方提供了 uniPay 云端统一支付服务，把 App、微信小程序、支付宝小程序里的服务端支付开发进行了统一的封装，开发者只需申请各支付平台密钥后，在云端进行配置即可使用。

14.12 我的收藏和我的订单

"我的收藏"页面效果如图 14-30 所示，页中的列表由于使用了组件"meishi-list"，所以构建并无难度。在完成删除功能时，首先和服务端交互，这时使用的是 http 请求的

DELETE 方法,先从服务端删除数据,操作成功后,再操作前端的数组数据,由 Vue.js 自动控制页面的更新,核心代码如下:

```
/*服务端删除成功*/
this.http.delete(url).then(res => {
    if (res.data.successful) {
        let index = this.mdatas.findIndex(m => m.deal_id == id);
        this.mdatas.splice(index, 1);
    }
})
```

"我的订单"页面效果如图 14-31 所示,所涉及的技术也不复杂,从服务端交互得到数据后,列表直接使用官方的 uni-list 组件制作,灵活应用 Vue.js 的 v-if、v-else 指令实现"已评价"和"待评价"文字的不同显示,v-show 指令实现"评价"按钮的隐藏和显示。

图 14-30　我的收藏

图 14-31　我的订单

14.13　订单评价

这个功能最终的实现效果如图 14-32 所示,大多数移动应用都有类似的界面。设计直接借用了官方的设计,可以从模板中创建一个"hello uni-app"项目,在目录"platforms"下的"app-plus"目录中,找到"feedback"页面,拷贝到项目中再进行定制修改。

在这个页面中,右上角的"快捷输入"功能应用到了官方的 uni.showActionSheet,完成了从底部向上弹出操作菜单,用于快速选择评语。评论中的图片选择使用的是官方的相应 API:uni.chooseImage,核心代码如下:

```
uni.chooseImage({
    sourceType: ['camera', 'album'],/        /从相册或相机中
    sizeType: 'compressed',                  //压缩图
    count: 5 - this.imageList.length,
    success: res => {
```

```
            this.imageList = this.imageList.concat(res.tempFilePaths);
        }
    });
```

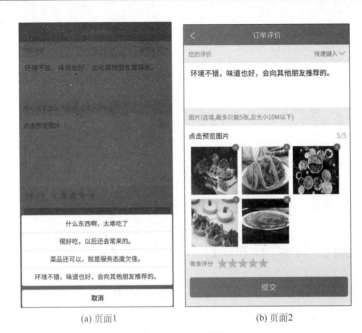

(a) 页面1　　　　　　　(b) 页面2

图 14-32　订单评价

　　这个功能中的难点是一次性上传所有图片，由于各平台差异性，需要有针对性地进行不同的处理：

　　（1）对于 H5 和 App，采用的方式类似于 Form 表单提交，将图片和其他信息一次性提交给服务端进行存储，核心代码如下：

```
this.http.upload(this.apiurls.comment_submit,{
    files:imgs,
    formData:this.senData
}).then(res = >{...})
```

　　（2）对于微信小程序端，由于腾讯只提供了上传单个文件的 API，所以包括我们使用的 luch-request 也无法实现一次性提交所有数据，这里采用的是先上传所有的图片，得到相应存储的网络地址后，再和评论的其他数据打包发给服务端。

　　如何保证在上传完所有评论图片后，才打包发送数据呢？这里灵活使用了 ES 的新语法，利用 Promise 对象的 all 方法完成了目标：

```
/ * 上传图片方法,返回 Promise 对象实例对象 * /
upImgs(img){
    return new Promise((resolve,reject) = >{
```

```
            this.http.upload(this.apiurls.upload,{
                filePath:img.uri,
                name:img.name
            }).then(res=>{ resolve(res.data.img_urls[0]);})
                .catch(err=>{reject(err);});
            });
        }

    let res = imgs.map(img=>this.upImgs(img)); //imgs是选择的图片数组
    //上传完所有图片后再提交所有数据
    Promise.all(res).then(result=>{
        let imgUrls = result.join(",");          //拼接所有已上传图片的地址
        this.senData.commentImgs = imgUrls;
        this.http.post(this.apiurls.comment_submit,this.senData)
                .then(res=>{...})
    });
```

14.14 抽红包和我的红包

抽红包的效果如图 14-33 所示,用户通过单击屏幕或摇晃手机,每天可以抽取一次红包,抽奖过程中会出现手臂摇晃动画和摇奖的音频播放效果。

(a) 效果1   (b) 效果2

图 14-33　抽红包效果

手臂摇晃的效果直接使用 CSS 的@keyframes 制作了动画效果,在单击或摇晃手机时,将动画样式动态挂接在相应元素上,再用延时操作取消相应的样式(在 H5 中有一个 animationend 事件,但小程序和 App 端并不支持此事件),CSS 动画规则制作如下:

```
@ - webkit - keyframes shakehand {
        0 % { - webkit - transform: rotate(0);}
        50 % { - webkit - transform: rotate( - 35deg);}
        100 % { - webkit - transform: rotate(35deg);}
}
.shake_hand { - webkit - animation: shakehand 0.6s 2 ease;}
```

另外音频的播放使用的是 uni-app 的 uni. createInnerAudioContext() 方法，播放相应的网络音频，相关代码如下：

```
data() {return {music: uni.createInnerAudioContext()}},
this.music.src = 网络地址;
this.music.play();
```

摇晃手机用到了 uni-app 的 uni. onAccelerometerChange() 方法，监听加速度数据，频率为 5 次/秒。

```
uni.onAccelerometerChange(function(e) {
    if (Math.abs(e.x) + Math.abs(e.y) + Math.abs(e.z) > 30) {
        this.winLottery();              //抽红包
    }
});
uni.startAccelerometer();               //开始监听
onHide() {uni.stopAccelerometer();},    //页面隐藏时停止监听
```

抽到的红包可以在"我的红包"页面查看，效果如图 14-34 所示。页面中的横向选项卡采用插件市场中的一个插件实现，下面选项卡的列表内容则是采用 swiper 组件快速实现。另外，根据返回数据中的标识属性，结合 vue. js 的 v-if 指令，动态实现了"已使用"图标的添加。

图 14-34　我的红包记录

14.15 "我的"页面

"我的"页面效果如图 14-35 所示，其中的列表直接使用了插件市场中官方的 uni-list 组件，图标采用 png 图片方式，类似下面的代码：

```
< uni – list >
    < uni – list – item title = "我的订单" thumb = "/static/order.png"
            clickable @click = "gotoPage(0)">
   </uni – list – item >
   ...
</uni – list >
```

图 14-35 "我的"页面

　　这张页面中的功能都需要登录后授权使用,所以在单击列表项时,都是使用 14.9 节中 Vuex 抽象出来的 redirectTo 方法进行的跳转,使用方法如下:

```
if(this.hasLoginedIn){
    let page = this.pageUrls[index];
    uni.navigateTo({url:page})
}else{
    this.redirectTo({
    url: "/pages/user/mine/mine",
    isTabPage: true,
    wxauthor: this. $ refs.wxpop
    });
}
```

　　另外,使用 Vue 的监视属性,可以很方便地对头像和昵称进行替换,而不需要考虑页面 Load 或 Show 时,单独进行控制的逻辑,如下:

```
watch:{
    hasLoginedIn(newVal,oldVal){
        if(newVal === true){ this.updateInfo();
        }else{
            this.userAvatar = "../../../static/head.png";
            this.userNick = "单击登录";
        }
    }
}
```

14.16　头像和昵称修改

在"我的"页面单击头像或昵称，会打开"信息修改"页，效果如图 14-36 所示。这里上传头像，需要使用 uni.chooseImage 从前端选择图片后利用相应的 API 上传，App、H5 以及微信小程序需要使用条件编译实现兼容，核心代码如下：

```
uni.showLoading({ title:"头像正在更新..."});
this.http.upload(this.apiurls.user, {
    // #ifdef APP-PLUS || H5
    files: [file],
    // #endif
    // #ifdef MP-WEIXIN
    filePath:file.uri,
    name:file.name
    // #endif
}).then(res=>{this.updateInfo();})
    .catch(err=>{console.log(err);})
    .finally(()=>{uni.hideLoading();
});
```

图 14-36　修改昵称

至于修改昵称的界面处理，直接使用官方的 uni-popup 加上 uni-popup-dialog 组件。

```
<uni-popup-dialog mode="input" title="修改昵称"
placeholder="新的昵称" :value="userNick" @confirm="nickConfirm">
</uni-popup-dialog>
```

14.17　设置

设置页面时没有涉及太多的技术点，效果如图 14-37 所示，在"消息通知"上显示的 switch 开关是直接使用 uni-list 的相关配置，如下：

```
< uni - list >
    < uni - list - item title = "消息通知"
    :show - switch = "true" @switchChange = "switchChange">
    </uni - list - item >
    ...
</uni - list >
```

图 14-37　设置页面

"检查更新"功能只有 App 下才有,可以使用条件编译进行处理,使用 ES 新语法 import 对"App 升级功能"(见 14.19 节)中的函数进行更新检测。

单击"退出登录"按钮后,使用 Vuex 中定义的 logout 方法,退出账号,清除登录标识以及相应的本地储存,这里要先引入 Vuex,并在 methods 选项中进行引用。

```
import {mapState,mapMutations} from "vuex"
methods: {
    ...mapMutations(["logout"])
}
```

14.18　其他功能

1. App 升级功能

在 App 开发中,在线升级是一个常见的功能,这同时涉及前后端的开发。美食汇使用了插件市场的一个插件,它使用 uniCloud 的云函数 chb-check-update 作为服务端的升级检查。它的思路比较简单,在 App 启动后载入首页时,把当前 App 的 appid 和版本号发给云函数,如果当前版本号低于服务端设置的版本号,服务端则返回需要升级的标识等信息。

chb-check-update 需要使用一个数据表"uni-app-version",在这个表中存储了相应的 appid、版本号、说明、android 安装包或者 iOS 应用商店地址,所以它可以作为多个 App 升级的服务端函数。我们可以在云函数目录中创建一个 db_init.json 文件,内容如下,选中后单击右键,选择"初始化云数据库",就可以直接创建这张数据表了。

```
{
"uni - app - version": {
"data": [{
  "_id":"bb83ad495efdddf9002e88e750d7049d",
  "appid": uni - app 的 appid,
  "name": "美食汇",
  "android": {
    "note": "1.全新改版\n2.修复若干 Bug\n3.优化了首页",
    "title": "美食汇更新",
    "url": apk 下载地址,
    "version": "2.2.3"
  },
  "ios": {
    "note": "1.全新改版\n2.修复若干 Bug\n3.优化了首页",
    "title": "美食汇更新",
    "url": iOS 商店地址,
    "version": "1.3.4"
  }
}]
}
}
```

为了便于日后复用代码，我们把升级功能单独编写成一个 .js 文件，再用新的 ES 语法进行了模块导出。在这个模块中抽象出一个 checkUpgrade()方法，调用云函数，判断需要升级时，对于 iOS 系统，则跳转到商店的相应地址；对于 Android 系统，则利用了 HTML5＋规范，完成了 .apk 下载进度提示以及下载完成后的自动安装功能，自动安装 .apk 的核心语句如下：

```
function installAPK(path){
    //HTML5 + 规范进行 .apk 安装
    plus.runtime.install(path,{},function(suc){
    },function(err){
        console.log(err);
    });
}
```

完成相应工作后，在首页导入相应的模块文件，在其 onLoad 事件中执行相应的方法，就可以帮助实现一个 app 的在线升级功能，效果如图 14-38 所示：在"设置"页面中的检查更新也是类似的处理。由于代码较多，篇幅有限，请参看如图 14-4 所示的视频讲解。

2. 无痛刷新 token

在前后端分离中，一般用户在 App 登录或者小程序授权使用后，不会在前端直接存储用户名和密码，而是由后端生成一个令牌 token 发送给前端，作为后续访问授权页面或 API 的"通行证"，以后前端只需带上这个 token 前来请求数据即可，而无须再带上用户名和密码。但是如果"通行证"被截获，则会造成应用的安全隐患。为了保障安全，一般 token 的过期时间设置得都较短（例如 2 分钟，登录时发给前端），即使被截获，由于过期，损失也不会太大。为了给用户一个流畅的体验，token 过期后需要重新请求新的 token 替换过期的

(a) 效果1

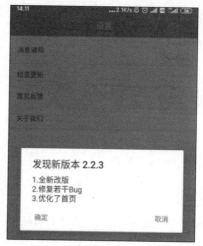

(b) 效果2

图 14-38　升级功能效果图

token,当然这个 token 的刷新无须用户知悉,都是程序自动完成的,所以取名"无痛刷新"。

　　token 过期后,有两种方式重新获取。一种方式是重复第一次获取 token 的过程(如登录、扫描授权等),这样做的缺点是用户体验不好,每隔一会强制登录一次,用户几乎是无法忍受的。另外一种就是主动去刷新 token,主动刷新 token 的凭证是 refresh token(在登录后也一并发送给前端),它和 token 是相关联的。refresh token 的作用仅仅是获取新的token,因此其作用和安全性要求都大为降低,所以其过期时间也可以设置得长一些(例如 1周时间),当它去刷新令牌过程中,后端发现 refresh Token 也过期了,则返回 HTTP 响应状态码 403(Forbidden,代表未授权),前端控制用户必须再次登录,这也是目前大家在 App 使用中,经常发现过段时间必须重新登录的原因。当然,用户一旦重新登录,所有的 token 和过期时间都会刷新。

　　为了实现无痛刷新,首先在 luch request 的 http 请求实例的请求前拦截中,加入了下面的代码,由于要保证后续请求必须保证已拿到新的 token 值,所以代码中使用了 await 关键字,得到新的 token 后,务必注意将原有的 token 值重置,如下面代码:

```
let expires = uni.getStorageSync("ExpiresIn");
if (expires && Date.now() > expires) {
    console.log("令牌过期,重新获取");
    try {
        //执行重新获取 token
        let res = await getAccessToken();
        store.state.redirectOptions = null;
        store.commit("login", res);
        //重置 Access - Token 报头
        config.header["Access - Token"] = res.AccessToken;
    } catch (e) {
        console.log(e);
    }
}
```

　　至于 getAccessToken() 方法，不能使用原有 http 请求实例，必须重新生成另一个实例，在方法中实现相应的 api 请求，并以 Promise 实例方式返回。另外要注意：一个页面中如果同时有多个 http 请求，为了保证多个请求拿到同一个令牌，使用了一个 boolean 的变量加锁，一个数组存储多个 Promise 实例。

```
const refreshTokenHttp = new Request();
let lock = false;
let promiseResult = [];
function getAccessToken() {
    // console.log("get new token");
    return new Promise((resolve, reject) => {
        promiseResult.push({resolve,reject});
        if(!lock){
            lock = true;
            let token = uni.getStorageSync("AccessToken");
            let refreshToken = uni.getStorageSync("RefreshToken");
            if (token && refreshToken) {
                //添加报头
                refreshTokenHttp.config.header = {
                    "Access-Token": token,
                    "Content-Type": "application/x-www-form-urlencoded"
                };
                let content = '=${refreshToken}';
                refreshTokenHttp.put(config.apiurls.account, content)
                .then(res => {
                    resolve(res.data);
                    while(promiseResult.length>0){
                        promiseResult.shift().resolve(res.data);
                    }
                }).catch(err => {
                    reject(err);
                    while(promiseResult.length>0){
                        promiseResult.shift().reject(err);
                    }
                }).finally(() =>{
                    lock = false;
                })
            }
        }
    });
}
```

　　当 refresh Token 也过期时，根据服务端返回的 HTTP 响应状态码 403，前端可以判定用户的登录凭证全部失效，就可以直接执行"退出登录"功能，这样用户再次访问授权资源时，自然就会要求重新登录或微信小程序授权，这里我们使用了 http 请求后拦截，代码如下：

```
http.interceptors.response.use((response) => {
    console.log(response)
```

```
        return response
    }, (response) => {
        console.log(response);
        //未授权,refreshToken 也过期了
        if(response.statusCode == 403){
            store.commit("logout");
        }
        return Promise.reject(response)
    })
```

小结

"纸上得来终觉浅",学习软件开发时,最好也是最快的方法就是通过一个实际项目的开发,迅速掌握它的技术要点。本章以一个综合的"美食汇"项目,展示了进行多端兼容的 uni-app 开发,所需要掌握以及深入的常用知识,希望读者在书籍和配套视频的帮助下,能及时实践检验自己所学。

uni-app 技术在 Vue.js 的助力下,一天天成熟,也一天天强大,这是一个了不起的开发平台。几百万开发者在用、在吐槽、在参与插件生态建设,uni-app 越来越成熟,希望未来它更强大,能吸引更多的开发者,也能走向世界!

参 考 文 献

［1］ 黄波,张小华,黄平,等.HTML5 App 应用开发教程［M］.北京：清华大学版社,2018.

［2］ FRISBIE M.JavaScript 高级程序设计［M］.4 版.北京：人民邮电出版社,2020.

［3］ 陈陆扬.Vue.js 前端开发快速入门与专业应用［M］.北京：清华大学出版社,2017.

［4］ A Complete Guide to Flexbox：https://css-tricks.com/snippets/css/a-guide-to-flexbox/.

［5］ 黄灯桥.ECMAScript 2018 快速入门［M］.北京：清华大学出版社,2018.

［6］ uni-app 官方文档：https://uniapp.dcloud.io/.

图 书 资 源 支 持

感谢您一直以来对清华大学出版社图书的支持和爱护。为了配合本书的使用，本书提供配套的资源，有需求的读者请扫描下方的"书圈"微信公众号二维码，在图书专区下载，也可以拨打电话或发送电子邮件咨询。

如果您在使用本书的过程中遇到了什么问题，或者有相关图书出版计划，也请您发邮件告诉我们，以便我们更好地为您服务。

我们的联系方式：

教学资源·教学样书·新书信息

地　　址：北京市海淀区双清路学研大厦 A 座 714

邮　　编：100084

电　　话：010-83470236　　010-83470237

资源下载：http://www.tup.com.cn

客服邮箱：tupjsj@vip.163.com

QQ：2301891038（请写明您的单位和姓名）

用微信扫一扫右边的二维码，即可关注清华大学出版社公众号。

人工智能科学与技术
人工智能|电子通信|自动控制

资料下载·样书申请

书圈